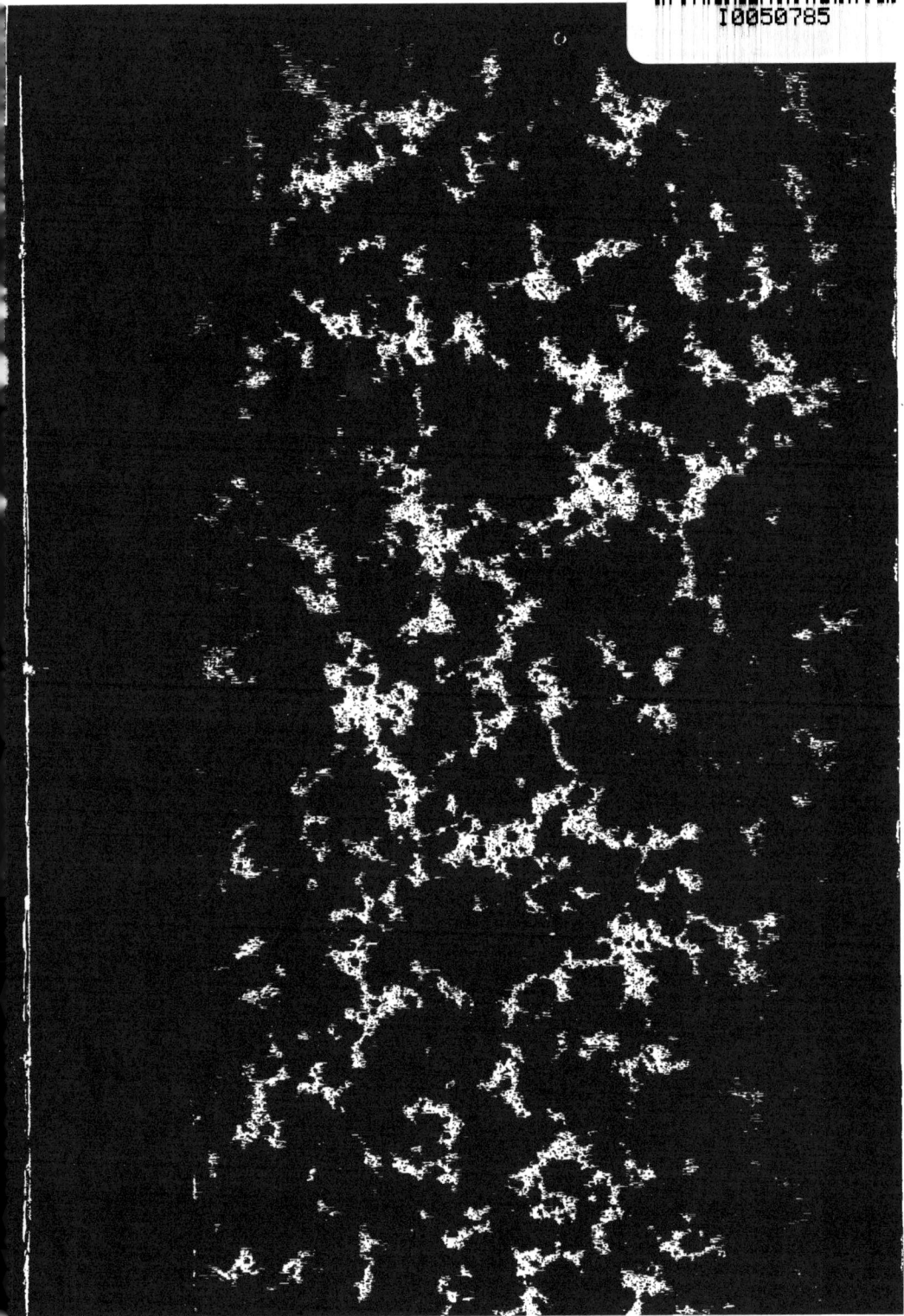

LA VIGNE

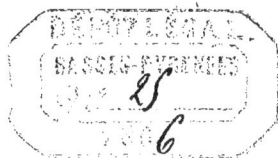

LA VIGNE

EN FRANCE

ET SPÉCIALEMENT DANS LE SUD-OUEST

EXTRAIT

DES CONFÉRENCES FAITES DANS LES BASSES-PYRÉNÉES

PAR

M. ROMUALD DEJERNON

PAU

IMPRIMERIE ET LITHOGRAPHIE VERONESE.

Rue des Cordeliers, Impasse la Foi

1866

AU PUBLIC

———

Quand le lecteur tourne la page qui contient le titre d'un livre, le premier mot qui se présente à lui, est INTRODUCTION ou PRÉFACE. Je change le mot, sans trop modifier l'idée, et j'adresse ces lignes AU PUBLIC, à qui j'ai à dire pourquoi ce livre paraît, un peu contre la volonté de son auteur.

Convaincu de l'intérêt qu'inspire la viticulture à ceux qui aiment leur pays et le progrès, encouragé aussi par les nombreuses sympathies qu'on m'a témoignées dans les villes où j'ai lu des conférences sur la vigne, et par l'accueil favorable qu'on leur a faites, je me suis décidé, sur les demandes qui m'en ont été adressées, à extraire de mon travail ce qui m'a paru le plus utile et le plus applicable.

Si je me suis lancé dans cette voie, c'est que j'ai pensé que les intérêts les plus chers de nos contrées y étaient engagés, et si j'y suis resté, c'est que je me devais à moi-même, comme je dois à ceux qui m'ont accordé bienveillance et appui, de conserver dans toute leur intégrité les titres qui m'ont valu leur approbation : un suffrage d'un si grand poids est la seule excuse que je puisse invoquer, pour me faire pardonner la confiance que j'ai, en publiant cette étude.

Ce que j'ai voulu faire aussi, c'est payer ma dette sociale, en aidant dans la limite de mes forces au mouvement régénérateur de mon époque, et en accomplissant ainsi l'obligation imposée à tout homme de servir les intérêts généraux.

Je sais combien est périlleuse et difficile la mission que j'ai cru devoir accomplir, dans une contrée livrée de temps immémorial à la tradition surannée. Mais si le fardeau est au-dessus de mes forces, il n'est pas, à coup sûr, au-dessus de mon dévouement au bien public; et j'espère qu'on me le rendra léger en tenant compte de mon zèle et de mes efforts.

Le but que j'ai poursuivi, c'est d'être utile : et je demande qu'on étudie, qu'on applique les méthodes que je conseille avant de les condamner. Sans doute, j'ai trop présumé de mes forces : aussi, si je ne puis réaliser le bien que je rêve, j'en serai moins surpris qu'affligé. Ce que je puis garantir, c'est la loyauté et la droiture des intentions; et ce qui fait naître en moi l'espoir, c'est l'insuffisance et la faiblesse du travail, seule protection aujourd'hui contre l'envie, et protection que je me suis probablement ménagée, sans le vouloir.

L'histoire nous apprend que la vérité ne triomphe qu'après de longs et pénibles combats. Des siècles ne suffisent pas toujours pour détruire jusque dans leurs germes des préjugés depuis longtemps enracinés ; et quand le passé nous a légué la vérité ou l'erreur, fortement tissés et mélangés sur la trame du temps, et que ce mélange informe a reçu son application dans les faits, on ne peut opérer la séparation sans luttes et sans déchirements. — Que du moins ceux qui s'imposent cette tâche, ne subissent pas la responsabilité des troubles qui peuvent en découler ; alors surtout qu'ils sont convaincus, comme moi, que les divers systèmes employés, nombreux comme les hommes qui les propagent ou les vantent, peuvent être ramenés à quelques principes simples et clairs que je vais essayer d'exposer dans ce livre.

En un mot, autant que je l'ai pu, j'ai pris la nature pour maître et l'expérience pour guide. Et la plus grande récompense que je puisse recevoir de mon travail, c'est l'expansion de vérités que je crois utiles, vérités qui, je l'espère, seront acceptées par des hommes dont le talent saura leur imprimer une force, qu'il n'est malheureusement pas en moi de leur donner.

Mon expérience est bien jeune sans doute, mais j'ai fait tous mes efforts pour la greffer sur celle de mes devanciers ; et à une époque comme la

notre, où la plupart des traités sont dictés par la
spéculation, il m'a paru utile d'en extraire tout ce
qui peut avoir une portée pour le sud-ouest.
Ainsi, avant de venir à vous, j'ai fouillé dans
tous les livres, dans tous les recueils; je me suis
enrichi des dépouilles de tous les écrivains qui
m'ont précédé, de tous ceux qui sont mes contemporains, et j'ai cherché à mettre en œuvre leurs
pensées comme leur procédés : souvent même, j'ai
cru devoir employer jusqu'aux expressions, jusqu'aux phrases, jusqu'aux périodes des publicistes
qui ont écrit sur la vigne, quand j'ai eu à décrire
des objets ou des phénomènes déjà décrits par
eux, ou à manifester des idées qu'ils avaient déjà
développées : n'ayant d'autre but, en cela, que de
rajeunir de vieilles pensées et de les appliquer à
notre contrée qui a été si négligée jusqu'à ce
jour : enfin, le passé comme l'époque actuelle nous
offrant de grands maîtres, il m'a semblé qu'au
lieu de toujours courir après l'originalité et la nou-
veauté, il valait mieux souvent essayer de peindre
d'après eux, et que cette voie me conduirait plus
sûrement à la reconnaissance. — Que chacun travaille pour le bien de tous; que l'idée soit à lui
ou à un autre, qu'importe, pourvu qu'elle se généralise.

J'ai la foi la plus entière dans la culture de la
vigne, et suis convaincu qu'avec les voies ferrées
et les traités internationaux, elle ne sera plus

exposée aux transitions subites de la richesse à la misère, qui se produisaient si souvent dans le passé. Je sais bien que dans notre pays où l'intelligence est si vive, quoique combattue par des habitudes de paresse, la force des choses et les nécessités sociales sans cesse renaissantes, doivent nécessairement nous jeter dans la voie du progrès : mais ne devons-nous pas faire quelques efforts pour le hâter ?

Mon travail ne serait pas perdu, si je parvenais à détruire quelques préjugés, à dissiper quelques erreurs, à corriger le vice de certaines méthodes : mais pour atteindre ce but, que n'ai-je cette force, cette puissance de souffle qui, après avoir animé et soulevé l'idée, la soutient dans tous ses développements..... Quoiqu'il en soit, pour mal conçu, pour mal élaboré que soit ce travail, je suis certain qu'il sera utile à nos contrées ; et s'il fait un peu de bien, que l'honneur en remonte à ceux qui l'ont inspiré et encouragé ; je ne veux pour moi que la responsabilité des erreurs que je n'ai pas su éviter.

PREMIERE PARTIE

APERÇUS ÉCONOMIQUES ET HISTORIQUES

CHAPITRE PREMIER

---

§ Ier

CONSIDÉRATIONS GÉNÉRALES, BUT A ATTEINDRE

Parmi les plantes si nombreuses dont la production constitue la science de l'agriculture, il en est une, la vigne, que nous avons observée partout où elle s'est présentée à nous ; nous en avons étudié, autant que nous l'avons pu, les diverses aptitudes ; nous l'avons envisagée sous toutes ses faces et dans tous ses rapports ; et aujourd'hui nous venons exposer les principes de sa culture, les présenter au public, et chercher à les propager dans nos contrées.

Fille du besoin et de l'observation, la viticulture a été d'abord abandonnée à des préceptes et à des pratiques populaires, que la tradition seule conservait religieusement ; mais les hommes que l'ignorance tenait isolés et séparés les uns des autres, se rapprochèrent bientôt sous l'impulsion du commerce et des nouvelles lumières ; et la viticulture grandit avec la civilisation et suivit ses progrès. Aujourd'hui, riche de tous les trésors du passé, et fécondée par les nouvelles sciences, elle peut enfin réclamer le grand rôle qu'elle est appelée à jouer dans l'agriculture de notre nation ; et elle est à même de justifier le mot de Voltaire écrivant à d'Alembert : « Je ne connais de sérieux ici-bas que la culture de la vigne. »

Il ne nous appartient pas ici de nous étendre sur l'histoire de la production viticole dans le monde, d'en signaler la marche et le progrès, sous l'influence tant du climat et du sol, que des institutions politiques ou civiles ; nous ne voulons qu'exposer les règles consacrées par l'expérience et par la science, pour maintenir aussi longtemps que possible dans leur intégrité les éléments vitaux de la vigne, afin d'en prolonger et d'en accroître l'action et les produits.

Jusqu'à nos jours, des méthodes prétendues régénératrices, ont trop souvent porté le désordre et la ruine dans les vignobles de France : aussi, n'est-ce qu'avec une extrême prudence, et en nous basant sur les résultats de notre propre expérience, que nous conseillerons de sortir des ornières frayées pour en ouvrir de nouvelles : — trop souvent aussi des hommes imprudents, cédant à l'attrait menteur du paradoxe, ont couvert de défaveur des systèmes qui, sainement appliqués, eussent cependant produit les effets les plus heureux : — nous ne céderons pas au désir de l'innovation brusquée, et avant d'exalter ou d'attaquer un système, nous en aurons assis la vérité ou l'erreur sur des preuves multipliées, sur des essais longtemps répétés ; car', à nos yeux, la théorie ne doit être que le résumé ou la synthèse des faits fournis par l'expérience ; là seulement est la voie du progrès.

Parmi les nouveaux modes de culture qui surgissent de toutes parts, nous ne parlerons que de ceux qui sont avancés et soutenus par des hommes dont les connaissances théoriques et pratiques doivent inspirer toute confiance; et nous rechercherons si ces systèmes, excellents dans certaines conditions données, ne présentent pas, quand on les généralise, des résultats souvent indifférents, quelquefois pernicieux ; — et, quoique l'un de ces systèmes ait été accepté par nous avec la plus chaleureuse reconnaissance, nous espérons que l'impartialité nous garantira d'enthousiasme, et dirigera toujours nos jugements.

Nous conserverons, dans ce que nous a légué le passé, les principes consacrés par l'expérience, principes qui ont élevé la qualité de nos produits à une hauteur telle, que la France est devenue la patrie des grands vins ; mais nous oserons aussi combattre les erreurs de nos devanciers, et montrer combien elles peuvent devenir funestes au XIX siècle, en face des lois économiques qui nous régissent ; nous aurons donc pour adversaires tous ceux qui tenteraient d'enrayer le progrès, et qui voudraient nous rendre stationnaires, en soutenant, comme ils le font, qu'il n'y a rien à faire après les anciens ; ce qui rappelle la réponse d'Ampère à quel-

qu'un qui s'adressait à lui ainsi : « Que dire après les
écrivains du grand siècle ? Tout est dit ». « Oui, reprit
Ampère, tout est dit, pour ceux qui n'ont rien à dire. »

Nous espérons indiquer des moyens surs, longuement éprouvés qui, consacrés par la théorie comme
par la pratique, sont appliqués dans quelques grands
vignobles depuis un temps immémorial : — les vieux
usages, les vieilles habitudes ne sont pas toujours de
mauvais guides. L'expérience de ceux qui nous ont
précédés dans la vie, nous aide à prendre une résolution, là où nos aînés n'ont su qu'hésiter, et bien
souvent nous empêchent de nous égarer ou de nous
perdre dans de nouveaux sentiers qu'il nous aurait
fallu tracer.

Enfin, au lieu de présenter à chaque vigneron le
moyen à employer pour les faits particuliers qui l'in-
téressent, et dans les circonstances toutes spéciales où
il se trouve placé, ce qui est impossible, nous ferons
l'exposition des principes généraux qui devront être
modifiés dans l'application, selon les conditions économiques, climatériques et géologiques des divers pays
vignobles.

En un mot, fixer le point atteint par la viticulture
dans nos contrées, et tracer la route qu'elle doit suivre
pour dépasser ce point, et satisfaire aux besoins toujours croissants de la consommation intérieure, comme
d'une exportation dont rien ne doit plus arrêter l'essor;
choisir dans tous les modes de culture les principes les
plus conformes aux terrains, aux climats, aux plants
du sud-ouest, et en composer un système qui lui soit

essentiellement applicable ; rechercher les procédés qui peuvent, en simplifiant et perfectionnant, améliorer la qualité et la quantité ; abaisser ainsi le prix de revient ; et, par l'excellence des produits, comme par les prix auxquels ils pourront être livrés, maintenir ou faire naître en France comme à l'étranger, une réputation de supériorité qui en assure l'écoulement ; tel est le but que nous voulons poursuivre, avec l'espoir de l'atteindre.

Nous ne pouvons plus nous immobiliser sous le courant des lois économiques et sociales qui emportent notre époque, et la poussent à une marche forcée ; nous ne pouvons plus rester stationnaires, aujourd'hui que tous les peuples sont en concurrence commerciale, que les distances sont supprimées par la vapeur, et les conditions de la production nivelées par les débouchés ; Nous devons améliorer sans cesse, produire à bon marché et de bonne qualité, ne fût-ce même que pour détruire cette habile falsification qui s'attaque à tout, aux vins comme aux autres produits fabriqués, et à laquelle l'imagination féérique de certains commerçants, tend à donner les apparences les plus séduisantes en même temps que les plus honnêtes.

Des essais calmes, raisonnés, sur une petite échelle, voilà ce que nous demandons dès le début. Ainsi exécutés, ils servent l'intérêt général comme l'intérêt particulier ; ils entraînent les masses, tout en faisant la fortune de l'expérimentateur ; tandis que des entreprises fougueuses, ou des opérations faites dans de trop larges proportions, n'amènent trop souvent après elles que

des ruines : et l'abattement ou le dégoût succédant
alors à cette sorte de fièvre qui s'était emparée des
novateurs, conduit au découragement qui immobilise
les mauvaises habitudes et éloigne pour longtemps toute
idée progressive. Peut-être trouvera-t-on quelques procédés un peu hasardés ; mais qu'avant de les rejeter
complètement, on les expérimente, et qu'on se rappelle qu'il faut savoir être hardi, quand on marche à
la découverte de la vérité. Du reste, une erreur
est-elle dangereuse, quand il est permis à tous de la
contredire ?

§ II.

LA FRANCE, LE SUD-OUEST, LE BÉARN

AU POINT DE VUE VITICOLE

La France est viticole, et sa fortune doit surtout
venir de la viticulture : je ne crois pouvoir mieux abriter
cette vérité qu'en la plaçant sous les paroles suivantes de
Michel Chevalier, paroles remarquables comme tout ce
qui sort de sa plume, et qu'il avait écrites avant l'inau-
guration du libre-échange ; l'éminent économiste s'exprime ainsi : « La France est quand même assurée de
pssséder dans la viticulture une source de fortune,
inépuisable comme les besoins illimités de la consommation, variée comme la diversité de ses terroirs, de
ses expositions, de ses températures. Entre ses mul-

tiples aptitudes, aucune n'est plus conforme à son génie
séculaire et à sa vocation naturelle; aucune n'est plus
fructueuse, tant pour les populations laborieuses que
pour les propriétaires : des terres impropres par leur
aridité à toute autre plante, deviennent lucratives grâce
à la vigne, et celles qui étaient déjà fertiles, voient
presque toujours s'accroître leurs revenus : l'économie
sociale toute entière gagne à cette transformation; car
la vigne retient et appelle les populations au sein des
campagnes, dans les hameaux et les villages ; sur une
surface donnée, elle nourrit une population plus dense
qu'aucune autre branche de l'industrie agricole : en
pénétrant dans les habitudes régulières des populations;
l'usage du vin donne du ressort au corps et à l'esprit :
il contribue puissamment à dissiper l'ivrognerie, qui
naît presque toujours des excès qui suivent les privations. Enfin, le vin étant, d'après les lois des climats,
le privilège de la zône tempérée, devient un précieux
moyen d'échange avec les zônes boréales et tropicales ;
si l'on considère que l'on compte par dizaines de millions
les habitants du Nord et du tropique qui ne se privent
du vin qu'à cause de sa cherté, on reconnaîtra que la
France peut, sans aucun péril, tripler et peut-être
quadrupler les deux millions d'hectares qu'elle possède
en vignobles, et les 50 millions d'hectolitres qu'elle
récolte, à la condition de conserver sa supériorité pour
les hautes qualités, de mettre ses prix, pour les qualités
moyennes, plus à la portée de toutes les classes, de
conquérir enfin, soit à l'intérieur, soit à l'extérieur, les
débouchés qui lui sont aujourd'hui fermés. »

Ainsi, c'est par la culture de la vigne que la France doit voir s'élever sa solide grandeur ; elle seule peut commander aux richesses des pays lointains et industriels, et nous mettre à même de jouir de tous les avantages qu'elles emmènent avec elles : c'est elle encore qui, stimulant l'activité de production et d'échange, doit surtout caractériser la différence entre l'agriculture du passé et celle de l'avenir, et nous faire comprendre que si la première a pu vivre avec beaucoup de terre et peu de capital, la seconde ne peut prospérer qu'en s'appuyant sur le capital,

Sortie enfin de la torpeur où elle était plongée depuis longtemps, la viticulture est aujourd'hui en grand honneur ; tous les regards sont fixés sur elle, et les esprits les plus élevés ne dédaignent plus de lui consacrer leur sollicitude et leurs veilles ; c'est qu'on a enfin compris que même élevée au milieu des rochers et des sables brulants, qui par leurs reflets redoublent les ardeurs du soleil, la vigne, cette vieille gauloise, donne à ces pays déshérités de tout autre faveur, une liqueur salutaire et fortifiante, et le bien-être basé sur un travail qui captive en même temps qu'il est peu fatiguant ; c'est qu'on a enfin compris qu'elle seule peut assainir et enrichir les terres incultes aussi bien que les landes, y élever et y nourrir une population nombreuse et florissante.

Si les tendances actuelles vers la viticulture n'étaient que superficielles, une question de mode qui ne miroite un moment que pour disparaître ensuite, ce mouvement se serait ralenti et éteint devant l'oïdium et ses ravages ; en vain, on aurait institué des concours et décerné des primes, ces concours auraient disparu , sans laisser même une trace de leur passage ; le contraire a eu liéu, parce que la viticulture a implanté ses profondes racines dans les mœurs et les habitudes de la France, et qu'elle répond à un besoin essentiellement national.

Par la richesse de ses produits , par l'étendue des terrains qu'elle occupe, par l'étendue de ceux qu'elle occupera dans l'avenir et qui, en l'attendant, demeurent infertiles et improductifs ; par le nombre des travailleurs qu'elle fait vivre, en s'adressant à tous les âges et à tous les sexes, la viticulture est bien la première industrie de la France ; c'est elle enfin qui, tout en donnant une valeur aux terrains les plus stériles, y puise l'aliment du commerce le plus grand qu'il y ait au monde, et qui, après avoir ainsi créé des villes et des flottes, donne plus de 800 millions à son propriétaire et à celui qui la travaille.

Et cependant, malgré les résultats heureux produits par la vigne, combien de départements qui la cultivent sans la comprendre, et qui ne savent pas encore qu'elle seule peut les sortir de la misère traditionnelle dans laquelle ils sont plongés. — Tandis que l'agriculture et l'industrie ont jeté dans quelques parties de la France comme une surabondance de vie, dans d'autres tout languit et meurt faute d'intelligence, de débouchés et de population ; ici, l'émigration règne, et, loin d'utiliser leurs forces sur le sol natal, les enfants de ces contrées l'abandonnent à la bruyère, et vont associer leurs efforts à ceux des habitants de contrées plus favorisées. Ainsi, d'un côté, l'instruction, la richesse, le bien-être ; de l'autre le dénument et l'ignorance ; d'un côté, une civilisation qui fait notre force et notre gloire, de l'autre une misère qui fait notre honte. — Il faut à tout prix rétablir l'équilibre de production et de richesse ; là est le seul principe éminemment national, qui peut assurer à la France la grandeur à laquelle elle doit atteindre ; il ne suffit pas pour cela de défricher des terrains plus on moins étendus ; il faut encore affranchir par l'instruction et le crédit la masse ignorante et pauvre de ces contrées presque abandonnées, et, pour nous aider à atteindre ce but, la vigne est merveilleusement douée, puisque, tout en donnant la richesse, elle fixe les populations dans les pays qui la cultivent.

Si, de la France prise dans son ensemble, nos regards se portent sur une de ses parties, sur la zône pyrénéenne et le sud-ouest, nous voyons les mêmes différences caractéristiques se dessiner nettement ; et comme souvent on saisit mieux les ressemblances sur un croquis fait en peu de temps, que sur un portrait étudié, où les conventions de l'art ont trop souvent fondu et adouci les nuances, voici ce qu'un coup d'œil rapide a pu nous faire remarquer.

On trouve dans la zône pyrénéenne, chacune avec sa physionomie fortement accentuée, d'un côté, la viticulture du passé vivant d'habitudes surannées, de traditions et même de légendes ; d'un autre, la viticulture du XIX siècle, venant demander à l'alliance du travail, de l'intelligence et du capital sa richesse et sa dignité, et cherchant par tous les moyens à se rendre industrielle ; à ne considérer que ces tendances opposées, on dirait que dans ces contrées, la civilisation et le progrès ont inégalement répandu leurs bienfaits ; car les uns marchent toujours du même pas et mécaniquement, sans essayer même de satisfaire au développement des besoins locaux, tandis que d'autres plus hardis, mieux favorisés, osent procéder par l'intelligence et les capitaux, et envisager un horizon inconnu des premiers.

Que les habitants de ce littoral se réveillent de leur engourdissement, et qu'ils comprennent que dans leur pays si pittoresque et si accidenté par les soulèvements volcaniques, la vigne est la plante providentielle qui doit transformer les terres incultes et leur donner une immense valeur ; qu'ils comprennent enfin, que leur contrée, par le relief de son territoire, par ses magnifiques coteaux, peut devenir une seconde Bourgogne, supérieure peut-être à la première, de toute la fécondité native de ses terrains, et de la chaleur généreuse de son soleil méridional. N'ont-ils pas à côté d'eux de grands et de salutaires exemples dans le Bordelais, et déjà depuis longtemps, n'auraient-ils pas dû les suivre.

Dans le sud-ouest se trouvent réunies toutes les chances du succès ; un sol accidenté que la mer et les montagnes semblent embrasser avec amour ; un climat tempéré, et un soleil qui sourit à la terre en la fécondant ; et là, ce n'est pas seulement un ciel clément qui se prête bien à la culture de la vigne et à la qualité si élevée de ses produits, c'est encore un terrain privilégié ; dans ces contrées se rencontrent des surfaces d'une immense étendue merveilleusement constituées pour la viticulture, des terrains coupés, ondulés, continuellement tourmentés, des sols aridés, brûles par le soleil et la sécheresse, et auxquels la vigne seule peut donner une valeur.

A un autre point de vue, le perfectionnement de la culture de la vigne et son extension deviennent pour ces contrées d'une nécessité absolue. On paraît oublier trop facilement la révolution que vont produire dans le Sud-Ouest les voies ferrées, quand elles le relieront d'un côté à l'Espagne et de l'autre au midi de la France; avec l'économie et la facilité des transports que la vapeur amène avec elle, ces deux contrées vont déverser sur la zône pyrénéenne le trop plein de leurs récoltes exubérantes, et, si elle ne se hâte, elle peut perdre les avantages que le climat et un sol privélégié lui ont départis : car le commerce une fois établi de vins communs, mais à bon marché, il lui sera difficile de lutter contre les habitudes qu'il fait naître, et de détruire des relations qui auront eu le temps de faire d'assez profondes racines. La zône pyrénéenne est donc dans l'obligation de tendre, par tous ses efforts, à abaisser le prix de revient, tout en conservant la qualité et augmentant la quantité de ses vins ; en dehors de cette voie dans laquelle elle doit s'engager vite et d'un pas résolu, il n'y a pour les propriétaires des coteaux ou des terrains en friche de ces contrées, c'est-à-dire pour plus des trois quarts de cette zône, que géne et que misère.

Le département des Basses-Pyrénées a tardé beaucoup à s'engager dans une voie progressive : — c'est que pour beaucoup d'hommes de ce département, industrie agricole est synonime de pauvreté et de détresse : et, en effet, l'agriculture qui est aujourd'hui l'art d'obtenir de la terre la plus grande somme de produits possible, a été pour le Béarn et est encore bien souvent pour lui, il faut le reconnaître, l'art de se ruiner honnêtement. Le Béarn est considéré par tous comme ingrat et infertile, et cependant il est le pays vignoble par excellence : encadré dans les lignes grandioses de ses montagnes, il présente des conditions géologiques qui n'appartiennent qu'à lui; ses collines, ses coteaux, ses montagnes entre-coupées de vallées, qui se succèdent les unes aux autres, et dont les pentes dénudées sont stériles, deviendraient avec la vigne la source d'une immense richesse : enfin, les chemins de fer qui vont relier le Béarn aux deux mers lui offriraient tous les moyens d'exportation. Comment la France, et spécialement le Sud-Ouest et le Béarn, ne s'aperçoivent-ils pas qu'ils ont été chargés par la providence de fournir de vins toutes les contrées du monde qui en sont privées.

§ III.

CE QUE PEUT RAPPORTER UN HECTARE du SUD-OUEST

COMPLANTÉ EN VIGNES

A une époque de spéculation comme la nôtre, où la fureur d'acquérir parait être le seul mobile des actions; où les entreprises les plus hasardées, comme les combinaisons les plus honteuses, sont ouvertement acceptées, pour peu qu'elles offrent quelques chances de succès; où chacun cherche la fortune à la Bourse, dans l'agiotage, dans les spéculations, partout ; et demande à une vie agitée et fiévreuse des ressources incertaines, toujours soumises au caprice de la vogue, à la variation des transactions, comme aux combinaisons politiques, comment n'a-t-on pas pensé à la vigne ? Comment n'a-t-on pas vu qu'à cette existence aventureuse et tourmentée, qui ne regarde pas toujours les chemins qui peuvent la conduire au but, la vigne peut substituer une vie en plein air, libre et intelligente, qui ne relève que d'elle-même, et assure le bonheur par les services rendus.

Les plus magnifiques résultats financiers doivent s'obtenir par sa culture ; et, ce n'est pas seulement l'intérêt privé qui verrait s'accroître le revenu du capital employé, et aurait ainsi son travail largement rénuméré, mais encore la fortune publique grandirait dans une vaste mesure par une perception augmentée de l'impôt foncier, comme par l'extension de l'impôt indirect, dont les recettes sont toujours proportionnelles à la consommation et au bien-être général.

La viticulture est au plus haut degré une entreprise industrielle et commerciale ; et le vigneron, comme l'industriel, travaille pour faire des bénifices ; aussi, loin de s'immobiliser dans des pratiques séculaires, doit-il s'adresser à toutes les connaissances humaines qui peuvent hâter le progrès, et le mettre à même de réaliser le plus de profit possible. En suivant cette voie, il sera vite prouvé pour lui que la culture de la vigne doit faire produire aux capitaux qu'elle emploie, des intérêts plus élevés que ceux produits par les capitaux placés sur toute autre culture, ou même sur une industrie manufacturière.

Devant l'abaissement des frontières et la facilité des transports, il semble que la viticulture française aurait dû secouer les habitudes stériles du passé, et, se dégageant des anciens préjugés sociaux qui leur avaient donné naissance, aider les tendances modernes, en s'imposant la tâche de produire plus, de produire mieux, de produire à meilleur marché ; il n'en est pas malheureusement ainsi, et ce qui se passe dans une grande partie de la France nous prouve qu'Ovide a raison de dire, que l'homme se débat beaucoup plus énergiquement contre le progrès du bien que contre le progrès du mal. — Sans doute aujourd'hui les premiers pas sont faits, l'élan est donné, les avantages démontrés ; mais cela ne suffit pas pour la grande majorité des vignerons praticiens. Renfermés dans leur méfiance naturelle, ils rejettent les raisonnements les plus évidents, et ne consentent à modifier leurs systèmes que devant des avantages clairs et incontestables; il faut que la voie qu'on leur montre, soit largement ouverte et aplanie, qu'ils y puissent circuler librement. Il faut, pour ne pas réveiller leur incrédulité et une opiniâtre controverse, ne puiser ses preuves que dans des faits bien constatés et connus d'eux tous, et rejeter toute supposition, pour rationnelle qu'elle soit, dont la valeur pourrait être contestée.

C'est avec l'espoir d'atteindre ce but, et en face de cette méfiance armée, pour ainsi dire, que nous allons faire le compte d'un hectare de mauvaise terre planté en fins cépages, et essayer d'établir que, dans les conditions les plus défavorables, l'intérêt du capital employé doit atteindre le chiffre de 20 0⁄10, bénéfice dépassant de beaucoup celui fourni par les industries les plus florissantes.

1° Prix d'un hectare de terre en coteau ou plaine inclinée, terre aride et sans valeur, désignée sous le nom de vagues, incultes, landes, patis, terre stérile qui compose une si grande partie du sud-ouest ; des terrains de cette nature sont essentiellement infertiles et ne peuvent produire des céréales ou des paturages qu'avec des capitaux et des avances qu'ils ne rembourseront que dans un temps très éloigné. 600ᶠ

Ce prix est évidemment exagéré, car la moyenne du prix d'un hectare de terrain de cette nature dans le littoral pyrénéen, ne dépasse pas 300 fr.

2° Défoncement à la bêche de ce terrrain à une profondeur de 0 m. 50 c. 400

On peut faire défoncer pour 100 ou 120 fr. un hectare de terre du sud-ouest, mais dans tout ce compte, nous nous plaçons toujours dans les conditions les plus défavorables ; nous prenons le prix le plus exagéré du défoncement d'un hectare, et nous le supposons très-pierreux, ou complanté d'ajoncs épineux. — On doit observer également que, partout où la charrue peut effectuer ce travail, il peut

A reporter. 1,000

être exécuté à la profondeur voulue, par deux charrues qui se suivent, et ne pas dépasser le chiffre de 80 fr.

3° Travaux de préparation, de plantation, ou reilles, ou rigoles, ou fossés de 0,30 de profondeur. 200

On comprend combien l'estimation de ce travail est au-dessus de sa valeur réelle, si l'on n'a pas oublié l'article précédent dans lequel 400 fr. sont alloués pour un défoncement de 0,50 de profondeur.

4° Sarments, 10,000. 40

Dans nos contrées, on les donne, mais nous les estimons 40 fr. pour leur donner un prix.

5° Acquisition, transport et épandage de trente mètres cubes de fumier à 10 fr. l'un. . 300

On peut avantageusement remplacer le fumier de ferme par des terreaux ou composts, qui produisent un meilleur effet sur les vignes, et que l'on produit plus économiquement que le fumier ; nous nous occuperons de leur composition, lorsque nous traiterons des engrais les plus propres à la culture de la plante qui nous occupe.

6° Travail de la plantation........... 110

Encore une exagération de chiffre, devant les travaux qui précèdent, travaux qui sont eux-mêmes si largement rénumérés.

A reporter....... 1,650

Report....... 1,650

7° Petits piquets de 1 mètre de hauteur, destinés à soutenir la vigne jusqu'à son âge adulte, et plantation de ces piquets........ 400

Lorsque nous traiterons la question de soutennement de la vigne, l'on verra que dans beaucoup de circonstances, ces petits piquets sont complètement inutiles, et qu'en admettant leur indispensabilité, ils ne peuvent avoir de beaucoup la valeur que je leur donne ici.

8° Binages de la première année. 50

Total du capital dépensé....... 2,100

La vigne ne devant être en plein rapport qu'à la sixième année de sa plantation, nous joindrons au chiffre du capital dépensé. le chiffre des intérêts de ce capital jusqu'à cette sixième année.

L'intérêt de cette somme de 2,100 fr. est 105 fr. par an, ou pour 5 ans celle de 525 fr. 525

Total................. 2,625ᶠ

Voilà donc la somme de 2,625 fr. qui se compose de tout l'argent dépensé, soit pour acquisition du terrain, soit pour plantation ou engrais, et aussi des intérêts pendant 5 ans de ces diverses sommes réunies ; c'est là la première mise de fonds, et la première année.

2ᵐᵉ année. — Travaux divers......... 120

Intérêts de 120 fr. pendant 4 ans........ 24

A reporter....... 2,769

Report....... 2,769

Nous appellerons l'attention sur le chiffre
de 120 fr. pour les travaux d'un hectare de
vignes pendant une année ; plus tard, nous
verrons combien cette culture peut et doit être
simplifiée, et par suite le prix de la main-d'œuvre abaissé. — Aujourd'hui, dans les Pyrénées, tous les travaux sont exécutés dans des
conditions plus pénibles et plus onéreuses que
celles que nous indiquerons, par des prix-
faitiers pour la somme de 60 fr. les 0,76 ares,
environ 80 fr. par hectare. Ce prix de 120 fr.
est donc encore une exagération.

3ᵐᵉ année. — Travaux..............	120
Intérêts pendant 3 ans..............	18
4ᵐᵉ année. — Travaux..............	120
Intérêts pendant 2 ans..............	12
5ᵐᵉ année. — Travaux..............	120
Intérêts pendant un an..............	6

Total de toutes les dépenses avec l'intérêt
de ces dépenses jusqu'à le 6ᵉ année........ 3,165

Voilà la vigne en rapport, mais il nous faut
un outillage plus ou moins coûteux qu'il s'a-
git d'apprécier.

Pour un seul hectare de vignes et les produits de cet hectare, en mettant comme capital nécessaire à l'établissement des pressoirs,
cuves et autres ustensiles de vendange et de

A reporter....... 3,165

Report....... 3,165

cuvaison, 500 fr. Nous croyons dépasser de beaucoup la juste valeur de ces objets; car on ne peut avancer sérieusement que lorsqu'on cultive 10 hectares de vignes, le capital nécessaire pour ce premier établissement puisse s'élever à 500 fr., ci.....   500

Total de toutes les dépenses avec l'intérêt de ces dépenses jusqu'à la 6e année........ 3,665f

Etudions maintenant ce que doit coûter chaque année le travail nécessité par un hectare de vignes; et, joignant le chiffre obtenu à celui produit par l'intérêt du capital de 3,665 fr., nous retirerons la somme ainsi composée, du chiffre représentant le produit brut de la vigne pour en avoir le produit net.

1° Travaux par an et par hectare, y compris la main-d'œuvre pour les vendanges et la vinification.   180f

J'ajoute par hectare 60 fr. au prix du travail déjà exagéré de l'année, pour les frais de vendange et de vinification. Combien de propriétaires ne vendangent-ils pas le produit de 10 hectares et ne pressent-ils pas le vin qui en provient pour 100 fr. au lieu de 600 fr. que je suppose dans cette note.

2° Soufre et main-d'œuvre pour le soufrage par hectare.................   80

On dépense généralement trop de soufre, en le prodiguant on ne réussit pas davantage,

et l'on rend le vin qu'on récolte impossible à
boire ; on devrait se conformer aux instructions si claires de M. de La Vergne qui sont
aujourd'hui confirmées par la pratique. En
1864, un hectare 11 ares de hautins ont
été préservés de la maladie par un propriétaire
des coteaux de Jurançon avec une dépense en
soufre et en main-d'œuvre, de 33 fr. 50.

3° Impositions et assurances. 30
chiffre encore exagéré.

4° Détérioration par hectare et par an des
pressoirs, cuves, ustensiles de vinification,
fûts, etc. 30

5° Fumure, acquisition, transport, épandage de 10 mètres cubes de fumier, à 10 fr.
l'un, soit. 100

La même observation doit être faite ici que
pour la plantation ; et la substitution des com-
pots est moins couteuse et plus avantageuse
à la vigne.

Total des dépenses annuelles pour un hectare 420
6° Intérêts à 5 0/0 du capital de 3,665 fr.
pendant un an, soit. 183 25

Les dépenses totales de l'année, y compris
l'intérêt du capital engagé, montent donc à la
somme de. 603 25

L'hectare de vignes complanté en fins cépages, ayant
dix mille pieds, travaillé, fumé, soufré, donnera au moins
en moyenne 50 hectolitres qui, à 25 fr. l'hectolitre for-

ment la somme de 1,250 fr.; le prix de 25 fr. l'hectolitre de vin produit par de fins cépages, est loin d'être exagéré; car un mois après la vendange, la moyenne des ventes des vins des environs de Pau, a été en 1863, de 33 fr. 33 c. par hectolitre, et en 1864 de 40 fr. également par hectolitre. En 1865, les vins se sont vendus en moyenne 26 fr. 66 c. l'hectolitre; et l'on doit observer que tous les vignobles de ces contrées renferment en grande quantité des plants communs : ce qui a diminué la bonté et par suite le prix des vins.

Si le vignoble est planté en cépages donnant des vins bons ordinaires, ou même en cépages grossiers, le chiffre de la production dépassera dans les deux cas celui de 50 hectolitres, et malgré l'infériorité du prix de vente de l'hectolitre, on arrivera sensiblement au même résultat par la quantité produite.

Tous intérêts et frais payés, l'hectare de vigne donnera donc à son propriétaire un bénéfice net de 646 fr. 75 c.

En déduisant du produit de la vigne, ou de 1,250 fr. les impôts, assurances, travaux de l'année, fumure, détérioration du matériel, ou la somme de 420 fr. il reste comme intérêts du capital employé, ou de 3,665 fr. la somme de 830 fr. ou un peu plus 22 1/2 pour cent de ce capital.

Comme on le voit, ces chiffres sont loin d'être exagérés; et, en admettant que quelque erreur se fut glissée dans nos appréciations, ne serait-elle pas compensée et au-delà par les rendements certains de la jeune vigne pendant ces cinq dernières années, par ses sarments, par ses fruits qu'elle commencera à donner dès sa troisième feuille, et dont il n'a été tenu aucun compte.

Dans tout ce compte, nous avons pris une moyenne de production d'une période de 10 ans. La moyenne des prix de vente est également calculée sur la même période de temps; on comprend que si, à suite d'intempéries, la vigne ne donne pas le chiffre d'hectolitres avancé par nous, le prix de l'hectolitre s'élèvera proportionnellement, comme aussi, si la récolte est très-abondante, les prix peuvent baisser; toutefois, on doit observer que dans ce dernier cas, un moyen certain de conserver aux vins une valeur élevée, c'est de les garder en cave pour ne les vendre que dans l'année qui suivra une récolte peu abondante : en agissant ainsi, on réalisera même des bénéfices sensibles, le vin augmentant chaque année de valeur dans une grande proportion.

Entre les mains de certains auteurs, la nature est toujours animée et féconde; autour d'eux, tout vit, tout respire; et leur imagination qui nous fournit sans cesse des tableaux variés à l'infini, voudrait nous faire partager les illusions de leurs rêves, et l'espoir de succès toujours nouveaux. Ils oublient trop facilement que les propriétaires viticoles se laissent peu diriger par des œuvres de fantaisie où le caprice supplée à chaque instant aux notions scientifiques et aux faits d'expérimentation; aussi, pour qu'on ne puisse pas nous confondre avec eux, nous allons essayer d'expliquer et de légitimer le chiffre de 50 hectolitres à l'hectare, seule base de nos calculs qu'on peut encore considérer comme une supposition.

Il ressort clairement du livre du docteur Guyot et de tous ses écrits, qu'avec des engrais et une culture intelligente, on peut toujours obtenir 10,000 kilos de raisins par heetare, et que la vigne ainsi traitée doit donner, avec les fins cépages, une récolte presqu'égale à celle qui serait produite par les plants les plus communs en même temps que les plus abondants; en asseyant, comme il l'a fait, ce principe sur des bases irréfutables, le docteur Guyot a donné à la viticulture française une impulsion immense et a établi l'influence du capital venant en aide à une culture judicieuse.

Ce résultat seul serait suffisant pour qu'on ne contestât pas nos 50 hectolitres à l'hectare; aussi, parmi les faits qui abondent et qui viennent à l'appui de notre assertion, nous n'en citerons que quelques-uns.

Tout le monde sait que la Suisse récolte jusqu'à 200 hectolitres à l'hectare, et dans une communication intéressante, qui a profondément ému le monde viticole, et qui est insérée au numéro du 5 mars 1862 du *Journal d'Agriculture Pratique*, M. de Guimps, président de la Société d'agriculture de la Suisse Romande, a établi que, pendant les 39 dernières années, un hectare de vignes avait donné en moyenne, et par an, pendant ce laps de temps, 1,682 fr. 57 c. au propriétaire et autant au vigneron, ou la somme énorme de 3,365 fr. par hectare, et cette culture, qui est sensiblement la même, pour les procédés comme pour les rendements, que toutes celles qui l'avoisinent, est loin de présenter des conditions plus favorables que celles dans lesquelles se trouvent les vignobles de France. — La maison du vigneron est à plus de trois kilomètres du centre des vignes ; tous les travaux sont exécutés à la main et à la houe ; le fumier est transporté à dos d'homme ; enfin, la main d'œuvre comme les engrais sont, dans cette contrée, à des prix très-élevés ; et dans un article de M. Guyot sur les vignes de cet heureux pays, l'éminent viticulteur s'exprime ainsi sur la nature des terrains :

« Ces vignes si précieuses sont plantées en fendant vert et en fendant roux, et produisent des vins qui ne se vendent pas 25 fr. l'hectolitre, mais elles en produisent de 200 à 300 hectolitres ; et qu'on n'aille pas croire en France que ces cultures sont établies sur des terres promises, dont la fertilité naturelle dépasse tout ce que l'imagination peut concevoir de plus fertile ; non, elles sont établies sur la stérilité la plus absolue, sur la roche nue, sur le granit qu'il faut étonner à coups de masse, faire sauter à la mine, et cela dans la proportion de 4,000 mètres cubes par hectare, pour y former des gradins de 10 à 12 mètres de largeur sur 3 à 4 mètres d'escarpement, gradins dont il faut border la saillie d'une muraille d'un mètre d'épaisseur pour asseoir et maintenir le peu de terre recueillie sur la rampe et beaucoup de terre apportée des vallées voisines ; voilà ce qui, planté en vigne, vaut plus de 30,000 fr. l'hectare, voilà ce qui n'en coute pas 15 ; voilà ce qui rapporte brut plus de 3,500 fr. et ce qui rapporte net plus de 1,800 fr. »

D'après les chiffres relevés dans une correspondance entre MM. Guyot et Marès, correspondance insérée au *Journal d'Agriculture Pratique*, comme d'après ceux qui

ressortent du rapport de la prime d'honneur de l'Hérault
en 1860, la vigne donnerait en moyenne dans ce département 150 hectolitres à l'hectare, et l'on sait que
cette fécondité existe dans la Charente et dans l'Anjou,
partout enfin où une culture intelligente se joint à des
fumures judicieuses.

Les statistiques de l'Auvergne, rappelées dans un
article de M. Du Breuil, inséré au *Journal d'Agriculture
Pratique*, numéro du 20 septembre 1864, établissent
pour ce pays, une moyenne de 75 hectolitres par an et
par hectare ; et les modifications conseillées par M. Du
Breuil, doivent, en augmentant le rendement, porter le
produit net à plus de 50 0/0 du capital employé, et
cela en effectuant tous les travaux à bras d'homme.

A Orthez, dans les Basses-Pyrénées, avec le cépage
appelé Tannat, cépage qui produit les bons vins toniques
de Madiran, on récolte en moyenne de 90 à 100 hectolitres sur des terres qui sont loin de valoir, au point
de vue de la culture de la vigne, celles qui forment la
généralité des terrains vagues ou incultes du Sud-Ouest;
et les rendements sont sensiblement les mêmes dans
vingt villages de nos contrées, à Madiran, à Castetnau-
Rivière-Basse, à St-Lanne, à Arrozès.

Enfin, dans les vignes bien tenues de la Bourgogne,
de la Champagne et du Bordelais, la moyenne de production des vins est de 70 à 90 hectolitres, et dans le
rapport fait pour la prime d'honneur de la Gironde, on
trouve, ent'autres faits très-intéressants, que M. Mon-
taugou a récolté sur une étendue de 6 hectares 80 ares,
1,310 hectolitres en 1858.

Nous avons les mains pleines de faits de même nature ; mais ceux que nous avons cités suffiront, pour qu'on ne nous conteste pas le chiffre de 50 hectolitres à l'hectare, dans un pays comme le Sud-Ouest, où avec des soins, des engrais et quelques modifications dans le mode de culture, le soleil et la nature des terrains doivent si merveilleusement venir en aide à notre précieux arbrisseau.

§ IV.

RAPPROCHEMENT ENTRE LA VIGNE ET LES AUTRES CULTURES

SPÉCIALEMENT LE FROMENT

Si l'on étudie l'économie rurale du sud-ouest, on s'aperçoit que sa culture se compose de pratiques et de théories qui, pour la plupart, ont été puisées dans l'agriculture étrangère ; or, les rapports économiques de la zône Pyrénéenne se trouvant en opposition directe avec ceux des peuples auxquels nous avons fait ces emprunts, il parait évident que nous devons nous débarrasser de ce gênant bagage de principes, aussi antipathiques à nos terrains et à nos climats que les lois économiques qui nous régissent sont différentes de celles des autres nations. Ainsi, loin de chercher à répandre, comme on le fait trop souvent, ces idées systématisées, devrait-on au contraire, par l'étude des procédés et des relations économiques de nos contrées, montrer comment la vérité d'un pays est souvent l'erreur d'un autre, ouvrir de nouvelles voies à notre activité, et venir ainsi en aide au praticien découragé qui n'a trouvé dans la route qu'on lui a tracée que gêne et mécompte, et qui espère que celle qu'on va lui présenter, doit le conduire au succès, et rémunérer son travail; — et, à ce point de vue, quelle plante plus que la vigne peut aider à cette transformation, elle, qui donne sur les plus mauvaises terres des produits quatre ou cinq fois plus rémunérateurs, que ceux des autres cultures sur les meilleurs terrains; elle qui, par le commerce que les deux mers favorisent, et avec les débouchés qui lui sont ouverts par elles, peut partout jeter ses vins délicieux que la concurrence ne peut atteindre dans aucun autre pays du monde. Aussi, dans l'intérêt agricole et commercial du sud-ouest, doit-on la pousser, par tous les moyens possibles, dans la voie des changements et des améliorations.

D'un autre côté, l'expérience de tous les pays et de tous les jours nous montre que, lorsqu'un sol produit des denrées vendues à un prix élevé, ce sol est colonisateur et civilisateur par excellence ; qu'il appelle, garde et fait prospérer les populations, parce qu'avec le haut prix de ses ventes, il attire les produits des autres contrées, et les jette, comme aliment, au bien-être de ses habitants. — N'est-ce pas la vigne qui peut seule, par le travail qu'elle nécessite et les bras qu'elle occupe, empêcher l'émigration, cette plaie de notre contrée, qui menace de l'envahir toute entière ; n'est-ce pas encore elle qui peut aller échanger ses produits recher-

chés de tout l'univers, contre les denrées que d'autres
nations voient naître meilleures ou à plus bas prix que
nous.

Il est évident aussi qu'un terrain qui fournit 2,400 fr.
de produits bruts, et qui ne donne sur ce chiffre que
200 fr. de produits nets à celui qui l'exploite, est l'égal
devant l'intérêt privé, de celui qui, ne livrant à la vente
que 600 fr, de marchandises, donne sur ces 600 fr. à
celui qui le cultive un bénéfice de 200 fr...... mais,
au point de vue colonisateur et civilisateur, au point de
vue de la prospérité et de la force d'une nation, le premier sol a une valeur quatre fois plus forte que le
second, puisqu'il a payé quatre fois plus de main-d'œuvre, et qu'il a entretenu une population quatre fois plus
nombreuse. — Et considérée ainsi, la production du vin,
mieux que tout autre culture, ne sert-elle pas autant
l'intérêt général que l'intérêt particulier, en livrant à la
consommation des produits bruts d'une valeur de beaucoup supérieure à ceux des autres cultures, en donnant
au vigneron les produits nets les plus élevés, en entretenant un grand nombre d'ouvriers, en fournissant une
boisson salutaire qui épargne les autres aliments dans
une immense proportion ; en développant les forces
physiques, comme l'intelligence des populations.

Enfin, on doit aussi tenir compte de l'influence sur
le sud-ouest de l'action législative et administrative des
dernières années. Tous les terrains vagues qui ont été
arrachés à une honteuse stérilité par l'ouverture des
routes qui s'achèvent, et par le partage et la vente par-
cellaire des communaux, ont reçu une destination nou-

velle. Abandonnés jusqu'à ce jour, ils ne peuvent être économiquement utilisés que par la vigne; tout autre culture y jetterait des capitaux qui ne seraient remboursés que trop tardivement; la vigne seule peut y appeler la richesse et y nourrir une population dense et active; elle seule peut, dans d'immenses proportions, aider à l'extension et à l'élargissement de ce vaste atelier dans lequel va s'exercer l'activité nationale.

Devant ces faits qui établissent si évidemment les avantages de la culture de la vigne, devant ces principes économiques qui démontrent la nécessité et l'urgence de sa propagation dans le sud-ouest, essayons de faire, sous leur abri, un rapprochement rapide entre la vigne et les autres modes de culture de la terre.

Et d'abord, on s'aperçoit que les autres productions sont moins assurées que celle de la vigne; que, proportionnellement au produit net qu'on en retire, cette dernière demande moins de travail que les autres cultures; qu'elle s'accommode de toute espèce de terrains sur lesquels les autres plantes ne pourraient croître; qu'elle fournit du travail en toutes saisons aux hommes valides et aux vieillards, comme aux femmes et aux enfants; qu'elle alimente ou fait naître un grand nombre de commerces et d'industries; enfin, qu'elle donne les produits les plus élevés, quoiqu'elle soit la plante qui réclame le moins d'engrais. — Et, pour bien caractériser la richesse de la vigne, comparée à celle des autres cultures, pour bien établir que c'est elle qui vient en aide dans une exploitation à toutes les autres branches de l'industrie rurale, et les commandite, nous ne pouvons mieux faire que de citer l'exemple donné par le docteur Guyot, dans les termes suivants :

« Le domaine du Thil offre une superficie d'environ 400 hectares. Sur ces 400 hectares, on comptait seulement 24 hectares de vignes en 1832, lesquels ont été portés à 46 hectares dans l'intervalle de 1832 à 1861.

Voici les résultats moyens obtenus sur ces bases.

ANNÉES.	Recettes totales du domaine. Moyenne par an.	Recette provenant de la vente des vins. Moyenne par an.
De 1832 à 1840..	21,463 » »	12,631 50
De 1840 à 1850..	25,560 » »	13,780 » »
De 1850 à 1860..	30,480 » »	17,460 » »

Moyenne générale des produits totaux du domaine en 30 ans.. .... 25,834 ⎫
Moyenne générale de la vente des ⎬par an.
vins du propriétaire en 30 ans..... 14,950 ⎭

Le produit moyen des vins résulte de l'exploitation de 35 hectares de vignes. Le produit moyen de 365 hectares de terre reste donc de....: 10,884ᶠ

Ainsi, chaque hectare de terre a produit en moyenne de 30 ans, 29 fr. 76 par an, et chaque hectare de vigne a produit en moyenne de la même période 427 fr. 30, quatorze fois plus, à surface égale, au propriétaire.

Mais ce n'est pas tout : le vigneron a eu la même part pour nourrir, entretenir lui, sa famille, son bétail, et pour réaliser ses économies ; on voit par là quelles ressources la vigne présente aux exploitations agricoles ; dans 60 de nos départements, la vigne est le vrai banquier de l'agriculture, en même temps qu'elle y constitue sa plus riche cité ouvrière ».

Les produits totaux ou séparés qui précèdent, ont été relevés sur ses livres, par M. de St-Trivier, propriétaire du domaine du Thil, dans le Beaujolais.

Dans l'intérêt privé comme dans l'intérêt général, ne faut-il pas enfin secouer cette apathie qui engourdit le sud-ouest et le rend réfractaire à tout progrès, puisqu'il est avéré aujourd'hui que la culture de la vigne est moins coûteuse, moins pénible et surtout plus rémunératrice que celle de tout autre produit de la terre.

Rapprochons enfin, très-sommairement, de la culture des céréales, la vigne, cet arbuste précieux qui, par ses qualités mystérieuses, a fait une si grande renommée à certains pays.

D'après le tableau dressé par M. de Gasparin, il y a environ 25 ans, la moyenne de production de blé pour toute la France était à cette époque de 1140 litres par hectare ; elle a atteint aujourd'hui le chiffre de 1,350 litres ; elle se serait donc élevée, pendant cette période de 25 ans, de 2 hectolitres, 10 litres ; mais, sans tenir compte de cette moyenne, et exagérant tant le rendement du blé que le prix qu'on peut en retirer, prenons pour point de départ un hectare de mauvaise terre.

Il faudra un travail de défrichement presque égal à celui nécessité par la plantation d'une vigne, et 120 mètres cubes de fumier normal, pour faire rapporter à un tel terrain 20 hectolitres de froment qui, à 20 fr. l'hectolitre, font 400 fr., si l'on joint à cette somme la valeur de la paille ou 100 fr., on arrive au chiffre de

500 fr. sur un hectare, pour 120 mètres cubes de fumier;
appliquons maintenant l'engrais à un hectare de vignes,
planté en fin cépages.

Pour défectueux que soit le terrain, 20 mètres cubes de fumier, le sixième seulement de ce qui a été
accordé au blé, produiront une abondante récolte que
nous n'apprécierons qu'à 50 hectolitres qui, vendus
à 25 fr. l'hectolitre, donneront la somme de 1,250 fr.
— Voilà déjà la production de la vigne qui n'a dépensé que 20 mètres cubes de fumier, une fois et
demi plus riche que la production du froment qui
en a absorbé 120 mètres. Mais dira-t-on qu'avec
une telle fumure, la terre arable va produire des récoltes sensiblement rémunératrices pendant 6 ans.....
soit... et supposons qu'on puisse apprécier à 300 fr.
la récolte de la deuxième année et à 250 fr. celle de
chacune des quatre années qui suivront : (l'exagération
est ici manifeste), le tout fait 1,800 fr. pour 120 mètres
cubes de fumier et pour 6 années. Eh! bien, en recevant la moitié de la fumure ou 60 mètres cubes pendant
six ans, la vigne aura produit 6 fois 1,250 fr. ou
7,500 fr. Il y a plus : par ses six années de production,
la terre arable se sera appauvrie et presque stérilisée,
lorsque le vignoble aura grandi et prospéré en fécondité comme en qualité. Enfin, les produits de la terre
arable demandent un outillage coûteux et une main-
d'œuvre nombreuse, tandis que la vigne s'accommode
facilement de tout, et est loin d'être exigeante. — Devant ces chiffres, devant ce rapprochement, peut-on
être assez aveugle ou assez aveuglé pour trouver, au

point de vue productif, commercial ou colonisateur, une similitude quelconque entre le rendement de la terre arable fortement fumée et celui d'une contenance égale, complantée en vignes, qui n'a reçu qu'une demi-fumure? A-t-on besoin de dire que les céréales sont très épuisantes : qu'on attribue cet effet à leurs racines traçantes, et surtout à leur mode d'assimilation qui s'opère plus par leurs racines que par leurs feuilles, tandis que les vignes, au contraire, avec leurs feuilles et leurs parties vertes empruntent à l'atmosphère près des 19/20 de leur nourriture. — Il est vrai le dicton populaire de la Touraine dans le langage de laquelle *closerie* signifie vigne. « Closerie donne métairie, dit-on, mais jamais métairie n'a donné closerie. »

Qu'on fasse des vins toniques, salubres et fortifiants, et non de ces vins trop vifs ou trop pétillants que tout le monde goûte, dont personne ne boit à son ordinaire, et qu'on a comparés, nous le croyons, à des femmes coquettes. C'est seulement en suivant cette voie, qu'on arrivera à atteindre les résultats immenses obtenus déjà par le Bordelais; — le Château-Latour, composé de 38 hectares de vignes, 19 de prés, 9,58 de terres et jardins, en tout 66 hectares, a été adjugé, le 4 août 1841, pour la somme de 1,511,000 fr. et l'on justifiait pendant 27 ans d'un revenu de 95,000 fr. porté à 106,000 fr. pour les dernières années. Ce même domaine vaut aujourd'hui beaucoup plus de deux millions.

Comme on le voit par ce qui vient d'être dit, un immense intérêt pour le Sud-Ouest et un intérêt des plus urgents, se rattache à la culture de la vigne. Aussi,

ce n'est plus avec une prudente lenteur, qu'il faut tenter
de réveiller les populations et de les jeter dans une voie
progressive; car, il est déjà trop tard pour fonder de
vagues espérances sur l'action du temps sur les esprits.
Que tous se mettent à l'œuvre ; que ceux qui ont les
mains pleines de vérité, ne les tiennent plus fermées ;
qu'on pousse les campagnes vers une culture dont les
produits ont un écoulement à peu près assuré ; c'est
ainsi qu'elles ne seront plus en butte, ni aux désastres de
ces tristes et calamiteuses années de trop d'abondance
ou de disette qui courbent les pays de grains, ni aux
fatales oscillations qu'amènent dans les contrées ma-
nufacturières, la guerre, un changement de mode, ou la
concurrence. — Du reste, là est notre seule ressource;
car, s'il est établi et constant que le blé se produit dans
nos contrées en moindre quantité et plus chèrement que
partout ailleurs, ce qui doit nous éloigner de cette culture, — il est certain aussi que l'industrie manufacturière, si elle cherchait à s'étendre jusqu'à nous, se trouverait mal à l'aise, en face des habitudes et de l'esprit
des populations, et ne pourrait pas lutter longtemps
contre l'industrie viticole qui peut si richement rémunérer ses ouvriers. — Mais l'industrie manufacturière
n'existe pas dans la zône pyrénéenne; car, on ne peut
déclarer sérieusement notre pays industriel, pour les
quelques rares et petites industries qu'on y rencontre
de loin en loin; du reste, elle ne peut trouver dans
cette contrée, ni les capitaux nécessaires pour créer une
fabrique durable, ni surtout les matériaux indispensables
pour l'alimenter ; car, si d'un côté dans nos campagnes,

les fortunes privées sont restreintes, de l'autre les progrès de l'agriculture en général, ont été si lents jusqu'à ce jour, qu'il paraît impossible qu'elle puisse fournir de longtemps les matières premières que la fabrique doit manufacturer.

L'industrie doit surtout s'établir dans les froides contrées du Nord, où l'hiver laisse les forces inoccupées ; ses travaux sédentaires et réguliers seraient antipathiques à nos populations, qui aiment par dessus tout l'air, le soleil et la liberté.

Déjà, pour certains pays, la viticulture a tout créé, tout animé ; dans d'autres, elle a lancé les vaisseaux dans les mers ; dans d'autres, s'ouvrant des routes à travers les rochers, elle a abaissé les montagnes et comblé les vallées ; pour la plus grande partie du Sud-Ouest, la vigne doit devenir le grand régénérateur social, et commanditer les chemins de fer, ce moyen puissant de civilisation, en envoyant ses produits dans le monde entier.

CHAPITRE SECOND

---

§ Ier.

LA VIGNE ET LE VIGNERON.

De toutes les plantes utiles à l'homme, la vigne est peut-être celle sur qui l'on a le plus écrit; cependant, le sujet est loin d'être épuisé; et à une époque comme la nôtre où l'on parle de toutes choses, même de celles qu'on ne connait pas, comment se taire sur la vigne, cette plante française par excellence, qui fait tant jaser?

La vigne rit au jour en s'énivrant de la flamme ardente du soleil; et, dans son ivresse, elle a mille fantaisies, mille caprices; elle embrasse tout ce qui l'approche; elle rampe à terre ou se balance au-dessus des autres plantes; tout lui sert d'appui pour prendre son essor, et jeter ses sarments jusqu'aux cîmes les plus élevées; tantôt elle s'étend et se couche nonchalament dans

la plaine, tantôt elle gravit lestement la colline ou grimpe
sur la montagne qu'elle tapisse de sa riche verdure,
qu'elle enlace de ses bras nerveux ; et pendant qu'elle
se livre à ces jeux, ses puissantes racines vont puiser
dans les terres les plus stériles, comme aux flancs des rochers, cette liqueur animée, qui adoucit le cœur de l'homme en le fortifiant, qui fait jaillir pour la jeunesse la
flamme mystérieuse à laquelle va se rattacher sa destinée, comme l'inspiration de tout ce qui est noble et
grand, qui répare les forces de l'âge mûr détruites par
le travail, et qui, voilant pour le vieillard les tristes réalités d'une existence qui s'éteint, évoque les plus heureux
souvenirs, et lui donne encore des jours étincelants.

Dans son livre sur la vieillesse, après avoir fait dire
à un petit-fils de Romulus qu'il ne peut se lasser d'ad-
mirer une vigne, Cicéron s'écrie dans son enthousiasme :
« Qui ne serait ravi au charmant aspect de cette plante? »
— Quand le printemps pénètre, échauffe l'air, qu'il
souffle l'esprit de vie dans les ressorts les plus cachés
de la nature, la vigne entr'ouvrant ses bourgeons éclate
et s'épanouit de tous côtés ; et ce que l'air a commencé,
le soleil l'achève ; ses rayons de chaleur et la rosée vivifiante de l'été, forment, nourrissent, développent le
fruit, pendant qu'ils donnent aux pampres une luxuriante
végétation d'une admirable beauté ; à l'automne, la vigne
étale au grand jour ses trésors enflés, ses raisins pressés,
vifs et transparents ; et, si elle se plaît tant dans nos
zônes tempérées, c'est que, pendant toute l'année, le
ciel pur lui donne la chaleur, la mer la brise, et la
montagne l'abri.

La vigne entretient une population active et intelligente, et c'est dans les pays de vignobles que naissent les fortes races, celles à qui la civilisation moderne est redevable de ses idées, de ses arts, de ses lois ; l'habitant de ces contrées quitte-t-il sa patrie, la vigne le suit; car il sait que tout ce qui tient au progrès moral ou matériel de l'humanité se rattache à elle.

La culture de la vigne police et adoucit les mœurs, satisfait aux besoins sans cesse renaissants d'une société en progrès, et fait ainsi vivre une immense population ; dans les contrées où elle est prospère, elle excite une émulation salutaire qui secoue cette apathie, cet engourdissement qui est la plaie désastreuse des pays arriérés ; partout, elle répand une chaleur vivifiante, donne du mouvement, fait circuler la vie; et par elle, l'agriculture peut sourire sur nos landes comme sur nos terrains abandonnés.

La culture de la vigne, en procurant aux paysans pauvres des moyens plus nombreux d'utiliser leurs bras, assure leur existence qui ne reste plus à la charge de la société ; elle leur offre une ressource certaine contre la misère, et toutes les chances pour ramasser un petit pécule ; elle leur offre ainsi la perspective d'un meilleur avenir. Enfin, avec le travail incessant que donne la vigne, l'épargne facile et le bonheur de la famille, le campagnard qui doit à une constante occupation une grande amélioration morale, le campagnard qui est enraciné dans le sol et qui aime son village, ne songera pas à le quitter, et passera sa vie entre le clocher qui l'a vu naître, et la vigne que sa main a plantée.

Le vigneron a compris tout ce qu'il devait à la vigne ;
et, si elle est généreuse jusqu'à la prodigalité dans ses
dons, il est dévoué jusqu'au sacrifice de lui-même dans sa
reconnaissance : « Oui, le vigneron, dit le docteur Guyot,
est bien le soldat toujours campé et toujours en campagne ; il attaque avec ses bras vigoureux le sol de
pierre ou de granit; il le fouille, il le hache, il le cul-
bute avec la pioche, avec le pic, avec la poudre ; il
lutte contre les frimats, contre la gelée, contre les bru-
mes, contre la pluie, contre la grêle, contre l'oïdium,
la pyrale, fléaux de la vigne ; il brave la fatigue, le
froid et le chaud. Toujours debout avant le soleil, il
travaille et veille sans cesse avec une infatigable opi-
niatreté, avec un courage indomptable. Rien n'égale
l'activité, la force, l'intelligence du vigneron, si ce n'est
l'activité, la force, l'intelligence de savigneronne, in-
trépide cantinière qui prépare les vêtements et les aliments, nourrit et soigne ses enfants en un tour de main,
prend sa charge et son tricot, va et vient quatre fois
par jour de la maison au champ de travail; travaille
aux côtés de son mari, rentre avant lui pour que son
homme, ses enfants et ses bêtes ne manquent de rien ;
et ne se repose qu'après avoir pourvu aux besoins de
tous. Que de peines, que d'anxiétés, que d'émotions
d'avril en octobre pour les gens d'un tel labeur, d'un
tel courage, d'un tel cœur ! » Oui, le vigneron qui a
planté la vigne, qui l'a taillée, qui l'a travaillée, qui
lui a donné son empreinte, qui a mis en elle une partie
de lui-même par le travail, n'aime pas seulement sa
vigne ; elle fait corps avec lui.

Enfin, dans les vignes, le cœur ne se ride pas comme le front, et la vie saine de la campagne grandit l'âme, l'élève et écarte d'elle ces souillures, si communes dans les grandes villes. — Le vigneron ne relève que de lui-même, et ne demande qu'à Dieu de féconder ses sueurs; il trouve l'indépendance dans le travail qui lui laisse ainsi la dignité du caractère. — Les vertus des paysans, quoiqu'écloses dans l'ombre, ont les plus doux parfums. La femme, par sa douceur et son dévouement de tous les instants, donne le bonheur et la paix, en retenant l'époux au toit domestique. L'homme, par son rude travail, s'affermit dans son amour pour toutes les choses honnêtes : il s'arme de courage et de patience contre les obstacles, et sort de sa lutte de tous les jours, avec une foi plus grande et plus féconde pour le bien, avec un juste orgueil de sa force et de sa liberté.

§ II.

LA VIGNE DANS LE PASSÉ ET A L'ÉTRANGER.

La culture de la vigne remonte au premier âge du monde. — Son histoire commence avec celle de l'humanité, et le berceau de l'une est placée à côté du berceau de l'autre. Le rôle qu'elle a joué dans la vie privée comme dans la vie publique des premiers peuples est immense, et nous a été légué par la tradition ; et si nous consultons les souvenirs de l'antiquité la plus reculée, souvenirs conservés par Moïse et par Homère, nous voyons qu'à ces époques si lointaines, la culture de la vigne était déjà connue depuis longtemps; et que partout où elle a implanté ses racines, avec elle sont nés le bien-être et la civilisation.

On dit partout que c'est Noé qui le premier a cultivé la vigne, et l'on appuie cette opinion sur le texte de la Genèse, qui dit littéralement qu'après le déluge, « ce patriarche commença à devenir un homme des champs, planta la vigne, but du vin et s'énivra» (Genèse, ch. 9, vers 20 et 21). Mais ces paroles, loin d'attribuer à Noé l'honneur d'une telle découverte, laissent au contraire supposer qu'il ne fit qu'imiter ce qui avait été pratiqué par les peuples antédiluviens, au milieu desquels il avait vécu. S'il en était autrement, la Genèse n'aurait-elle pas signalé et mis en relief l'invention de cette culture et de l'art de faire le vin, ainsi que le phénomène de l'ivresse? L'étude réfléchie du texte sacré vient à l'appui de notre opinion; car la malédiction de Dieu ne s'étend pas jusqu'aux végétaux; et puisque l'olivier n'a pas péri dans le naufrage, que la colombe, quand les eaux commencèrent à disparaître, a pu arracher une feuille à cet arbuste fragile, la vigne si forte, si rustique a dû résister et n'a pu être atteinte. Saint Chrisostome paraît accepter cette interprétation, puisqu'il dit pour excuser l'ivresse de Noé : « Que c'était pour adoucir les tristesses et les amertumes de son esprit, relever et fortifier ses faiblesses, et soulager les autres infirmités de son grand âge ; car le vin, pris modérément, produit d'ordinaire tous ces bons effets. »

La tradition Grecque, d'accord en cela avec la tradition juive, nous permet aussi de supposer que la culture de la vigne remonte à une époque antérieure au déluge et à Deucalion, c'est-à-dire aux premiers temps des sociétés humaines.

La Genèse fournit à chaque page des preuves irrécusables de l'importance de la culture de la vigne parmi les enfants d'Israël. Abraham dit à son fils en le bénissant : « Que Dieu te donne la rosée du ciel, et l'abondance du blé et du vin. » Dans sa prédiction sur la venue du Christ, Jacob compare le mystère de la croix à la vigne, à ses rameaux et au vin : « Il liera à la vigne son ânon et au cep son ânesse ; il lavera dans le vin son vêtement, et dans le sang de la grappe son manteau. » (Genèse, ch. 49, v. 11). Le livre sacré nous apprend encore combien le vin des Hébreux troublait la raison ; nous en trouvons la preuve dans l'ivresse de Loth, dans celle de Nabal, et dans les prédictions des prophètes qui s'élevaient sans cesse contre les habitudes d'ivresse du peuple juif. — Le roi prophète compare une femme féconde à la vigne qui jette au loin ses rejetons, (ps. 128, v. 3.) Dans le livre des juges, l'écriture fait répondre à la vigne à qui les autres arbres demandaient de dominer sur eux : « Puis-je délaisser mon vin qui réjouit Dieu et les hommes, et être élevée entre tous les autres arbres ! » (Genèse, v. 12.)

Quel éloge plus grand peut-on faire de la vigne que

celui que Dieu en a fait, en comparant cette plante à son église, les bons aux raisins doux et mûrs, et les méchants à la vigne sauvage, qui ne produit qu'un fruit amer et qui ne peut atteindre aucune maturité ? (Isaïe, ch. 5).

Enfin, Jésus-Christ a dit : « Je suis la vraie vigne, et mon père en est le vigneron ; il retranchera toute plante qui ne porte pas de fruit en moi, et taillera, émondera toutes celles qui portent du fruit, afin qu'elles en portent davantage ; demeurez en moi, et moi en vous; comme le sarment ne peut-lui-même porter du fruit, s'il ne demeure en la vigne, vous n'en porterez point non plus, si vous ne demeurez en moi ; je suis la vigne, et vous les sarments ; qui demeure en moi, et moi en lui, porte beaucoup de fruits ; car sans moi, vous ne pouvez rien faire; si l'un de vous ne demeure en moi, il sera jeté dehors comme le sarment et se séchera ; on l'amassera et jettera au feu, et il brûlera. » (St-Jean, XV, v. de 1 à 6).

Homère, dans ses poëmes immortels, montre partout que la culture de la vigne remonte à la plus haute antiquité, et que le vin était la boisson ordinaire de toutes les contrées qu'il nous fait parcourir avec lui. — Lors du départ de Télémaque, les rameurs couronnent de vin les coupes, et font aux dieux des libations. — La grotte où Calipso chantait en tissant de la toile avec une navette d'or, était ombragée par une vigne chargée de raisins. — La vigne croît merveilleusement et sans culture dans l'île des Cyclopes, et, en y pénétrant, Ulysse

porte avec lui un outre d'excellent vin « contre lequel il
n'y avait ni tempérance, ni sagesse qui pussent tenir »
vin qu'il devait à la reconnaissance de Maron, prêtre
d'Apollon qu'il avait sauvé, ainsi que sa femme et ses
enfants. — L'une des Nymphes de Circé versait le vin
dans les coupes d'or, et cette enchanteresse le prodigua
aux compagnons d'Ulysse pour aider à l'exécution de
ses projets. Le père d'Ulysse, désolé de son absence et
attendant son retour, couchait sur un lit de feuilles séchées, au milieu de ses vignes; — Enfin, pendant le siège
de Troie, des navires chargés de vins arrivèrent de
Lemnos, et ces vins furent échangés contre du fer, des
bœufs, des peaux d'animaux, et, pour en avoir, les
chefs de l'armée Grecque donnèrent leurs plus belles
esclaves.

Hérodote nous apprend que les fêtes que l'on célé-
brait en Grèce en l'honneur de Bacchus, le dieu du vin,
avaient pris naissance en Egypte, où elles étaient en
usage depuis les temps les plus reculés sous le nom de
mystères d'Osiris. — Nous savons aussi que le culte de
Bacchus était établi partout où il y avait des hommes
réunis, et un commencement de culture; et qu'avant
que ce dieu n'eût des autels en Grèce, les Phéniciens le
vénéraient depuis des siècles.

D'autres auteurs font naître Bacchus en Arabie, en
Assyrie, dans toutes les contrées enfin où il y a des
vignobles; et Pausanias nous apprend que tous les peuples de la Grèce revendiquaient son berceau, et le pla-
çaient chez eux.

Tout est allégorie dans le passé mythologique, et

Bacchus, c'est le vin ; il est fils de Jupiter et de Sémélé, c'est-à-dire du ciel et des montagnes ; il aime le soleil et les coteaux : « *Bacchus amat colles.* » Et, si l'on a dit que ce dieu avait son berceau en Béotie, et que Cadmus était son aïeul, c'était pour montrer que ce chef de colonie ou de flotte marchande, avait enseigné à la Grèce l'art de cultiver la vigne et de faire le vin.

Les fêtes et les mystères de Bacchus étaient des usages innocents dans leur origine ; c'étaient les fêtes des vendanges ; la gaîté qu'elles inspiraient, la liberté qui y régnait, devaient en effet les répandre partout.

En les célébrant, les prêtres du dieu du vin donnaient au peuple des spectacles et des jeux, où se déployait une grande magnificence. Là se disputaient les prix de l'art dramatique et de la poésie, et les pièces de théâtre n'étaient données au public, que lorsqu'elles avaient été représentées et acceptées dans les mystères de Bacchus. — Tragédie vient de Tragos et Odé, chant du bouc. Dans ces mystères on sacrifiait un bouc et l'on chantait cette victime ; voici la tradition : — Icarius, qui avait appris de Bacchus l'art de faire le vin, trouve un bouc dans ses vignes, et l'immole à son maître. Les paysans de la contrée, mûs par un sentiment de reconnaissance pour ce dieu, se réunissent à Icarius pour prendre part à cet acte de piété ; on danse autour de la victime et l'on fait des libations. L'année suivante, on se réunit de nouveau pour célébrer la fête qui avait laissé de charmants souvenirs ; elle se répand dans les campagnes ; Athènes suit l'exemple des villages ; et une fête privée devient une fête publique.

Ces mystères se célébraient chaque année, et le héros du drame est Bacchus tué par les Titans ; il descend aux enfers, ressuscite ensuite pour revenir au séjour d'où il est descendu. Dans ces représentations figure toujours un jeune homme en cire ; on jette des fleurs sur son corps, et les femmes le pleurent jusqu'à l'heure de sa résurrection ; alors éclate cette joie délirante qui, alimentée par le vin, changea bientôt le caractère de ces fêtes religieuses, et de simples et naïves qu'elles étaient à l'origine, en fit des bacchanales et des saturnales. Et ces mystères ont ainsi donné naissance à la tragédie et à la comédie.

C'est pour rappeler cette origine que les sculpteurs de l'antiquité couronnent toujours de pampres les fronts de Thalie et de Melpomène, dans toutes les statues qu'ils nous ont laissées de ces muses ; et selon Diodore, tous les peintres représentaient Bacchus avec des cornes. C'est là encore un monument des anciennes mœurs ; les cornes des animaux ont été les premiers vases qui ont renfermé le vin, les premières coupes dont les hommes se soient servis pour en boire.

Rien de si pompeux dans la mythologie que les conquêtes de Bacchus ; rien ne peut l'arrêter, et il va jusqu'aux Indes. Ce dieu a conquis tous les peuples ; il les a tous séduits et énivrés par le vin.

A chaque pas, les vieilles religions nous montrent le rôle immense qu'a joué le vin dans les sociétés antiques ; et Ariane, après son abandon par Thésée, devenant prêtresse de Bacchus dans l'île de Naxos qui produisait les vins célèbres de l'antiquité, Jupiter la rend immortelle, parce qu'elle s'est consacrée à la culture de la vigne dans cette île.

Comme on le voit, ces traditions nous apprennent que la vigne a d'abord occupé l'Asie et l'Europe Méridionale ; qu'elle s'étendit sur ses vastes continents et les policia avant d'atteindre les zones plus tempérées, qui cependant conviennent si essentiellement à cette plante ; elle n'y fut introduite que peu à peu par l'action du commerce, et à suite des migrations si fréquentes à cette époque du monde. Les peuples florissants de l'Asie, qui allaient fonder des colonies dans des contrées moins brûlantes, la portaient avec eux, et lui donnaient les terrains qu'ils défrichaient, qui étaient propres à cette culture ; et les relations qu'ils entretenaient avec la mère-patrie aidaient à son développement. C'est ainsi que les Phéniciens la donnèrent à l'Egypte ; les Egyptiens à la Grèce ; et que les Grecs, à leur tour, l'introduisirent en Italie ; là, elle prospéra rapidement chez les premiers peuples qui habitèrent cette contrée ; et elle florissait déjà dans une grande partie de la Péninsule, lorsque Rome n'existait pas encore. — Les fondateurs de cette dernière ville durent songer d'abord à leur établissement et à leur sûreté ; aussi, sous Romulus, la vigne avait-elle gagné peu de terrain, puisque ce roi défendit les libations de vin qui étaient en usage dans toute l'Italie ; mais Pline nous apprend que Numa donna une grande importance, une vive impulsion aux libations dans tous les sacrifices qu'on faisait aux Dieux ; et qu'en les rétablissant, il put atteindre le but colonisateur qu'il pour-

suivait, celui de couvrir de vignes les vastes terrains
abandonnés qui entouraient la ville prédestinée. Sa politique toute d'avenir, avait compris l'immense service
que la vigne devait rendre à la civilisation du nouveau
peuple. — Dès lors, la culture de la vigne fut la culture de prédilection des premiers Romains; mais ses
produits trop abondants donnèrent naissance à de tels
désordres, surtout chez les femmes romaines, que le
législateur, pour les réprimer, dût édicter cette loi sévère
qui punissait de mort toute femme convaincue d'avoir
bu du vin ; et, pour assurer la fidèle exécution de cette
loi, tous les proches pouvaient, en vertu d'un règlement
d'administration publique, s'assurer de la sobriété de
leurs parentes en les baisant sur la bouche. La loi reçut
peu d'application à cause de sa trop grande sévérité ; et
l'usage que le règlement jeta dans les mœurs, produisit,
on le comprend, un effet opposé à celui qu'en attendait
le législateur.

Les Romains mettaient le plus grand soin dans le
choix du terrain qui devait élever la vigne, et l'observation les avait doués d'une sagacité qui les conduisit à
des rendements considérables : car les intéressantes recherches du docteur Anderson apprennent que Varron
n'a pas exagéré, en disant que 42 ares de terre pouvaient produire jusqu'à 54 muids de vin.

Selon Pline, le nombre des variétés de vignes cultivées dans l'Italie était immense; et Columelle compare ce nombre à celui des grains de sable de la Lybie.
Il paraîtrait aussi qu'on préférait à tous les autres les
plants doux et alcoolisés ; car la variété la plus répandue

était la vigne *Apiana*, ou le *Muscat* moderne, qui doit
ses deux noms à sa propriété d'attirer les abeilles et
les mouches. Du temps de Plaute, on connaissait dans
Rome plusieurs espèces de vins de liqueur, et le grand
Caton en préconisait huit différentes. — Plus tard, de
nouvelles plantations italiennes produisent des vins d'une
grande célébrité : et les vins aimés d'Hortensius le rival
de Cicéron, qui le premier mentionne le vin de Chypre;
le Mammertin qui est vanté par Pline , le Falerne qui
est chanté par Horace, sont ceux qui paraissent avoir été
préférés par la Rome de l'Empire.

Dans les Etats-Romains, la culture de la vigne était
devenue l'objet de tous les soins, et, à part une période
néfaste que nous verrons plus tard, on la cultivait partout. C'est à Probus que la Hongrie est redevable de
la plantation de ses premières vignes ; et cette culture
avait des lois protectrices dans la législation romaine,
puisque une loi de Justinien condamne au fouet ceux
qui ont pillé les vignes; et que cette même loi condamne à avoir le poing coupé, tout individu convaincu
d'avoir arraché un cep : cette loi édicte encore que les
deux poings doivent être abattus , si le coupable est en
procès avec le propriétaire du cep coupé.

Si nous arrivons aux époques plus modernes , nous
voyons que la culture de la vigne est introduite partout
où la civilisation fait quelque progrès, et qu'elle marche
du même pas. Dans l'Asie, en Amérique, en Europe ,
partout où les hommes réunis veulent vivre d'une vie

sociale, la vigne implante ses fortes racines, pour peu qu'elle soit aidée par le climat.

La Chine qui fait remonter la plantation de la vigne et la découverte du vin à son roi Yu, dont le règne, voisin du déluge, paraît avoir inauguré la civilisation de cette contrée, la Chine avait des crus abondants et produisant d'excellents vins; mais un de ses empereurs, pour empêcher ses sujets de s'adonner à l'ivresse, a ordonné la destruction de toutes les vignes, et a défendu, sous les peines les plus sévères, l'usage du vin.

D'après Chardin, à Irivan où la tradition locale apprend que Noé a planté la vigne, dans un lieu qu'on désigne à une petite distance de cette ville, existent de beaux vignobles, qui donnent en abondance de bons vins; et comme les hivers y sont très-rigoureux, on couvre ces plantes de terre pendant le règne des froids et des neiges, et on ne les découvre qu'au premier souffle tiède du printemps. — On cultive dans ces contrées plusieurs espèces de vignes, et parmi elles la vigne royale qui donne le plus beau et le meilleur raisin de Perse.

D'après la chronique de William de Malmsbury, il est aujourd'hui avéré que la culture de la vigne était très-répandue en Angleterre au XII° siècle. Cet auteur cite la vallée de Glocestershire, comme étant celle qui produisait les meilleurs vins; il y avait aussi dans le parc de Windsor une vigne qui a existé jusqu'au règne de Richard II, et ce roi en payait la dîme à l'abbé de Waltham, alors curé de cette paroisse.

Cette culture s'établit dans toute l'Angleterre, et Stow rapporte qu'en 1377, le vin de cette contrée était servi

sur la table du roi et même vendu. Ce fait a droit de
surprendre devant la déclaration de Froissard, qui nous
dit qu'en 1372, 200 voiles anglaises arrivèrent à Bordeaux, et repartirent chargées des vins de la Guienne ;
et devant les révélations d'un livre de compte, retrouvé
par Bentham, qui apprend que, sous Edouard II, 899
tonnes de vin furent expédiées de France en Irlande;
mais ce qui est incontestable, c'est qu'avant Henri VIII,
chaque abbaye, chaque monastère avait sa vigne, qui
était exposée au midi sur des terrains légers et sablonneux, et que ces corporations recevaient aussi des quantités considérables de raisins en redevance.

Les îles de Chypre et de Candie, exploitées par la
république de Venise, ont longtemps fourni les vins
recherchés par nos tables, et les chevaliers de St-Jean
de Jérusalem devinrent propriétaires d'une Commanderie
dont les vins formaient le plus grand revenu. — C'est
à ces chevaliers, qu'un vieux livre sans nom d'auteur
fait remonter la rénovation de la mode de porter des
santés, mode si fêtée par la gaîté franche et joviale de
nos pères ; l'origine de cet usage appartiendrait, selon
lui, à l'antiquité, et au ciel heureux de la Grèce, où
l'on couronnait de fleurs les coupes que l'on vidait aux
dieux, aux héros et à l'amour. Il ne pouvait naître dans
les forêts obscures et brumeuses de la froide Germanie;
il lui fallait le soleil brûlant et le ciel lumineux de l'At-
tique.

En Espagne, en Portugal, en Sicile, comme en Allemagne, en Autriche, partout où elle a trouvé sa part
indispensable de chaleur, la vigne a fait prospérer les

contrées qu'elle habitait, et y a répandu l'abondance et
la joie. — Enfin, dans certaines parties de la Hongrie,
la culture de la vigne a une telle importance, que les
vendanges s'y font au milieu des fêtes et des plaisirs.
Vers la fin d'octobre, chacun abandonne la ville, pour
aller camper dans les vignes des coteaux; alors commencent à Mad, à Tokai, dans cent endroits, des danses traditionnelles pour toutes les classes, qui ne s'arrêtent que
lorsque le dernier pampre est dépouillé de son fruit,
lorsque le dernier grain de raisin est pressé.

§ III.

LA VIGNE EN FRANCE.

Après avoir caractérisé le rôle que la vigne a de tout
temps joué dans l'humanité, après avoir esquissé les
principaux traits de son histoire à l'étranger, nous allons
essayer de dire les diverses phases de son existence en
France, et les progrès rapides qu'elle a faits dans nos
contrées. La France a été si merveilleusement dotée par
la nature au point de vue de la vigne; elle peut offrir
dans presque toutes ses provinces, tant de sites, tant
de territoires, tant d'expositions, qui ont des vignobles
dont la réputation est universelle, ou qui n'attendent
qu'une occasion favorable pour la faire naître, qu'elle ne
peut redouter une rivalité viticole, et qu'elle est bien à
tous égards la patrie des bons vins et des grands vins.

Il serait intéressant pour la France de savoir si sa culture nationale, la culture de la vigne, a pris naissance chez elle, ou par qui elle lui a été enseignée ; il serait intéressant de savoir si cette plante a été portée parmi nous, ou si elle est originaire de la Gaule. Tous les auteurs qui se sont livrés à ces recherches, ne nous donnent que des conjectures, des probabilités dont pas une ne peut asseoir une certitude. On ne peut mettre d'accord les auteurs latins ou grecs qui ont traité de ce précieux arbrisseau, et leurs témoignages sont si contradictoires, qu'ils augmentent le doute, loin de le dissiper.

Diodore de Sicile enseigne que la vigne a été portée en Gaule par les Phocéens, qui, cherchant des ports favorables à leur commerce, et trouvant des terrains et un climat privilégiés, songèrent à y établir une colonie sur les bords de la Méditerranée; et qu'après leur établissement, ils plantèrent la vigne. — Selon Pline, ce fut un Helvétien, Hélicon, qui, venant de Rome où il avait fait une immense fortune, importa la vigne, et l'acclimata dans la Gaule. — Cicéron attribue l'honneur de la naturalisation de la vigne en Gaule au commerce. — Varron, Jules César, Strabon se rangent en partie à cette dernière opinion. Enfin, Plutarque et Tite-Live nous disent qu'un Toscan, chassé de sa patrie, vint en Gaule avec l'intention de se venger de ses concitoyens; qu'il fit boire aux chefs Gaulois les meilleurs vins d'Italie qu'il avait apportés avec lui; que, séduits par cette boisson, ces chefs entraînèrent les hordes qu'ils commandaient, dans cette guerre terrible qui faillit emmener la destruction de Rome ; ainsi, Brennus, vainqueur de

Romé, aurait rapporté la vigne comme trophée de sa victoire.

D'après ces divers auteurs, la vigne aurait été implantée et naturalisée en Gaule par les Romains, les Phocéens, ou même les Gaulois; elle ne serait pas originaire de cette contrée; elle ne serait que la fille adoptive de la France. Nous ne pouvons partager cette opinion; la vigne est fille de France, puisqu'elle est indigène sur les bords du Rhône, dans le Midi, dans une partie du sud-ouest, et qu'elle croît vigoureusement dans tous les bois de ces contrées; et les Celtes la connaissaient et la cultivaient, alors qu'ils ignoraient encore qu'il existât des Grecs et des Romains. La vigne est fille de France, et la preuve s'en trouve dans cette loi de la nature, qui fait naître chaque fruit sous le climat qui doit lui donner ses qualités les plus élevées, comme dans sa vitalité, qui résiste, sans dégénérer, à la culture à laquelle elle est soumise depuis des siècles.

Quoi qu'il en soit, Diodore nous apprend que six siècles avant notre ère, le vin était déjà répandu dans la Gaule. A l'appui de ce fait, vient se joindre la tradition qui a été consacrée par l'histoire. Le chef d'un navire Phocéen qui visitait les côtes de la Méditerranée, fut invité par un roi du pays à un festin qu'il donnait pour célébrer le mariage de sa fille; à ce repas, et suivant l'usage de ces temps primitifs, usage que notre XVme siècle pratiquait encore, la jeune fille remplissait une coupe de vin, et l'offrait à celui qu'elle choisissait pour époux. La vierge royale était belle, et la Gaule méridionale avait envoyé l'élite de ses prétendants. Chacun d'eux aspirait à cette coupe qui devait être pour lui le bonheur et la puissance, lorsque la fille du roi, couronnée de lierre, vêtue de blanc, la donna au navigateur Phocéen, comme au futur maître de sa vie. C'est à ce mariage inattendu, qu'est dû le premier établissement en Gaule des Grecs d'Ionie, et la fondation de la ville de Marseille.

Quand les Romains envahirent la Gaule, la culture de la vigne et l'usage du vin étaient très-répandus dans les contrées méridionnales : la vigne s'avança rapidement vers le Nord et s'y acclimata par degrés; et avant le quatrième siècle, elle avait franchi d'immenses espaces ; car une cinquantaine d'années plus tard, l'empereur Julien vante la beauté et l'abondance des vignes des environs de Paris.

En vain les Gaulois avaient-ils édicté la grande loi *ad Barbaricum* qui défendait à tout régnicole *d'envoyer du vin aux barbares même pour en goûter.*

En vain un arsenal législatif, conçu dans un esprit de prudence, paraissait-il devoir cacher aux peuplades du Nord la merveilleuse boisson, la réputation de l'excellence des vins du continent s'était répandue partout, et les barbares, attirés par la vigne, s'emparèrent de la Gaule, et y furent retenus par la vigne.

Dès leur premier établissement, ils songèrent à conserver les vignobles, cet objet de leur convoitise. Ils introduisirent dans leurs codes des dispositions légales pour protéger cette culture; la loi Salique et quelques dispositions pénales des Visigoths, condamnent à une forte amende les voleurs de raisins, et des peines plus sévères sont prononcées par elles contre ceux qui arracheraient les ceps de vignes. Sous cette protection efficace, cette plante s'étend jusqu'en Bretagne, puisque sous le règne de Childebert, en 587, les bas-Bretons s'emparent des territoires de Nantes et de Rennes, et vendangent les vignobles de ces contrées. Elle envahit même les jardins royaux, et va mêler ses pampres aux fleurs qui entourent les châteaux des rois ; puisque la femme de Childebert, la reine des Francs, donnait tous ses soins à un jardin qu'elle avait à Paris et qui était planté de de rosiers, d'arbres à fruits et de vignes.

Plus tard, sous Louis-le-Jeune, le Louvre a sa vigne, sur le produit de laquelle le Roi donne une rente annuelle de 6 muids de vin ou 16 hectolitres au curé de St-Nicolas des Champs ; et à cette époque, les vins d'Orléans étaient déjà assez estimés, pour être servis sur la table royale, et offerts en signe d'alliance ou d'affection aux princes et aux rois, ou à des étrangers de distinction.

De l'étude des documents authentiques, il ressort que des règlements ou des lois protégaient la culture de la vigne, et qu'elle donnait des produits si considérables, qu'outre le fisc, elle était déjà assujettie à payer une redevance aux congrégations si puissantes de ces temps. C'est ainsi que Dagobert ordonna en 630 que, si le vigneron, en cultivant sa vigne, nuisait à la vigne de son voisin, il paierait le dommage occasionné aussi bien que l'amende. C'est ainsi qu'à la même date, toutes les vignes de Lutèce devaient payer une contribution à l'abbaye de St-Denis. Ces diverses ordonnances, comme les avantages qu'on retirait de la vigne, l'avaient faite considérer comme une culture sacrée ; et « Chilpéric, dit Grégoire de Tours, ayant taxé chaque possesseur de vignes à lui fournir annuellement une amphore de vin pour sa table, il y eut une révolte en Limousin ; l'officier chargé de percevoir ce tribut odieux, y fut même massacré. »

Charlemagne, le seul grand homme qui rayonne dans ces siècles obscurs, Charlemagne, dans la personne comme dans le nom duquel l'idée de la grandeur s'est incorporée, victorieux et réunissant sous son empire presque tous les peuples Européens, s'occupait de ses vignes, et dirigeait leur culture avec le plus grand soin. Les Capitulaires donnent la preuve qu'il y avait des vignobles dépendants de chacun de ses châteaux, avec des pressoirs et tous les ustensiles nécessaires à la fabrication du vin. Les palais mêmes de Lutèce, celui de la Cité et celui des Thermes, étaient entourés de vignes ; et, après avoir ordonné de veiller à la bonne culture de ses vignobles, et aux commissaires royaux envoyés dans les provinces, d'assurer l'exécution de ses ordonnances, il entre avec les officiers de sa maison dans les plus grands détails sur le mode d'administration.

Le grand Empereur connaissait la valeur du vin, et par ordonnance de l'an 800, il charge les juges de ses terres, de bien pourvoir de vin ses châteaux et de lui faire connaître la quantité de vin vieux et de vin nouveau qui se trouvent dans ses celliers. — Il fut, pendant tout son règne, le protecteur éclairé de la culture de la vigne ; il l'encouragea dans tout son empire ; et c'est lui qui la fit planter près de Zurich, et sur les collines du pays de Vaud.

Sous son impulsion, la vigne a dû suivre dans ses progrès deux lignes opposées. S'étant propagée d'abord dans le Dauphiné, elle a été de là s'implanter sur les bords du Rhône et de la Saône ; elle s'est arrêtée sur ces collines qui traversent la Bourgogne, pour courir de là dans la Franche-Comté, sur les bords du Rhin, sur les coteaux de la Marne et de la Moselle ; l'autre ligne s'est dirigée vers le sud-ouest, vers le Languedoc, la Gascogne, la Bigorre, le Béarn et la Guienne.

La vigne s'établit partout, même en Normandie, même en Bretagne, même en Picardie. Et, il est encore de tradition populaire dans ces provinces, que les vignes du passé ont été arrachées au XIVᵉ siècle, par les Anglais qui voulaient favoriser la culture de la vigne dans la Guienne dont ils étaient possesseurs, et qu'ils en agirent ainsi par la crainte qu'ils avaient pour les vins Bordelais, de la concurrence Picarde, Bretonne ou Normande. — La preuve de la culture de la vigne dans ces contrées se trouve partout. Richard III, duc de Normandie, donna au monastère de Fécamps le bourg d'Argentan qui produisait *d'excellent vin*. — Un gentilhomme Breton, voulant exalter sa patrie devant François Iᵉʳ, lui disait qu'il y avait en Bretagne trois choses qui valaient mieux que dans le reste de la France, les chiens, les vins et les hommes. « Pour les hommes et les chiens, il peut en être quelque chose, reprit le roi, mais pour les vins, je ne puis en convenir, étant les plus verts et les plus âpres de mon royaume. » Enfin, on voit qu'Henri IV,

dans la journée appelée l'*erreur d'Aumale*, perdit 200
arquebusiers à cheval, parce que *les échalas des vignes
de la plaine d'en bas* les avaient retardés dans leur retraite. — Huet mentionne les vignobles de Caen et
d'Amiens. Près de cette dernière ville existe encore un
vignoble très-étendu ; et, par une de ses chartes, Clo-
taire III autorise les moines de St-Bertin, à faire des
échanges, et l'un des lots échangés est une pièce de
terre complantée en vignes.

On trouve dans les vieilles chartes de cette époque,
que le vin avait pénétré dans les habitudes des classes
supérieures et du clergé, et régnait sur elle ; et en 817,
le Concile d'Aix-la-Chapelle régla, dans ses graves dé-
bats, que chaque moine recevrait par jour 5 livres
pesant de vin et chaque chanoinesse trois livres, ce
qui fait en moyenne une quantité telle, qu'il suffirait de
quatre millions de buveurs comme ceux autorisés par
le Concile, pour absorber la vendange toute entière que
donnent nos vignes aujourd'hui. Ce fait n'est sans doute
qu'une exception, car, on trouve dans une charte de
Louis-le-Débonnaire, confirmée par son fils Charles-le-
Chauve en 871, que ce roi fait *donation* annuelle à 120
moines au monastère de St-Germain, de 2000 muids
de vin, ou environ le quart de la quantité que le Concile d'Aix-la-Chapelle avait concédée.

Bussel mentionne un compte des revenus de Philip-
pe-Auguste, duquel il ressort que ce roi qui avait des
vignes dans vingt localités de la France, devait encore
acheter une assez grande quantité de vin pour sa provision ; et des documents authentiques établissent que le

vin à cette époque était excessivement cher. En 1328, lors du couronnement de Philippe de Valois, une queue de vin de Beaune fut vendue 56 livres, somme considérable pour ces temps.

Philippe-le-Bon se faisait toujours suivre dans ses voyages par les vins de ses domaines, qui devaient avoir de hautes qualités, puisqu'il en envoyait chaque année une certaine quantité à Charles-le-Téméraire.

En 1308, quand le siége pontifical s'établit en France, la table du Saint-Père était alimentée par les vignes dépendantes de l'abbaye de Cluny; et, quelques années plus tard, Urbain V rappelant ses cardinaux à Rome, Pétrarque peut lui écrire, qu'ils motivent leur refus d'obéir à cet ordre, sur ce qu'*il n'y a pas de vin de Beaune en Italie*.

Enfin, les vins de Beaune et d'Orléans jouissaient d'une grande réputation, puisqu'en 1510, la reine fit porter à Blois *trois barrils de vin vieil de Beaune et d'Orléans*, pour en faire présent aux ambassadeurs de Maximilien qui se rendaient auprès du roi, alors à Tours.

Nous devons aussi dire que les Croisés rapportèrent, de leurs stériles expéditions, des cépages de Chypre, d'Alexandrie et de la Palestine; plantés aux pieds des Pyrénées, ils s'y sont facilement acclimatés, et ont produit les vins de Lunel, Frontignan et autres.

A partir du quatorzième siècle, une immense impulsion est imprimée à la viticulture, et la vigne s'étend partout avec une rapidité incroyable; les propriétaires dirigent eux-mêmes cette culture; les ducs de

Bourgogne la protègent ouvertement. On trouve dans plusieurs de leurs chartes, *qu'ils se flattent d'être seigneurs immédiats des meilleurs vins de la chrétienneté, à cause de leur bon pays de Bourgogne, plus famé et renommé que tout autre en croît de vin.* Les rois eux-mêmes s'occupent, comme nous l'avons vu, de viticulture et d'agriculture, *cette belle science,* dit Olivier de Serres, *qui s'apprend en l'école de la nature, qui est provignée par la nécessité, et embellie par le seul regard de son doux et profictable fruit.*

Pour la masse de la population, elle ignorait complètement l'usage du vin ; tout ce que la France pouvait produire était consommé par les nobles et le clergé. Mais la richesse que la vigne répandait partout, dût nécessairement appeler les lois fiscales, qui pesèrent si lourdement sur elle, que sa culture devint bientôt une charge ; et les produits rémunérateurs disparurent devant les contributions de toutes sortes qui traquaient partout le vin. Toutefois, les vignes s'étendirent, malgré les entraves qu'on leur avait imposées ; et, en 1789, elles occupaient une surface de terrain peu inférieure à celle qu'elles occupent aujourd'hui, et pouvaient satisfaire ainsi aux besoins intérieurs assez restreints, des époques qui ont précédé la Révolution.

Comme on le voit par tout ce qui précède, dans les temps anciens comme dans les temps modernes, à l'étranger comme en France, la vigne a été toujours et partout aidée et encouragée, comme étant essentiellement colonisatrice et civilisatrice, comme aidant dans une immense proportion aux progrès des peuples, comme donnant des produits rémunérateurs de beaucoup supérieurs à ceux fournis par les autres plantes cultivées. — Et cependant, malgré tous les bienfaits qu'elle répandait autour d'elle, malgré l'énorme impôt qu'elle payait au fisc, elle n'a pu échapper à des persécutions impolitiques qui l'ont frappée en France, et que nous allons très-sommairement raconter.

Dans le premier siècle de notre ère, en 92, Domitien ordonna par un édit que dans quelques provinces qui produisaient du vin, la moitié des vignes existantes, alors serait arrachée, et que, dans d'autres, spécialement en Gaule, les vignes seraient entièrement détruites. Cet édit impolitique et barbare, eut pour motif une disette de grains qui affligeait le monde à cette époque. — Comme si la vigne occupe les terrains qui peuvent donner des blés ; comme si, de tout temps, elle n'a pas fait choix des sols en pente qui ne peuvent être consacrés à d'autres cultures. — Cette loi sauvage fut exécutée par la terreur qu'inspirait le monstre qui l'avait rendue, et tous les vignobles furent anéantis. Quelques années plus tard, on fait parvenir jusqu'à Domitien un distique latin qui disait : « que, quoiqu'il fit, il resterait toujours assez de vin, pour les libations du sacrifice dont il serait la victime » ; et la sinistre prédiction ne tarda pas à s'accomplir.

Ce n'est que deux siècles plus tard, que Probus, après avoir assis son autorité sur la victoire et sur la paix, abrogea l'édit de proscription qui frappait les vignes de la Gaule. Cet empereur qu'on a déjà vu fonder le vignoble de Hongrie, donna la plus vive impulsion à la restauration des vignobles, et ordonna même aux légionnaires de mettre leur travail au service des habitants qui voudraient replanter les terrains dévastés. Dunod, et après lui, Chaptal font de l'activité enthousiaste qui s'empara des populations Gauloises, un tableau que nous n'essayerons pas de reproduire, de crainte d'en affaiblir l'effet.

Quand l'empire Romain croulait de toutes parts, les tribus franques donnèrent aux Gaules un nouveau Domitien. Chilpéric, l'époux de Frédégonde, celui que ses contemporains, comme l'histoire, ont surnommé le Néron des Francs, établit un impôt sur les vignes, impôt par lequel le dixième de l'évaluation de la récolte devait être payé au fisc en argent. Cette taxe odieuse, que nous avons signalée, cette taxe qui était à peu près égale à celle prélevée déjà par le clergé, et qui mérite d'être énergiquement stigmatisée, devait être payée, qu'il y eût ou non récolte.

Depuis Chilpéric, la vigne trouve un nouveau persécuteur dans Charles IX qui, par son ordonnance de 1566, décréta la destruction d'une partie des vignobles, et défendit toute nouvelle plantation. Cette ordonnance ayant pour motif, comme celle de Domitien, une disette de grains, est aussi odieuse que ridicule ; comme si l'on pouvait assigner des bornes aux développements de l'industrie humaine, comme si l'on pouvait la comprimer et la retrécir par une législation ignorante et aveugle. Et, si l'on substitue le mot *vignerons* au mot *buveurs* dont se sert Grégoire de Tours, combien n'a-t-il pas raison de s'écrier : « C'est une remarque dont les buveurs surtout doivent triompher, que les deux princes, Charles IX et Domitien, qui proscrivirent les vignes en France, aient été, l'un, l'auteur de la St-Barthélémy, l'autre, un des plus abominables tyrans qui aient affligé le monde. »

L'ordonnance de 1566 fut suivie par celle de 1577, rendue par Henri III ; tout propriétaire ne pouvait avoir en prés et en vignes, que le tiers de son domaine. Cette ordonnance eut pour conséquence, comme son aînée, la restriction de la culture de la vigne, la presque impossibilité de toute nouvelle plantation. — On est aujourd'hui tout surpris de voir des aberrations si monstrueuses, formulées en lois d'un pays.

Enfin, sous Louis XV, et le 5 juin 1731, il fut rendu une nouvelle ordonnance sur le rapport d'un contrôleur de finances, nommé Ory, ordonnance qui, défendant toute nouvelle plantation, enjoignait de détruire les vignes qui seraient restées deux ans sans culture ; le tout, sous une clause pénale de 3,000 fr. d'amende ou d'une punition plus forte ; et pour assurer l'exécution de cette ordonnance, le syndic de chaque paroisse fut déclaré passible d'une amende de 200 fr., pour chaque infraction qu'il n'aurait pas dénoncée. — Le plus grand éloge qu'on puisse faire de la vigne, n'est-il pas dans ce fait d'avoir mérité des ennemis tels que Domitien, Chilpéric, Charles IX, Henri III et Louis XV ? Et si elle a soulevé contr'elle une telle conjuration, n'est-ce pas, parce qu'en faisant naître les idées généreuses et fortes, elle est en même temps la plante essentiellement civilisatrice ?

Heureusement qu'on peut opposer à ces tristes souvenirs les améliorations toujours croissantes de la viticulture en France. — Que d'hommes, depuis 1760, ont brisé les carrières qu'ils avaient exercées avec honneur et distinction, ou renoncé à un avenir brillant et assuré, pour aider au progrès de cette branche de l'industrie nationale, qui a recueilli cette phalange si distinguée que pleuraient la littérature, les arts, la guerre, la magistrature et l'administration ; et, parmi eux, l'abbé Rosier, Bosc et Chaptal ne doivent-ils pas être mentionnés en première ligne ?

Depuis 1760 jusqu'à 1830, rien n'arrêtait l'extension de la culture de la vigne ; et cependant, malgré la richesse qu'elle emmène avec elle, sa surface ne s'est pas agrandie. Avant le règne de Louis-Philippe comme sous son gouvernement, un mouvement insensible d'abord, puis chaque jour plus fort, se fit sentir. Des Comices, des Sociétés d'agriculture, des Congrès surgirent, qui agitèrent et résolurent plusieurs grandes questions de la viticulture ; et ce mouvement fut surtout aidé par le duc de Cazes et le comte Odart, qui, tous deux, avec un cœur généreux et une grande intelligence, parvinrent à faire aimer de beaux noms par les bons et utiles enseignements qu'ils répandaient.

Mais c'est seulement de 1856, que commence pour la viticulture française une ère de développement rapide et de prospérité sans égale ; ère toute d'avenir, dûe autant aux lois économiques nouvelles introduites dans nos règlements administratifs, qu'à l'entraînement que le docteur Guyot à su mettre dans sa propagande.

C'est à cet entraînement que nous devons en grande partie l'élan de tous les esprits vers la viticulture.

Le docteur Guyot se distingue par un rare mouvement d'idées. Dans ses pages si spirituelles et si saisissantes à la fois, dans ses aperçus économiques si pleins de sympathie pour toutes les causes généreuses, l'éminent viticulteur montre à chaque ligne les qualités élevées de l'esprit, les nobles aspirations de l'âme, qui l'ont soutenu dans cette lutte qui a dévoré la plus large part de sa vie.... Quand un homme est, comme lui, animé de la passion de la vérité et du bien général, quand il ne s'arroge pas le droit de se désintéresser de l'humanité, il est en butte aux coups de l'envie et de la jalousie ; et l'intérêt vient trop souvent lui disputer ce qui lui appartient si légitimement et qu'il donne avec tant de générosité ; mais il s'exhale toujours de ses lignes quelque chose qui lui fait des défenseurs..... Infatigable dans ses travaux, ardent jusqu'à l'enthousiasme dans son abnégation en faveur des intérêts viticoles de la France, M. Guyot, avec une persévérance aussi consciencieuse qu'éclairée, a triomphé de toutes les difficultés, de tous les obstacles, pour s'approprier les meilleures méthodes culturales ; et, son livre, en même temps qu'il charme et qu'il séduit, est le meilleur guide pour le viticulteur de la France entière.

Le grand service qu'a rendu le docteur Guyot, c'est d'avoir fait grandir au milieu de la lassitude universelle et du découragement, un parti sincère et courageux, bien résolu à combattre pour les intérêts généraux, trop souvent oubliés ou sacrifiés. Ce parti a

compris, que c'était une grande et belle mission que
de discuter les principes, de les formuler et de les
fixer, de manière à convaincre tous les incrédules.
Car, si la viticulture a eu jusqu'à nos jours tant de peine
à se développer et à se perfectionner, c'est moins par
la mauvaise volonté des gouvernements, que par l'inin-
telligence des méthodes employées, méthodes que le
passé avait léguées et qui étaient aveuglément acceptées.

CHAPITRE TROISIÈME

---

§ Ier

LE VIN.

Connu dès l'antiquité la plus reculée, et chanté par les poètes de tous les temps, le vin, qui trouve, dans une fermentation spontanée, cette saveur spiritueuse et agréable dont les hommes sont avides, a vu grandir de jour en jour le rôle qu'il joue parmi eux ; ils l'ont recherché à cause des sensations qu'il procure, et parce qu'il fait plus amplement jouir de la vie, en sollicitant et exaltant l'esprit, en relevant et accroissant les forces.

Par les impressions heureuses qu'il fait naître, le vin réveille les idées, et leur prête cette gaîté qui est le charme de la vie ; par la douce excitation qu'il imprime au cerveau, il en fait sortir ces vives saillies de l'imagination enjouée qui, ne faisant qu'effleurer, peint avec rapidité, et charme ainsi l'esprit tout en dilatant l'âme ; par le feu qu'il fait couler dans nos veines, le vin nourrit et avive nos forces ; il aiguise l'idée qui conçoit, il fortifie le courage qui exécute ; par le sentiment vif de bien-être qu'il répand, il maintient l'intelligence dans une activité facile, et développe les penchants bienveillants et de cordialité.

Dans les pays de bons vins, les hommes sont braves, francs, spirituels et sociables. Si leurs emportements sont faciles, leurs haines n'ont rien de perfide et s'éteignent rapidement ; et si le ressentiment les pousse à la vengeance, cette vengeance s'exerce loyalement et en plein jour. — On a affirmé qu'on retrouvait toujours dans le caractère des peuples des régions viticoles, les qualités de leurs vins. Les Grecs auraient puisé chez eux leur talent pour les arts ; les Hongrois, leur force et leur courage ; et la France serait redevable de sa supériorité sur les autres nations à l'excellence de ses vins et à la diversité de leurs qualités. On comprend en effet comment des impressions qui se renouvellent souvent, puissent exercer une influence sur la manière de sentir et de penser.

Chez tous les peuples, dans toutes les religions, le vin est l'offrande et le symbole ; dans la vie privée, il devient le gage de l'hospitalité et de la parole donnée; et dans la vie publique, il préside à toutes les réjouissances, à toutes les fêtes.

Dans les temps passés, comme dans les temps modernes, c'est encore le vin qui est le grand inspirateur des poètes ; et si Horace allait lui demander ses plus beaux vers, c'est lui aussi qui dictait les chants de Béranger quand, les yeux fixés sur la France déchirée, il consolait la patrie en immortalisant ses désastres.

Le vin n'est pas seulement un excitant pour le cerveau, il est aussi une nourriture saine et salutaire pour le corps. Il fait naître les forces autant qu'il les relève quand elles sont abattues; et M. Rouher a dit avec une grande vérité : « Le vin vaut du pain. » — Sans doute, l'excès du vin, comme celui de tout stimulant, peut attaquer le système nerveux, affaiblir l'intelligence, miner en un mot l'homme physique comme l'homme moral; mais pour en arriver là, il faut pousser cet excès jusqu'au dernier terme, et il est rare qu'on puisse atteindre cet état de dégradation, si l'on n'a recours aux alcools, auxquels on s'adresse à cause de leur action prompte sur le palais et sur le cerveau. Existe-t-il une chose bonne et reconnue telle, dont l'usage poussé à l'excès ne devienne nuisible et dangereux ?

L'ivresse produite par le vin sans le secours des esprits, prend rarement ce caractère abrutissant qui distingue l'ivresse due à l'alcool. Sous l'influence de la première, le visage et les yeux s'animent, pendant que la bouche sourit et que le front se déride; — une exubérance de force s'empare du corps, et le dirige dans ses rapides mouvements, pendant que les idées abondent et se pressent; les joyeux propos, les vives réparties chassent la tristesse qui s'évanouit, et ouvrent à l'espérance le cœur des malheureux. Le vin n'accomplit-il pas ainsi une mission de sainte charité ?

Nous ne voulons pas faire ici le panégirique de l'i-
vresse, qu'on devrait poursuivre et flétrir partout où
elle se produit avec un caractère dégradant. — Personne
plus que nous ne désire la destruction des vices du
peuple et surtout de l'ivrognerie; mais nous croyons
fermement que le peuple a besoin de vin, qu'il a,
comme certains moralistes qui refusent à l'ouvrier épuisé
le droit de demander au vin un peu d'oubli et d'illusion,
des besoins et des passions à satisfaire; et que, si
l'on voulait mettre en relief les causes de l'ivresse dans
les classes pauvres, on ne pourrait rester dans le vrai
sans toucher à toutes les grandes questions morales et
sociales de notre époque. — Il faut du vin au travailleur
pour relever ses forces épuisées; il faut du vin pour le
bien nourrir, dans ces contrées où une misère traditionnelle a fait une alimentation si insuffisante et si
défectueuse; il faut du vin, pour lui faire perdre l'habitude de ces esprits ardents et malsains qui, tout en
lui donnant une force artificielle et trompeuse, détruisent en lui le corps comme l'intelligence, les ressorts
de ses nerfs, comme les aspirations de son âme. — Il
faut donc faire des vins abondants et communs, qui
seront vendus à bon marché à ces classes déshéritées,
à moins qu'on ne veuille accroître leurs privations déjà
si grandes, leurs souffrances déjà si dures.

Si, par le perfectionnement de la viticulture, le pauvre
avait à chaque repas sa liqueur fortifiante et réparatrice;
si, à côté du pain de chaque jour, il avait le vin de
chaque jour, qui peut dire l'influence de ce régime sur
les idées, sur les mœurs, sur les progrès d'un peuple?

— Le chemin de la vie est semé d'épines ; fortifiez l'homme par le vin, et il y cheminera hardiment : le vin transformera les épines en fleurs.

Nous lisons dans le docteur Guyot: « Cet admirable vieillard, qui a plus de 90 ans, Monsieur Chassin, qui a gagné une honorable aisance de retraite par la culture directe et de ses mains de la vigne, ne fait que deux repas par jour, et à chaque repas, il boit une bouteille de son vin. Je signale ce fait d'hygiène, parce qu'il s'ajoute à mille autres pareils, pour montrer que l'usage du vin aux repas, assure la solidité du corps et la lucidité de l'esprit dans les âges les plus avancés. » Combien le docteur Guyot a raison dans l'éloge qu'il fait du vin, appliqué aux vieillards, et combien pour tous et pour eux surtout, la vigne est un précieux arbrisseau.

Selon la maxime du comte de Broussin, illustre buveur du XVIIe siècle, *on ne vieillit jamais à table*. On a aussi appelé le vin, *le lait des vieillards*, — En effet, que de vieillards, amis du vin, à qui l'on peut appliquer le mot de Montaigne : « Les ans m'entrainent, mais à reculons : » Combien n'en est-il pas qui, aidés par le vin, conservent jusqu'à la tombe cette chaleur d'âme, cette fleur d'imagination qui sont la part si heureuse de la jeunesse. —Quand le vieillard est à table, son sang a plus de vitalité et de force, ses idées plus d'entrain et d'expansion ; on dirait qu'il est sous le courant d'un nouveau souffle, et que ce souffle qui ouvre son cœur aux épanchements, a rendu à ses souvenirs toute leur fraicheur et à sa vie toute son

6

ivresse. — Les scènes du passé qu'il aime à rappeler, sont saisissantes de vérité, pleines d'actualité et de mouvement ; et, de ses récits se dégage cette science de la vie, qui consiste à avoir les feuilles au printemps, les fleurs à l'été et les fruits à l'automne. Caton, dans sa vieillesse, trouvait dans le vin l'appui qui fortifiait et sanctifiait sa vertu ; et Anacréon, couronné de roses au déclin de la vie, puisait dans sa coupe les inspirations charmantes de ses vers. — Sans doute, le vin n'enlèvera pas aux vieillards les épreuves douloureuses de la vie ; mais, en chassant les froids de l'hiver, en évoquant le souvenir des fêtes et des fleurs de la jeunesse, il les aidera à franchir le dernier pas, sans trop le redouter.

A tous les âges, dans toutes les conditions, c'est le vin qui fortifie, qui rend l'homme meilleur et fait aimer ; c'est lui qui, indispensable au bonheur et à la santé, chauffe le génie et conduit à la victoire : c'est lui enfin qui, après avoir souri aux hommes et cimenté le lien des peuples, jette quelque chose des rayons du soleil dans les cerveaux comme dans les cœurs.

§ II.

LE VIN DANS LE PASSÉ ET A L'ETRANGER.

Comme nous l'avons déjà vu, le vin jouait un rôle immense dans la vie publique comme dans la vie privée du peuple Israélite. En vain, les prophètes juifs s'élevaient-ils de temps en temps contre l'intempérance du peuple de Dieu, celui-ci n'en continuait pas moins à fêter gaîment les vins d'Israël, du Carmel et du Liban qui étaient les crus les plus renommés de la Judée.

En Egypte, l'usage du vin avait pénétré si profondément dans les mœurs, que les peintures conservées de cette nation nous montrent à chaque instant, d'un côté, la vigne formant de beaux et frais abris, de l'autre, les amphores pleines de vin avec les vignerons qui recueillent la précieuse récolte. — Le vin de Méroé, selon Anderson, avait quelque ressemblance avec celui de Falerne. Ce vin, qui était la boisson favorite de Cléopatre, n'aurait pas cependant la valeur que l'antiquité lui accorde, s'il faut s'en rapporter à une épigramme de Martial qui dit que, malgré la chaleur du climat, tous les vins de l'Egypte manquaient de qualité.

En Grèce, les vins les plus estimés étaient ceux produits par Sicyone, Leucade, Eubée et Chypre ; et le docteur Anderson, d'accord avec d'autres auteurs Grecs, met au premier rang les vins de Lesbos, Chio et Thasos. Celui de Lesbos, dit-il, avait moins de parfum, mais plus de saveur ; celui de Thasos était généreux et doux, et s'améliorait en vieillissant. — Et le docteur Clarke apprend que l'île de Chio, qui a conservé la célébrité de ses vins, a gravé sur ses médailles qui sont communes dans le Levant, des emblèmes qui ont toujours rapport à l'excellence de ses produits. — Le vin de Chio avait une telle réputation à Rome lorsqu'il y fut introduit, et il était si rare, que, sur les tables les plus riches, on n'en versait qu'une coupe à chaque convive.

S'il faut en croire Pline, les vins de la Gaule étaient loin de valoir ce qu'il valent aujourd'hui, et les grands vins de l'antiquité étaient presque tous fournis par l'Italie. La Campanie produisait le Falerne. Le vin de Cécube, récolté dans les marais d'Amyclée, jouissait d'une grande réputation; mais, d'après le même auteur, Auguste préférait le Létos, dont Horace n'a cependant jamais parlé. — Virgile, après nous avoir appris l'art de cultiver les vignes, se joint à Columelle, à Caton et à Pline, pour exalter tous les services rendus par les vins Italiens; et, Horace, après avoir célébré les vins antiques, nous en fait savourer avec lui le parfum et l'arôme.

Les auteurs anciens nous apprennent que les Romains avaient autant besoin de vin que de pain. Et Suétone mentionne les troubles qui éclatèrent sous Auguste, et qui puisaient leur source dans la cherté de cette boisson. Aurélien, pour s'attacher le peuple de Rome, forma le projet de faire distribuer du vin gratuitement à tous les Romains; mais n'ayant pu l'accomplir, il dût se contenter d'en déposer dans le temple du Soleil, pour être vendu au peuple à très-bas prix. Enfin, un édit de Niger nous apprend que, pendant toute la durée de son service, on en donnait de fortes et journalières rations à toute l'armée.

Dans toutes les belles choses du passé, c'est le vin qui joue le principal rôle. Et, dans les fêtes données à Bacchus, qui, comme nous l'avons déjà dit, ont donné naissance au théâtre ancien, les premiers chants inspirés par lui furent des prières, des hymnes de reconnaissance envers Dieu. Plus tard, ce furent des chants patriotiques qui, enflammant le courage, armaient les peuples et les poussaient à la défense du territoire ; puis, vinrent les vers qui pleuraient avec le malheur et pactisaient avec l'opprimé ; et de la combinaison de ces éléments divers naquit le théâtre.

C'est le vin qui inspirait les Bardes, ces poètes et ces législateurs des temps obscurs. Après avoir exalté les faits d'armes dans les combats, leurs harpes prenaient au foyer domestique des sons graves et doux, pour dire ces chants qui devenaient les lois des peuples, et les moralisaient aussi. — C'est enfin le vin qui créa les Troubadours, ces poètes du peuple qui, effleurant tous les sujets, jettèrent dans les masses les principes de la *gaie science.*

Nous ne parlerons pas de l'histoire des vins à l'étranger, ni de l'influence que cette boisson a toujours conservée sur les mœurs et sur les idées des populations ; un fait seulement. Chardin rapporte que l'ivresse est considérée par certaines nations asiatiques comme une vertu, et il ajoute qu'un Géorgien qui ne s'énivre pas à Pàques et à la Noël, ne passe pas pour chrétien et qu'on l'excommunie.

Nous ne mentionnerons non plus qu'un seul vin, le plus célèbre de tous les vins étrangers, le Tokai. Ce vin délicieux se récolte sur le Hégyallja et à Tallya, sur le lieu même où Probus fit planter les vignes dont Claudien en 423 chantait les produits.

Une légende antique, renouvelée depuis trois cents ans, se rattache à ce vignoble. On prétend que l'or se mêle au vin dans les grappes de ces vignes fortunées ; et un médecin célébre de la Hongrie rapporte qu'en 1561, on porta à Patak à Georges Rakotzki des grappes de raisins entre les grains desquels brillait l'or ; et qu'ayant, sur l'invitation qui lui en fut faite par ce prince, pressé les grappes entre ses doigs, l'or tomba à terre. Une description de la Hongrie qui est à la date de 1743, dit aussi : « L'or natif s'y voit tantôt adhérent aux fruits, tantôt répandu sur les feuilles, ou formant des grains dans le raisin même. » Sans nous arrêter davantage à ces légendes, citons deux faits qui élèvent aussi haut que le merveilleux qu'elles renferment, la réputation des vins de Tokai.

La politique de François Rakotzki lui faisant une loi de s'attacher le roi de Prusse, il ne trouva pas, pour atteindre son but, de moyen meilleur et plus infaillible, que d'envoyer à ce prince 150 bouteilles de ce vin fameux. — Enfin, au Concile de Trente, le pape Pie IV réunit dans un repas tous ses cardinaux, et leur fit servir les meilleurs vins de France, d'Espagne et d'Italie. Le cardinal Hongrois Draskovitch, l'un des convives, présenta alors au Saint-Père un vin qu'il avait apporté avec lui. A peine le pape y eut-il trempé les lèvres, que le déclarant supérieur à tous les autres, il demanda d'où il était : « De Tallya, » lui répondit l'évêque. Et le Saint-Père ajouta dans une spirituelle inspiration : « *Sacrum pontificem talia vina decent.* »

? III.

LES VINS DE FRANCE.

Dieu n'a donné qu'à la terre française les qualités essentielles qui font les grands vins ; il a marqué la France d'un signe particulier. D'autres nations qu'elle, la Hongrie, Madère, l'Espagne, le Portugal, en produisent bien de justement renommés. Mais tous ces vins, trop chargés d'alcool, ne peuvent être consommés qu'à faible dose, parce qu'ils impriment au système nerveux un ébranlement souvent dangereux. La France seule possède dans ses éléments géologiques, dans les rayons de son soleil, dans les courants de son air, dans ses accidents topographiques, ces précieuses qualités qui donnent au produit de ses vignes, la tonicité, l'arôme, la couleur, la délicatesse et la limpidité. Elle seule dans le monde peut faire naître ces vins variés à l'infini, qui conviennent à toutes les constitutions, en même temps qu'ils flattent tous les caprices du goût.

Jusque dans ses contrées les moins favorisées, la France a produit de tout temps des vins qui ont joui d'une faveur signalée, d'une grande réputation, et la preuve nous en est fournie par les chroniqueurs et les historiens du commencement de la Monarchie française. Paris et ses environs avaient des vignes qui fournissaient les vins consommés à la table du roi par ses commensaux.

En 1160, Louis VII récolta dans l'île aux Treilles un vin si précieux, qu'il en donna six muids au chapelain de la Sainte-Chapelle. Et, à cette même époque, dans l'enceinte de Paris se trouvaient des vignobles renommés appartenant à des ordres religieux, pour le compte desquels ils étaient cultivés avec le plus grand soin. — On voit encore que sous Philippe-le-Bel, un bourgeois possédait dans Paris un clos qu'il légua aux Chartreux de cette ville; et à suite de ce don, cette congrégation conçut une si vive reconnaissance pour le donateur, que son corps fût inhumé dans le grand cloître avec la plus grande pompe. — Patin, en 1669, célébrant le pain de Gonesse, et les grands vins de France, fait figurer le vin de Paris parmi les meilleurs. Enfin, la réputation de ces vins s'était même étendue à l'étranger, comme cela ressort des écrits légués par Badio, auteur Italien, et par Sachs, auteur Allemand.

En 1200, parût un fabliau, appelé *la bataille des vins,* que Le Grand d'Aussy rapporte, et dans lequel figurent avec honneur les vins des environs de Paris. — Dans le fabliau d'Andely, tous les vins de France se présentent devant le gentil roi Philippe, qui a pris pour conseiller « un prêtre anglais, son chapelain, et cervelle un peu folle, qui, l'étole au cou, se chargea d'un examen préliminaire. » Après avoir excommunié et chassé certains vins communs qui commençaient le défilé, après leur avoir sévèrement interdit l'entrée de toute réunion où se trouvaient « d'honnêtes gens », le prêtre n'eût pas à s'occuper d'autres vins moins mauvais, mais encore inférieurs, qui, devant ce début

sévère « tournèrent d'effroi. » « La salle un peu débar-
rassée de cette canaille, » le fabliau fait passer devant
le chapelain les vins qui ont de la réputation et qui
sont d'une excellence incontestable. Tous se présentent
devant lui « sans rougir » et sont reçus avec les hon-
neurs qui sont dûs à leur mérite. Après les avoir goûtés,
et, « trouvant alors que le vin valait un peu mieux que
la cervoise de sa patrie, le chapelain jeta une chandelle
à terre, et excommunia toute boisson faite en Flandre,
en Angleterre et par delà l'Oise. »

On dit partout qu'Henri IV buvait du vin de Suresnes
avec les huîtres qu'on lui servait. Ce fait, si généralement accrédité, est cependant très-contestable, s'il faut
s'en rapporter à la note agronomique de M. Musset-
Pathäi, note que nous devons à M Rey, membre de la
Société des antiquaires, et qui est ainsi conçue : « Il y a
aux environs de Vendôme, dans l'ancien patrimoine de
Henri IV, une espèce de raisins que l'on nomme *Suren* ;
il produit un vin blanc très-agréable à boire, et que les
gourmets conservent avec soin, parce qu'il devient
meilleur en vieillissant. » Ne serait-il pas possible que
ce vin, aimé par le roi, fut dès-lors trouvé excellent
par les courtisans, qui lui auraient donné de la vogue
et de la réputation? Quoiqu'il en soit, le vin de Suresnes
devait avoir encore quelques hautes qualités au commencement du XVIII⁰ siècle, puisque Chaulieu nous
montre son ami, le marquis de la Fare, homme de goût
et d'excellente compagnie, allant boire à Suresnes un
vin, qui le troublait au point qu'il ne pouvait retrouver
la porte du logis.

Le vignoble d'Orléans a eu, lui aussi, une réputation qui est bien déchue de nos jours, et ils sont loin les temps où Louis-le-Jeune, écrivant de la Palestine à Suger et au comte de Vermandois, régents du Royaume, leur enjoint « de donner à son cher et intime ami Arnoult, évêque de Lysieux, soixante mesures de son très-bon vin d'Orléans. » Boileau, dans ses satyres comme dans son diner, fait peu l'éloge de ces vins ; et, avant l'existence du satyrique français, Pierre Gaulthier de Rohanne mentionne une ordonnance, à laquelle le grand-maître de la maison du Roi très-chrétien jurait de se conformer, et qui défendait de servir du vin d'Orléans sur la table de Sa Majesté.—Cependant les chroniques nous apprennent que quelques vins de la Loire, alors fort estimés, étaient la boisson ordinaire des rois d'Angleterre, de la maison Plantagenet, et qu'ils figuraient avec honneur parmi les meilleurs vins de France.

Sans nous étendre davantage sur des vins dont le renom s'est éclipsé ou a pâli devant d'autres réputations mieux assises ou plus nouvelles, nous allons rapidement mentionner les crus qui font l'honneur comme la fortune de la France. Depuis plus de 15 siècles, l'accueil favorable qu'on fait de toutes parts à nos vins ne s'est pas affaibli, et il ne peut que grandir devant les nouveaux traités de commerce, qui vont en permettre l'introduction dans le monde entier. Mais avant d'aborder l'exposition de nos grands vins actuels, une observation doit être faite.

Par les documents anciens, il est appris que le moyenâge a produit d'excellents vins dans toute la France ;

mais que, pour la plupart, ils étaient dûs à des terrains appartenant à l'église. Là sans doute est l'origine de la réputation des vins théologiques ; on comprend, en effet, comment les Chapitres qui possédaient ces vignes pouvaient se consacrer aux soins nécessités par leur culture et par la vinification de leurs produits, si l'on veut se rappeler, qu'en même temps qu'ils étaient les dépositaires de toutes les connaissances du temps, ils en étaient aussi les seigneurs les plus vénérés ; et que le respect qu'inspiraient leurs personnes, s'étendait jusqu'aux terres dont ils étaient les suzerains. C'est aux Bénédictins que nous devons Johannisberg, comme la plupart des grands vignobles qui ont jeté tant d'éclat sur la France viticole. C'est encore à leur initiative, comme à celle des puissantes associations religieuses de cette époque, que nous sommes redevables des meilleurs vins de Bourgogne, de Champagne et des bords du Rhin.

Notre nation possède dans 78 de ses départements, des vins exquis dont les diverses qualités doivent être appréciées dans le monde entier, maintenant que les barrières qui s'opposaient à leur exportation sont détruites.

En première ligne doit figurer le Bordelais, qui produit des vins légers et toniques à la fois, dont la saveur et l'arôme ne se trouvent aussi agréables en aucune autre contrée du monde. Ses crus les plus renommés sont : pour les vins rouges, ceux de Château-Laffite, de Château-Latour, de Château-Margaux, de Branne-Mouton, de Haut-Brion et de St-Emilion. Après ceux-là viennent :

St-Julien, St-Estèphe, Pouillac et Pessac. Et, pour les vins blancs, ceux de Sauterne, Grave, Blanquefort, Haut-Barsac, Preignac et Langon.

Les vins de Bordeaux ont été justement appréciés depuis le commencement de notre ère, puisque Auzone qui vivait au IVᵉ siècle, en parle avec éloge dans plusieurs de ses écrits. — Mathieu Pàris, mentionnant le mécontentement des habitants de la Guienne, dit qu'ils auraient secoué le joug Anglais depuis longtemps, s'ils n'avaient eu besoin de l'Angleterre pour le débit de leurs vins. Le vin de Bordeaux a été en effet peu répandu en France jusqu'à Louis XIV qui, étant allé à Libourne, et ayant goûté du St-Emilion, dit que « ce vin était du nectar », et jusqu'à Richelieu qui, nommé gouverneur de la Guienne par Louis XV, vanta et répandit à son retour à Paris, les vins qui avaient charmé son exil de la capitale: — Tout ce que produisait le territoire Bordelais était l'objet d'un grand commerce extérieur, et s'adressait peu à la consommation intérieure. — On voit dans le *Catalogue des rôles Gascons*, comme dans plusieurs arrêts du parlement de Bordeaux, que les rois d'Angleterre Edouard II et Edouard III ne buvaient que des vins de cette contrée, et spécialement des vins de St-Emilion ; et que le prix de ces vins était si élevé, que le tonneau se vendait jusquà 2,400 fr. au sortir du pressoir. Aussi, justement fiers de l'excellence comme du haut prix de leurs vins, les Bordelais ont toujours dédaigné de se mêler aux querelles qui ont divisé si longtemps les Bourguignons et les Champenois, au sujet de la suprématie de leurs vins.

La Bourgogne compte parmi ses crus les plus estimés, le Clos-Vougeot, le Chambertin, le St-Georges, le
Volnay, le Pomard, le Beaune, le Nuits, le Romanée,
le Tonnerre, le Chablis, le Macon. — Les vins de
Bourgogne ont eu de tout temps une réputation européenne. En 1234, le Pomard est cité avec éloge par
Paradin, qui ajoute que les rois de l'Europe appellent
le duc de Bourgogne, le prince des bons vins; et lorsque Grégoire XI rétablit à Rome le siége pontifical et
quitta Avignon, ses cardinaux durent faire transporter
de la Bourgogne les vins produits par cette province,
« vins plus généreux et plus agréables que les boissons
épaises et crues des vignes Romaines ». Le Vougeot, le
plus célèbre clos de la contrée, a été créé par l'ordre
des Bernardins de Citeaux qui eurent, en le plantant,
l'ambition de faire le premier vin du monde.

Des chartes authentiques établissent qu'en 680, la
vigne était cultivée à Auxerre, et les meilleurs crus de
la contrée, en renom déjà depuis plusieurs siècles. —
En 1227, on considérait le vin d'Auxerre, comme le
meilleur de l'Europe. En 1370, Charles V en faisait
son ordinaire, exemple qui fut suivi par Charles VI,
Louis XI et Henri IV. Enfin, Louis XIV, en 1680, l'appelle à l'honneur de sa table; et Louis XV, qui le préférait à tous les autres vins, en buvait à chaque repas.
— Rabelais mentionne l'excellence des vins de ces
contrées, lorsqu'il nous parle de l'évêque François de
Diutéville, et de la propagande qu'il faisait avec tant
de chaleur pour son excellent vin de Migraine : « Le
noble pontife, dit-il, aimait le bon vin, comme fait

tout homme de bien ; pourtant avait-il en soin et cure
spéciale le bourgeon, père aïeul de Bacchus ; or, est
que plusieurs années, il vit lamentablement le bourgeon
perdu par gelées, bruines, frimats, verglas, froidures,
grêles et calamités, advenus par les fêtes de St-Georges,
Marc, Vidal, Eutrope, Philippe, Ste-Croix, l'Ascension
et autres, qui sont au temps que le soleil passe sous le
signe de Taurus, et entra en ceste opinion que les saints
susdits étaient saint greleurs, geleurs et gasteurs de
Bourgeon ; pourtant voulait-il leurs fêtes translater en
hiver, entre la Noël et la Tiphaine (ainsi nommait-il la
mère des trois rois), les licenciant en tout honneur et
révérence, de gréler lors et geler tant qu'ils voudraient,
la gelée lors en rien ne serait dommageable, ains évidemment profictable au bourgeon. En leurs lieux mettre les fêtes de Saint-Christophe, Saint-Jean Décoltats,
Sainte-Magdeleine, Sainte-Anne, Saint-Dominique, Saint-
Laurent, voyre la my-août colloquer en mai. »

La Champagne produit des vins dont la réputation
s'étend sur le monde entier. Les crus d'Ay, Sillery,
Mareuil, Epernay sont connus partout. Cette vogue qui
avait existé dans le passé, et qui tendait à s'éteindre,
fut rendue aux vins si justement estimés de ces contrées,
par les courtisans de Louis XIV, qui accompagnèrent
ce roi à son sacre. Les annales du passé nous offrent,
à chaque pas, les preuves du rôle immense qu'ont joué
ces vins jusque dans la politique. — En 1397, Venceslas,
roi des Romains et de Bohême, vint en France pour
asseoir les bases d'un traité qu'il voulait négocier avec
Charles VI. Dans une réception royale qu'on lui fit à

Rheims, on lui servit les meilleurs vins de la Champagne ; et ce monarque, épris de cette délicieuse boisson, et craignant de devoir en interrompre trop vite l'usage, traîna en longueur, autant qu'il le pût, la signature du traité. Il sacrifia même, dit-on, l'intérêt de ses sujets et le sien propre, au bonheur qu'il avait de boire du Champagne. Enfin, ne pouvant plus atermoyer, il finit par signer gaîment ce que demandait Charles VI. — Le Sillery a été amélioré par les soins que la maréchale d'Estrées fit donner à sa fabrication, et il a porté longtemps, pour ce fait, le nom de vin de la Maréchale. — Henri IV, qui était au plus haut degré un fin connaisseur, se donna le titre de Sire d'Ay, à cause de l'excellence des vins de ce nom ; et le pape Léon X avait en Champagne un agent qui lui expédiait les meilleurs vins de chaque récolte. — Mais le plus ancien document que l'on possède sur le vignoble champenois, est le testament de St-Rémy à la date de la fin du Ve siècle, testament par lequel il partage entre son neveu et le clergé de Rheims, le vignoble qu'il a fait planter auprès de cette ville. — Un autre document apprend aussi qu'au Xe siècle, un saint évêque de Laon, grand connaisseur, pronait les vins de Champagne, et les donnait comme étant très-favorables à la santé. Enfin, tout le monde sait, que le commerce de ces vins doit surtout son grand développement à l'abbé Godinot ; et la reconnaissance de la ville de Rheims a fait élever sur une des places de la cité, une fontaine qui porte le nom de Godinot. L'on voit aussi au musée le portrait de l'abbé peint par Lesueur, portrait qui fut donné à la ville en 1754.

Depuis des siècles, il existait une sourde rivalité entre les vins champenois et bourguignons. Chacun d'eux avait eu des fanatiques qui réclamaient pour leur préféré la prééminence, lorsqu'au XVIIIme siècle, la querelle éclata en odes et en chansons. Le vin de Champagne, cédant à son élan naturel et à sa fougueuse impétuosité, déversa sur le vin de Bourgogne les flots de son esprit satyrique ; et le vin de Bourgogne trouva un ardent champion dans le docteur Salins, doyen des médecins de Beaune, qui mit dans sa défense la chaleur convaincue qu'inspirent un droit et un mérite méconnus. Son travail eut en Bourgogne un immense succès, et fut imprimé 5 fois dans l'espace de 4 ans; enfin, deux camps nombreux se formèrent, qui alimentèrent cette joyeuse querelle. Mais tout le monde se tût et écouta, lorsqu'entrèrent en lice, en 1711, deux nouveaux combattants, deux adversaires d'un mérite incontestable et incontesté, deux professeurs de l'Université de Paris, Grenan et Goffin. — Le premier, bourguignon, chanta le vin de sa patrie dans une ode latine, chaleureuse comme le vin qui l'avait inspirée; et le second, champenois, répondit aussi en vers latins, et rabattit spirituellement les prétentions exclusives de son antagoniste. De part et d'autre, on vidait force flacons, pour affirmer par les faits la vérité des systèmes; mais, quoiqu'on fît, aucun des partis ne perdait du terrain, lorsque Grenan, qui ne pouvait vouloir pour son protégé d'une couronne partagée, parvint, à force de ruses, à attacher à son camp le docteur Fagon qui, dès-lors, se déclara ouvertement l'ennemi du Champagne. C'en était fait de ce dernier, et la balance penchait évidemment du côté du vin de Bourgogne, lorsque Goffin appela à son aide la littérature et la philosophie, et envoya à Fontenelle 50 bouteilles de l'Œil-de-Perdrix le plus fin, le plus délicat que la Champagne eut fait naître, avec le billet suivant : « Je remets entre vos mains le sort de mon compatriote justement irrité ; votre cœur est enthousiaste de tout ce qui est beau ; je me livre donc au doux espoir que, plus puissant que Fagon, vous conduirez le pauvre Champagne si méconnu à de nouvelles victoires, et que par le charme de votre poésie vous le rendrez immortel. » — Fontenelle ne put résister longtemps aux spirituelles et délicieuses attaques du Champagne; il le prit sous sa protection, et parvint par ses écrits à rétablir l'équilibre entre les deux rivaux. — La joyeuse dispute se continua jusqu'au moment où les médecins s'en mêlèrent, et séparèrent, avec l'âpreté de leurs discussions, les gais combattants ; alors, il se dépensa beaucoup d'injures et de pédantisme, mais beaucoup moins d'esprit, et la fin de la querelle ne mériterait pas d'être rapportée, si l'on n'y trouvait, sous des apparences graves et sérieuses, la plus insigne bouffonnerie qui se puisse imaginer.—En 1778, intervint un arrêt, un arrêt solennel de la faculté de Paris, qui prononça doctoralement que les qualités diurétiques du Champagne lui méritaient la préférence. — Combien notre époque éclectique présente d'avantages sur les temps que nous venons de rappeler, puisqu'elle nous conduit à goûter et apprécier les diverses qualités des vins

7

bourguignons et champenois, et à les aimer également tous les deux.

Dans le Lyonnais, les crus de Ste-Colombe, du Beaujolais, de la Renaison, de la Chassagne, de Romanèche, de Ste-Foi et de Condrieux, donnent des produits qui sont d'un grand mérite ; et l'Alsace fournit d'excellents vins recueillis sur les bords du Rhin et de la Moselle ; — En 1669, Patin donne une mention des plus honorables aux vins de Condrieux, qui étaient alors cités depuis plus de 800 ans parmi les grands vins de France ; et les *Chroniques* de Froissard (année 1327) attestent que les Anglais recherchaient, à l'égal des vins de la Gascogne, les vins de l'Alsace où l'on ne cultivait au XIVme siècle que des plants *gentils.*

Le Dauphiné a ses vins de St-Peray, Chateauneuf, de la côte St-André, de Côte-Rotie, et de l'Hermitage que l'on recherche partout. La réputation de ces vins n'a fait que grandir depuis l'époque, écrit Patin en 1666, « où le roi a fait présent au roi d'Angleterre de 200 muids de très-bon vin de Champagne, de Bourgogne et de l'Hermitage. » — Voici l'origine de ce dernier vignoble connu dans le monde entier : Un habitant de Condrieux, dans un désespoir d'amour, se fit ermite ; il fit choix d'une montagne aride et abandonnée, sur laquelle il construisit sa modeste demeure ; il l'entoura de ceps qu'il avait emportés de sa ville natale, et qui réussirent à merveille sur cette côte désolée ; la luxuriante végétation de ces plants, l'excellence de leurs produits, lui créèrent des imitateurs, et, bientôt sur les flancs de cette montagne, s'étendit le précieux vignoble qu'on appelle l'Hermitage.

Le Languedoc est renommé pour ses vins généreux et liquoreux de Tavel, de St-Geniez, de St-Joseph, de Frontignan, de Lunel, de Roquemaure, de St-Peray (Ardèche). — Les vins de Gascogne ont eu de tout temps une grande réputation tandis que les vins d'Espagne, leurs rivaux, n'avaient pour eux qu'une force trop grande et trop de chaleur. Froissard nous apprend que les chevaliers d'Angleterre, sous le règne d'Edouard III, accusaient les vins d'Espagne de leur brûler le foie et d'augmenter le poids de leurs armes, et que, pour ce motif, ce n'était qu'avec répugnance qu'ils allaient faire des expéditions dans cette contrée. Tandis que c'était avec bonheur qu'ils se préparaient à toute guerre avec le midi de la France, à cause des coteaux charmants et fertiles du Languedoc, et des vins délicieux qu'ils produisaient.

La Touraine possède de bons crus qui longent la Loire; et le Poitou, l'Angoumois, le Limousin, le Berry (près d'Issoudun), le Bourbonnais, l'Auvergne donnent quelques vins qui ont aussi des qualités élevées.

La Provence compte avec un juste orgueil ses crus de St-Laurent, de Cassio et de la Ciotat. Le Roussillon, a le Rancio, le Collioure et le Rivesaltes. Le Béarn, enfin, vante avec raison ses vignobles de Jurançon et de Gan. — Le vin de Gaye, produit par un vignoble situé à Gan, est une illustration des Basses-Pyrénées, et Cavoleau nous apprend que ce clos, connu sous le nom de Sicabaig, appartenant aujourd'hui à

M. Daran, et qui est, comme le fameux vignoble de Constance, d'une très-petite étendue, produit des vins exquis qui, avant la Révolution, étaient réservés pour la table du-Roi.

Nous n'avons mentionné que les vins les plus connus de la France; mais nous devons dire qu'il existe des crus, qui peuvent rivaliser avec avantage avec ceux désignés plus haut, et qui de tout temps ont trouvé une faveur signalée tant en France qu'à l'étranger.

Autrefois, l'Angleterre ne buvait que nos vins; et il en serait encore ainsi, si une politique funeste n'avait fait naître de longues guerres; et si le gouvernement anglais, dans un sentiment de haine et de jalousie, n'avait surchargé de taxes énormes les vins français, pour en faire perdre l'habitude aux populations; mais aujourd'hui que le libre-échange a abaissé les barrières qui existaient entre es deux nations rivales; aujourd'hui que la paix paraît assurée entre les deux nations; la Grande Bretagne viendra demander à nos coteaux, ces produits délicieux que ne peuvent lui fournir ni les autres états, ni ses colonies, ni son territoire. Combien de vins remarquables et aujourd'hui presque inconnus, qui vont trouver un débouché assuré soit en Angleterre, soit chez les autres nations. — La France viticole ne se connaît pas elle-même; elle possède d'immenses richesses, dont la réputation n'a pas franchi les limites de la contrée qui les produit. Il est temps de faire l'inventaire de tous nos vins, pour les faire connaître, et leur faire ainsi rendre la justice à laquelle ils ont droit.

CHAPITRE QUATRIÈME

CAUSES DE LA NON-EXTENSION DE LA VIGNE

EN FRANCE, DANS LE PASSÉ.

A une époque positive comme celle à laquelle nous vivons, ce que l'on demande à un travail, c'est un but d'utilité ; et ce travail, pour satisfaire aux justes exigences du public, doit autant montrer les erreurs du passé et en rechercher les causes, que signaler les espérances de l'avenir et les éléments sur lesquels il s'appuie. C'est ce que nous allons essayer de faire brièvement ; nous n'avancerons que des faits vrais ou des idées que nous croyons utiles ; et si nous sommes conduits à déverser le blâme sur une institution, c'est que nous sommes convaincus qu'elle est funeste à l'intérêt général, comme au progrès économique et social de la France. — En un mot, voulant servir, dans la mesure de nos forces, les intérêts viticoles de notre pays si longtemps méconnus, nous avons pensé que le meilleur moyen de leur venir en aide et de les éclairer, était de dire toute la vérité sur eux, de faire rayonner cette vérité, quand elle était obscurcie systématiquement ou par ignorance, enfin de la défendre quand elle était attaquée.

Devant les résultats heureux qu'assure la culture de la vigne, devant les avantages économiques, individuels ou généraux, qu'elle emmène avec elle, comment ne s'est-elle pas développée dans le passé, et est-elle restée stationnaire en face du progrès et du perfectionnement des autres cultures ? Comment, devant l'impulsion qu'on a essayé de lui imprimer chaque jour et de tous les côtés, a-t-elle persisté à rester dans le cercle étroit, où elle est en quelque sorte enfermée?

A nos yeux, la cause de la non-extension de la vigne en France se trouve, dans le défaut de débouchés, qui lui étaient fermés par les lois ou les règlements administratifs des gouvernements qui ont précédé le gouvernement impérial ; dans la difficulté des transports, due à l'imperfection des voies viables ou navigables; dans le défaut d'intelligence des lois économiques de notre époque, défaut accru par des habitudes traditionnelles et l'esprit de routine; dans le manque absolu de capitaux qui, paralysant la viticulture, l'empêchaient de se jeter dans la période industrielle ; dans l'impôt disproportionné qui frappait tant les terres complantées en vignes que les produits de leurs récoltes ; dans l'octroi, cette contribution en faveur des villes, que la Révolution de 1789 avait détruite, et qui n'a pas tardé à reparaître sous une autre nom ; enfin, et surtout dans la fraude, qui est parvenue à fabriquer des vins de toute espèce, avec patente et autorisation.

§ Ier.

ABSENCE DE DÉBOUCHÉS ET DE MOYENS DE TRANSPORT.

Le règne du principe absolu et de la théorie exclusive, système qui a brisé tant de mains qui s'appuyaient sur lui, tend chaque jour à disparaître, devant les principes économiques nouveaux et l'esprit d'éclectisme qui s'empare de notre nation. — Depuis des siècles, les vins n'ont eu d'autres débouchés que la consommation locale. Le système prohibitif avait fermé à nos produits les portes de l'étranger, et, n'étaient quelques rares exportations, les autres nations auraient à peine soupçonné l'existence de l'industrie éminemment française. En vain quelques hommes dévoués signalaient-ils cette faute économique, et s'adressaient-ils à M. de Villèle, en lui demandant : « Que ferons-nous de nos vins ? » — « Nous les boirons » répondait spirituellement le ministre. La France entière, depuis le plus

haut dignitaire jusqu'au plus humble fonctionnaire,
applaudissait ; et cette saillie ajournait pour longtemps
jusqu'à la discussion même des intérêts les plus vivaces de la France. Cette nécessité de boire tous nos vins,
à laquelle nous avait fatalement condamnés le mot ministériel, était encore accrue dans le passé, par le
mauvais état ou l'absence complète des voies de communication. Quelques hommes, sincèrement attachés au
bien public, répétaient bien que les routes et les canaux
sont les veines et les artères qui font circuler la vie
dans le corps d'une nation ; que là est l'âme de l'agriculture viticole et industrielle ; que si l'on ne favorise
la circulation, la production doit s'éteindre; qu'il est
temps d'abaisser les obstacles qui s'opposent au développement de l'activité nationale; qu'il faut enfin, en
ouvrant des voies de circulation, en facilitant l'exportation, mettre en harmonie les principes économiques
et les lois, avec les besoins nouveaux de notre époque,
et une civilisation qui ne veut plus s'arrêter..... Quelques tronçons de chemins étaient concédés à l'influence
de quelques personnages en vue, et à part la loi du 21
mai 1836 qui imprima un mouvement salutaire et progressif, l'intérêt général était sans cesse sacrifié à l'intérêt privilégié; et tout restait plongé dans un état de
stagnation, qui était lui-même la suite des institutions
politiques et sociales du passé.

Et voilà l'un des motifs qui ont arrêté dans son essor
l'industrie viticole; qui ont eu même pour conséquence
de la faire rétrograder, puisque, avec le système prohibitif d'un côté, et la disette de voies de communication

de l'autre, une année d'abondance devenait une année
de misère, pour le vigneron qui, ne pouvant écouler
ses produits, mourait de faim sur le seuil de ses caves
qui regorgeaient pe vins.

§ II.

DÉFAUT D'INTELLIGENCE ET DE CAPITAUX.

Si la viticulture n'a pas suivi le mouvement progressif qui a imprimé une marche si rapide aux autres
industries, c'est aussi qu'il lui a manqué ce qui a été
prodigué à ces dernières, l'intelligence et les capitaux.
— Il est une vérité qui a longtemps été méconnue, et
qui commence à peine à se faire jour dans les campagnes, c'est que le vigneron ne doit avoir ni moins de
connaissances, ni moins de capacité, que tel ouvrier
d'une manufacture quelconque ; et qu'en viticulture
comme en industrie, celui-là seul peut arriver à des
résultats largement rémunérateurs, qui se distingue par
son intelligence et son instruction. — Et cependant, jusqu'à nos jours, tandis que l'ouvrier mécanicien va de fabrique en fabrique, de ville en ville, à la poursuite des
connaissances qui doivent perfectionner les études auxquelles il a appliqué son enfance, le jeune vigneron,
qui n'est pas sorti de son village, ne demande qu'à
l'usage séculaire les méthodes qu'il appliquera toute sa

vie ; comme si la viticulture était une science qui appartint à la tradition de père en fils ; qu'elle dût éternellement rester stationnaire, et que ce fût à la routine à en régler l'exercice et l'enseignement ; comme si l'on ne devait pas étudier la viticulture, pour être bon vigneron.—Aussi dans nos villages, tout se fait encore par habitude, par imitation, et parce que les anciens faisaient ainsi. Aussi, le vigneron, qui n'a pas reçu par l'instruction l'intelligence nécessaire pour attaquer les préjugés qui l'entourent, subit leur domination, et n'a jamais pu se rendre compte des avantages éloignés ou prochains, qu'il doit retirer de sa culture. Une innovation, une découverte surgit-elle devant lui ? Il ne peut l'apprécier et la juger : l'intelligence lui manque, pour qu'il puisse la classer parmi les découvertes vraiment utiles, ou parmi les entreprises décevantes.—Science, art ou métier, la viticulture est essentiellement une œuvre de raisonnement; et, pour être comprises, sa théorie comme sa pratique demandent avant tout une intelligence qui soit habituée au travail. — La viticulture ne sera réellement florissante, que lorsque le propriétaire de vignes, grand ou petit, que lorsque tout vigneron se sera familiarisé avec les principes scientifiques et économiques qui dirigent cette science, lorsqu'il pourra se rendre compte du mérite de la culture qu'il a entreprise, de ses rapports, de ses conséquences. — Ainsi, ce n'est pas seulement une question de douane, ou de tarifs qui peut lancer la viticulture dans la voie qui doit en faire la première industrie française; il faut remonter à des causes d'un ordre plus élevé; il faut chercher son avenir dans l'instruction et le crédit; il n'y a que l'instruction qui puisse donner l'intelligence; il n'y a que l'intelligence qui appelle la confiance; et la confiance seule attire les capitaux.

Rien ne peut sortir de rien; et les lois économiques, comme les lois naturelles, ne veulent pas que la richesse puisse naître de la misère. Pour être productif et pouvoir atteindre son maximum de fertilité, le terrain complanté en vignes doit recevoir de fortes avances; car, en viticulture comme en agriculture, le sol qui reçoit le plus est celui qui donne le plus. — Ces avances se composent de travail, d'engrais et de capitaux. Sans doute, le travail n'a pas été ménagé dans le passé; mais dans beaucoup de contrées l'engrais, et dans toutes, les capitaux n'ont jamais été donnés en suffisance. On ignorait que la terre paie un intérêt usuraire des trésors qu'on lui confie.

Aussi, était-ce en vain que les méthodes les plus judicieuses, comme les procédés les plus perfectionnés, venaient à se produire; le manque de capitaux publics ou privés empêchait de les appliquer, et ils s'éteignaient dans le domaine des théories, ou demeuraient dans les livres viticoles comme d'ingénieuses découvertes, qui ne devenaient jamais des instruments réels de bien-être et de prospérité, faute de fonds.

Les préjugés économiques de la classe riche et élevée paralysaient toute tentative progressive, et enrayant l'activité générale, l'empêchaient de centupler les ressources, et de satisfaire aux besoins multipliés qui naissaient de toutes parts.

Enfin, avec les idées du passé, la viticulture ne pouvait prendre son essor, si l'on songe à la nécessité d'avoir, quand on plante un vignoble, un assez grand capital à y jeter ; et de plus, un revenu assuré par d'autres ressources, et tout-à-fait indépendant des espérances qu'on peut fonder sur la nouvelle plantation. Cela s'explique facilement, par les frais relativement considérables de premier établissement, par les travaux multipliés que nécessite chaque année le nouveau vignoble, par le temps qui s'écoule entre le moment de la mise en terre et celui où la vigne commence à être reconnaissante des soins qu'elle a reçus, en un mot, par l'absence pendant plusieurs années de tout revenu, soit du capital premier employé, soit des diverses sommes qui sont la représentation des travaux annuels.

On ignorait à cette époque, que le crédit est la force vitale de l'agriculture, comme de l'industrie, comme du commerce, comme de la société elle-même ; qu'il est pour la viticulture ce qu'est la respiration et le sang pour l'homme ; qu'il est le mouvement, la circulation, la vie. — Or, dans la culture viticole, le capital ne s'est jamais trouvé au niveau des exigences de l'entreprise ; et le petit vigneron surtout, sans cesse pressé par le besoin, ne trouvait et ne pouvait trouver qu'à des conditions ruineuses, les moyens d'améliorer sa vigne ou d'en créer une nouvelle. — Si l'agriculture anglaise nous a devancés un moment dans la voie des transformations et des progrès, c'est que les Anglais avaient compris, avant nous, la puissance de l'instruction et du crédit en culture. En Angleterre, l'instruction place l'adepte de bonne heure au-dessus des préjugés; et, lui faisant aimer son état dont elle met en relief la noblesse et l'indépendance, elle l'initie aux connaissances scientifiques et pratiques qui le guideront dans la vie : le capital qu'il a en main, après l'avoir aidé dans les avances indispensables dans toute exploitation qui veut devenir industrielle et fructueuse, lui permet de réparer les pertes accidentelles et imprévues ; et de changer à volonté sa culture ou son mode de culture, selon les exigences du moment, selon les rapports écomiques de la contrée qu'il habite. — En un mot, ce qui a fait défaut dans le passé à la viticulture française, c'est l'instruction qui révèle au vigneron le sentiment de son intelligence, et le capital qui lui fournit le moyen d'utiliser et de développer cette intelligence.

§ III.

L'IMPOT.

Si l'on parcourt quelques campagnes viticoles, et si l'on observe la pauvreté relative .e quelques vignerons, on se sent tenté de faire remonter la responsabilité de ce malaise jusqu'à la vigne ; mais si l'on se livre à un examen plus approfondi, si l'on sonde la plaie, et qu'on

descende jusqu'à sa cause, on trouve que ce malaise est
dû presque en entier aux charges si injustement réparties, qui accablent les vignes comme les vins qu'elles
produisent; on s'apperçoit alors, que la viticulture aurait
fait infailliblement la fortune du propriétaire comme
la prospérité de la France, si la richesse de ses produits
n'avait séduit le fisc et l'octroi. — A certaines époques
ils se sont jetés sur la vigne avec une insatiable avidité; ils ont paralysé ou écrasé sa production; ils ont
traqué et pressuré les vins, avec plus de furieux achar-
nement qu'ils n'en eussent mis, si le vin, au lieu
d'être une boisson salubre et fortifiante, en même
temps qu'une nourriture saine et agréable, eût été le
plus dangereux, le plus mortel des poisons.

Depuis le moment où un cep était planté, jusqu'à
celui où son vin se servait sur la table du consommateur, toujours l'industrie viticole était soumise à mille
impôts qu'il lui fallait payer, à mille tourments qu'il
lui fallait endurer; taxes et surtaxes de toute nature
et de toute provenance : impôt au profit de l'Etat sous
le nom de droit d'entrée, de passavant, d'acquit-à-
caution, de droit de circulation, de licence, de navigation, etc. L'impôt foncier pesait aussi sur les vignobles
d'un double poids, et lui était appliqué avec une sou-
veraine injustice.

La terre plantée en vigne ne payait pas seulement
l'impôt foncier comme *terre*, elle le payait également
comme *vigne*; qu'un terrain complétement stérile et
infertile, de la dernière classe et côté pour un revenu
nul, fût planté en vignes; aussitôt cette transformation

opérée, quoiqu'elle ne dût conduire le propriétaire à un revenu que dans plusieurs années, ce sol payait une contribution de beaucoup supérieure à celle des meilleures terres arables, des meilleurs prés ; aussi la vigne, loin de vivre prospère et florissante, agonisait sous le lourd fardeau de l'impôt, direct ou indirect. Pouvait-il en être autrement, devant le compte suivant, sincère et vrai, qui est le prix de revient d'une barrique de 3⟋6, de 655 litres, expédiée de Narbonne à Paris en 1843.

Prix d'achat, 173 fr. Frais de transport... 100 fr.

Menus frais et bénéfices du négociant..... 27

Droits d'entrée et d'octroi à Paris........ 500

Pour que les vins eussent pu se répandre partout et faire naître une prospérité durable, il eût fallu qu'ils n'eussent plus été grevés de certains droits qui les écrasaient, en élevant, à trois et quatre fois leur valeur, la différence du prix de vente et du prix payé par le consommateur. — D'éloquentes révélations nous sont faites par les statistiques du passé ; et l'impôt excessif que payait le vin, frappait surtout les classes pauvres, parce que la qualité du vin, qui cependant assure sa vente et élève son prix, n'entrait pas, comme élément, dans l'appréciation de la taxe qu'il supportait, et que cette dernière était la même pour tous les vins. — En 1369, un droit fut établi par les États-Généraux sur l'entrée des vins à Paris ; mais ce droit, plus juste et moins impolitique que celui qui régissait les années qui nous ont précédés, s'appliquait avec plus de sévérité aux vins d'élite, destinés aux tables riches, qu'à ceux qui devaient devenir la boisson du pauvre ; le vin commun ne payait que 15 sous par queue, tandis que ce chiffre s'élevait à celui de 24 sous, pour les vins de Bourgogne et pour les vins fins.

Toute mesure trouve des approbateurs. La fiscalité odieuse qui, frappant les vins, poussait à la mauvaise production, et à une falsification aussi dangereuse pour la santé du corps que pour celle de l'intelligence; cette fiscalité, qui jetait la mauvaise foi dans le commerce et compromettait ainsi l'une des grandes richesses, comme l'une des gloires de la France, trouva, elle aussi, de chauds et puissants défenseurs, qui appelèrent à leur aide les idées comme les choses les plus sacrées. Ils invoquèrent la morale, l'ordre, la religion, pour pouvoir attaquer l'immoralité du cabaret et les suites fâcheuses qu'elle entraîne après elle. Ces champions d'une cause vieillie, qui s'étalaient chaudement et confortablement dans des cercles somptueux, faisaient sans doute partie d'une société de tempérance, dont ils savaient chez eux et ailleurs enfreindre les lois; mais aujourd'hui, au point où sont parvenues les connaissances économiques, de telles raisons ne peuvent plus être discutées et doivent disparaître. Il serait en effet absurde, sous le prétexte de tempérance, de frapper des populations entières et de leur interdire l'usage du vin, si nécessaire à la réparation de leurs forces. On ne peut plus volontairement oublier que la classe pauvre, industrielle ou agricole, qui vit de salaires journaliers, ne peut acheter son vin et ses aliments qu'au détail; et que, par suite, la loi fiscale qui

a régi tout le passé, frappe infiniment moins l'ivrognerie
que les premiers besoins de la famille du peuple. On
ne doit plus oublier qu'en excédant de charges, sous un
prétexte mensonger, une boisson nutritive et fortifiante
qui est de première nécessité pour l'ouvrier, on
enlève en même temps au producteur de vins le débouché le plus large, qui lui assurerait l'écoulement de
ses produits.

Le moment est arrivé pour le législateur, d'opérer
une révolution complète dans le système d'impôts, di-
rects ou indirects, qui régissent les vignes et les boissons.
Par leur accroissement et leur multiplication, par l'exagération de leurs taxes, par l'absurdité de leur assiette
qui frappe, non la valeur du produit, mais les frais
dont il est déjà grevé; par l'action néfaste qu'ils exercent
sur les intérêts généraux du pays comme sur son avenir; par la fausseté du caractère qu'on leur a donné
jusqu'à ce jour, caractère qui est en opposition directe
avec l'esprit comme avec la lettre de nos institutions;
par la vexation incessante que leur perception inflige
au producteur comme au consommateur, ces impôts
éveilleront la sollicitude du gouvernement qui, avec ses
tendances progressives et démocratiques, voudra radi-
calement réformer un pareil système.

Il y a un principe incontestable aujourd'hui, et qui
doit régir tout ce qui, de près ou de loin, tient à l'alimentation publique; c'est d'alléger autant que possible
les impôts qui grèvent les produits de première nécessité; or, le vin est aussi nécessaire à la population
ouvrière que le pain. — Ce principe seul, appliqué dans

8

toute sa franchise et dans toute son étendue, pourra résoudre le problème posé par la société actuelle, comme par l'avenir : la vie à bon marché.

§ IV.

L'OCTROI.

Reconnaissons cependant que les impôts perçus aujourd'hui au profit de l'Etat, emmènent avec eux plus de gênes qu'ils n'occasionnent de ruines ; que la viticulture ne se plaint que du mode de leur perception ; qu'ils sont même relativement légers, si on les rapproche de ceux qui, sous le nom de droits d'octroi, sont exigés par les villes, impôts qui, eux, sont exorbitants.

Une feinte philanthropie, en apparence toute dévouée aux intérêts des classes pauvres, a présidé à la naissance de l'octroi. Il ne venait au monde que pour alléger les souffrances déjà si grandes du peuple, et pour lui porter secours. — Mais, celui-ci ne se laissa pas prendre aux dehors menteurs de cette institution hypocrite ; et son instinct lui inspira cette haine qui dure encore, et qui, sans doute, ne tombera qu'avec les barrières des villes. — C'est que, dès les premiers jours de l'octroi, le peuple des cités comprit combien était fausse l'assiette sur laquelle reposait cet impôt, puisqu'au lieu de faire subvenir aux dépenses de la commune chaque habitant, proportionnellement à sa fortune, il doublait et triplait le prix du vin commun consommé par le pauvre, tandis qu'il osait à peine prendre un quinzième, un dix-huitième de sa valeur sur le vin qui se buvait à des tables somptueuses ; c'est qu'enfin, le peuple comprit que l'octroi aurait pour conséquence inévitable, la falsification d'une boisson indispensable à la réparation de ses forces épuisées, et dont la privation devait porter une atteinte aussi grande à son travail qu'à sa santé ; comme aussi, la ruine des villes dans l'avenir, parce que le vin fuirait devant l'octroi qui l'aurait pressuré, et que cet octroi, après avoir fourni aux cités leur revenu le plus net, finirait par s'éteindre, faute de matière imposable.

Nous ne pouvons, avec le cadre restreint que nous nous sommes imposé, traiter de l'octroi ni de l'impôt que d'une façon très-sommaire ; aussi nous contenterons-nous de citer un documeut officiel, qui montre combien les villes ont peu ménagé le vin dans les tarifs qu'elles ont dictés pour leurs octrois.

	Produits par l'octroi.	Les boissons y figurent pour
A Tours en 1837, sur	337,993 fr.	152,829 fr.
A Versailles, 1837, sur	595,220	273,814
A Lorient, 1840, sur	141,214	73,335
A Paimbœuf, 1839, sur	35,236	20,732
A Savenay, sur.....	4,000	3,906
A Auray, sur.......	21,337	14,138
A Redon, sur.......	21,627	13,301
A Soissons, sur......	120,161	69,172
A La Rochelle, sur...	200,837	107,705
A Guirande, sur.....	6,957	6,957
	1,484,582	735,889

Ainsi, la totalité des droits d'octroi perçus dans 10 communes s'élèvant à la somme de 1,484,582, le droit sur les boissons a donné sur cette somme 735,889, c'est-à-dire moitié du total.

Enfin, les octrois sont-ils autre chose que ces droits intérieurs que 89 a détruits, et qui n'avaient pour but, comme ceux-ci, que d'aider à la restauration et à l'embellissement des villes? Et à ce titre, ne doit-on pas tenter de les atténuer d'abord, pour arriver ensuite à les détruire? — Et, maintenant que le régime de la liberté a été inauguré par le libre échange, maintenant que les barrières sont abaissées entre les nations, peut-on en laisser exister entre deux communes voisines? N'y a-t-il pas contradiction à refuser à l'habitant de la France, ce qu'on accorde à l'étranger? — Nous comprenons que ce n'est que peu à peu qu'une telle réforme puisse être faite ; les gênes et les embarras financiers des cités sont un obstacle à une mesure radicale. Mais que les tarifs s'abaissent progressivement; qu'on allège les taxes, de façon à ce qu'elles ne deviennent pas, pour certaines contrées, une sorte de prohibition de leurs produits. Là est l'intérêt même des villes, parce que, les droits d'entrée étant diminués, les denrées afflueront ; et que la perception d'un faible droit souvent répétée, assurera des revenus élevés qui, dans bien des localités, menacent déjà de s'éteindre.

Si l'on n'a pas oublié qu'outre les droits énormes imposés par les villes sur les produits de la vigne, cette plante est celle qui paye l'impôt foncier dans la plus large proportion, on ne comprendra pas comment elle peut lutter encore ; comment elle n'est pas morte d'épuisement. — Et , devant cette vitalité sans cesse renaissante , on sera forcé de reconnaître combien est grande la richesse qu'elle peut donner à la France comme à son propriétaire, combien sont immenses les trésors avec lesquels elle peut alimenter l'intérêt général comme l'intérêt particulier.

§ V.

LA FALSIFICATION.

L'une des causes les plus puissantes qui ont, avec l'impôt et les octrois, arrêté l'extension des vignes, est la falsification des vins , dont les résultats peuvent devenir plus funestes au consommateur qu'au producteur. — Le vin a besoin de pureté ; il lui faut l'ombre et le mystère ; il a besoin de recueillement ; alors seulement, il peut acquérir toutes les qualités qui en font la boisson hygiénique et fortifiante par excellence.

De tout temps, les marchands de vins ont cherché des bénéfices illicites dans la falsification. Par une ordonnance de Charles VI, il est enjoint aux commerçants *d'emmener des vins bons, loyaux , marchands, non mixtionnés, sous peine de confiscation, de forfaiture et d'amende arbitraire.* Sous Louis XIII, un édit ordonne aux *hôteliers, cabaretiers , marchands débitants , de garnir leurs caves de toutes sortes de vins, et de débiter au public, à divers prix, bon vin, droit, loyal, et marchand, sans être mélangé à peine de 400 livres parisis d'amende.* Louis XVI, en 1787, fait défense, par un édit, *d'introduire des substances malfaisantes dans les vins et cidres, sous quelque prétexte que ce soit, même celui de les améliorer, sous peine de trois années de galères et de 1,000 livres d'amende.* Dans nos lois se rencontrent à chaque page des dispositions pénales qui frappent les falsifications ; et cependant, tout le monde sait sur quelle vaste échelle elle s'exerce en France.

La falsification, la sophistication, le frelatage ou la fabrication du vin, a pour but de substituer une matière artificielle et une valeur fictive, à une matière naturelle et à une valeur réelle. C'est donc un vol, au préjudice de la légitime rémunération due au travail des populations laborieuses, qui ont fait naître ce produit naturel ; et si l'on envisage la santé publique, la falsification devient de l'empoisonnement.

Ces fraudes que fait naître cette cupidité coupable qui s'attaque à la santé et à la bourse de tous, et sur lesquelles s'édifient journellement des fortunes considérables, sont d'autant plus faciles, que la science ne donne que très-imparfaitement les moyens de les reconnaître. Tout le monde ne sait-il pas ce qui est arrivé à Thénard. — Un jour il est appelé par le tribunal correctionnel de la Seine, pour examiner du vin que l'on supposait falsifié ; le célèbre chimiste affirme la falsification : « Que manque-t-il à mon vin, dit le prévenu ? » — « Il manque de l'acide tartrique, répond

Thénard. » — « Je vous remercie, reprend le marchand, j'en mettrai maintenant. »

Ce qu'il faudrait donc, c'est que chaque chose fut vendue sous son véritable nom, ou avec l'indication exacte de son origine, de sa nature, ou de sa composition; et qu'un indice certain, une marque incontestable pût servir de garantie à l'acheteur.

L'application sévère de la loi actuelle, qui s'oppose à toute mixtion frauduleuse de toute substance étrangère, même de l'eau, si elle faisait un délit de ce qu'elle ne considère que comme une contravention, aurait une haute portée et une influence immense, autant au point de vue de la moralité et de l'hygiène publique que de la production. Et cette élévation de peine aura nécessairement lieu, quand on voudra considérer, que les falsificateurs de denrées alimentaires tuent peut-être plus de monde en vingt ans, que les guerres les plus meurtrières en un siècle.

C'est au législateur à réprimer sévèrement ce frelatage éhonté, qui inonde le marché des villes de boissons frauduleuses; lui seul peut mettre un terme à la multitude de délits qui se commettent journellement, et aux graves conséquences hygiéniques qui en sont la suite ; lui seul peut ainsi améliorer le sort du producteur, en rendant accessible à toutes les classes de l'empire, l'usage d'une denrée qui, avec le pain, est la base de l'alimentation des travailleurs de notre nation.

CHAPITRE CINQUIÈME

LA VIGNE PEUT DOUBLER SA PRODUCTION ACTUELLE.

Après avoir exposé les motifs qui ont arrêté l'extension de la culture de la vigne dans le passé, nous
allons rechercher si, à notre époque, cette culture ne
se présente pas à nous sous des conditions économiques si favorables, que nous devions l'accepter et la
répandre, comme un des meilleurs moyens de rendre à
notre commerce la position qu'il perd de jour en jour
sur les marchés étrangers, comme un des remèdes les
plus efficaces pour arrêter la dépopulation des campagnes qui nous menace, enfin, comme constituant
l'industrie qui peut le plus chèrement rémunérer le travail de l'homme, et le pousser ainsi vers une améliora-

tion autant physique que morale. Nous allons rechercher si, avec une volonté ferme et durable, une volonté
qui sait commencer et poursuivre, combattre et persé-
vérer, la vigne ne doit pas nous conduire à des résultats inespérés jusqu'à nos jours.

Nous analyserons successivement les débouchés, la
consommation intérieure et l'exportation. Puis, devant l'extrême division de la propriété, qui a morcelé
la France, et l'a, pour ainsi dire, réduite en lambeaux,
nous essayerons de légitimer le morcellement, et de
montrer combien il doit puissamment venir en aide à
la viticulture, si l'on lui adjoint l'association.

§ Ier

CONSOMMATION INTÉRIEURE.

La production a pour objet la consommation, et on
ne doit produire que ce que l'on peut consommer. Si
l'on produit trop, les marchés s'encombrent; et les
marchandises dont ils sont saturés, ne reprennent leur
valeur qu'au moment où des débouchés nouveaux viennent en permettre l'écoulement. — Une telle position
peut-elle être faite en France à la viticulture ? Peut-elle
être exposée à trop produire et à ne pas écouler ses
produits ? Etudions cette question au double point de
vue de la consommation intérieure et de l'exportation.

On trouve dans le livre de Moreau de Jonnès, qui

appuie ses calculs sur les statisticiens, comme sur les données de l'administration et la grande statistique de France, que la moyenne de la consommation du vin pour notre nation, est de 70 litres par habitant et par an. On trouve dans le même auteur que, dans quelques départements, la moyenne de la consommation est de 2 hectolitres 26 litres par habitant et par an, tandis que dans d'autres elle atteint à peine 35 litres, et que dans quelques-uns elle est presque nulle. Enfin, nous savons par les documents officiels que la production annuelle de la France est d'environ 40 millions d'hectolitres de vin. Ces chiffres prennent une grande valeur au point de vue de la question de la consommation intérieure. — Si chaque habitant de l'empire buvait, comme dans le département de l'Aube, par exemple, 2 hectolitres de vin, il faudrait, pour satisfaire aux besoins de la nation, environ 36 millions d'hectolitres en sus de ceux que produit aujourd'hui tout le territoire français. Et si l'on ajoute à cette quantité celle qui est transformée en alcools, en eaux-de-vie et en vinaigres, comme celle qui est consommée par les pharmacies et les cuisines, on verra qu'on pourrait, sur la donnée de 2 hectolitres de vin par habitant, doubler et même tripler la production actuelle, et malgré cette augmentation, avec le seul aide du commerce intérieur, trouver dans la vigne une culture essentiellement rémunératrice.

Or, peut-on douter que le vin ne devienne un besoin de tous les jours pour les provinces de la France, quand on pense que partout on en est avide jusqu'à la passion ; que, malgré les condamnations prononcées contre

les délits de maraude ou de contrebande de vin,
les coupables sont absous par l'opinion publique ; —
quand on pense que l'esprit national, nos mœurs, nos
idées ont pris naissance et se sont développés sous l'influence des chansons et des poésies que le vin avait
inspirées à nos pères. — L'usage du vin s'est généralisé depuis quelques années : encore quelque temps,
et il sera aussi nécessaire que le pain à la population
exigeante des villes, comme aux paysans qui chercher-
ront en lui un réparateur des forces détruites par le
travail. — Si la consommation ne s'est pas augmentée
dans une plus large proportion à l'intérieur, c'est que la
falsification, encouragée par la prime de l'impôt et de
l'octroi, a encombré les villes de marchandises nuisibles, qui ont chassé le consommateur ou perverti son
goût; c'est que le commerce, dont le concours a été
jusqu'à ce jour indispensable à la viticulture pour
mettre ses produits à la portée de l'acheteur, loin de
rester loyal, a pactisé souvent avec la falsification, et
ne s'est pas contenté toujours de chercher son profit
dans la différence entre l'achat et la revente. — Que le
législateur réprime sévèrement cette fabrication de vins
artificiels, dans la composition desquels il n'entre pas
un grain de raisin, et le produit national de la vigne
est sûr de trouver en France un placement avantageux.

Et qu'on ne dise pas, comme on l'a trop souvent
répété, qu'en appelant la sévérité de la loi sur la falsification, on porte une atteinte à la liberté du commerce.
Comme si la liberté commerciale pouvait abriter sous

son pavillon, la filouterie, le vol et l'empoisonnement; comme si le commerce pouvait se trouver blessé de l'application de lois protectrices de la santé publique.

Enfin, la prospérité de la vigne, au moyen de la consommation intérieure, n'est-elle pas également assurée par l'accroissement progressif de la population? Tout ne permet-il pas de penser que cet accroissement ne s'arrêtera pas; et par suite, la production viticole ne doit-elle pas suivre la même marche ascendante? Et, si pour d'autres industries et dans d'autres circonstances, il peut être dangereux de trop se hâter, n'y aurait-il pas folie aujourd'hui pour la viticulture à temporiser?

On ne saurait trop répéter qu'au point de vue de sa santé, comme de son intelligence, l'homme devrait faire un usage journalier du vin. Déjà, dans les pays vignobles, le produit de la vigne est devenu un aliment de première nécessité, et, pour les autres contrées, il est la denrée la plus recherchée.... Aussi, le débouché le plus certain, celui qui ne peut être atteint ni par les guerres, ni par les jalousies internationales, se trouve-t-il dans la consommation intérieure, et dans les besoins que notre société a développés.

§ II.

EXPORTATION ET LIBRE-ÉCHANGE.

En France, on sait produire, mais on ne sait pas écouler; si la demande fait défaut, on ne sait pas offrir.

L'industrie viticole crée-t-elle l'abondance, elle en est gênée ; elle paraît ignorer qu'entre les deux pôles, se trouvent des populations condencées qui appellent nos produits et qui, en leur absence, sont forcées d'accepter des mixtions malsaines, que le commerce étranger leur livre, en les décorant des plus beaux noms de nos vins.

La législation du passé, loin de secouer cette apathie, l'encourageait par ses institutions, et c'est avec raison qu'il y a à peine quelques années, Lamartine, dans son brillant et beau langage, s'exprimait ainsi : « Jeter dans le commerce des entraves, atteindre sa sécurité, sa liberté de transactions innocentes sous toutes les formes, c'est atteindre la propriété elle-même, la production des vignobles, autant que leur débit. — Le commerce, c'est la main de la propriété ; frapper la main, c'est frapper le corps lui-même. Le vignoble Français n'a besoin que de trois choses : de modifications profondes, non dans le chiffre, mais dans le mode de l'impôt. Il paie 125 millions à l'Etat, et il pourrait rendre le double et s'enrichir, si l'Etat, si l'impôt l'affranchissaient de toutes les servitudes, de tous les exercices, de toutes les entraves que le commerce rencontre à chaque changement de main, à chaque tour de roue. Il a besoin d'exportations plus ouvertes, et plus favorisées qu'elles ne le sont par nos tarifs. Il a besoin d'une complète liberté de débit et de circulation à l'intérieur comme à l'extérieur. »

Aujourd'hui, les idées de liberté commerciale ont grandi; et elles ont reçu leur application dans les lois. L'Etat a compris que l'initiative individuelle devait, mieux que les mesures les plus prévoyantes, venir en aide à l'intérêt général, quand elle se sentirait affranchie de tous les liens protecteurs qui, tout en la paralysant et l'enchaînant, déjouaient tous les calculs de la prudence. Sous l'inspiration de cette liberté, notre nation secoue chaque jour sa paresse, et s'est empreinte de mouvement et de grandeur. Elle veut se mettre à la hauteur du grand service qui lui a été rendu, en facilitant les communications extérieures, en développant et encourageant ainsi l'activité productrice, qui est l'âme de toutes les branches de l'agriculture et de l'industrie.

Les institutions politiques des dernières années, aidées par les voies ferrées qui portent la vie jusque dans les contrées les plus abandonnées, vont nous mettre en rapport commercial avec le monde entier, et permettre à la France de fournir de vins tous les peuples qui en sont privés. — Aussi, le libre-échange qui va jeter nos produits incomparables dans les contrées des Deux-Mondes; le libre-échange qui leur a ainsi ouvert de nouveaux débouchés, tout en leur donnant une plus grande valeur, ne peut être rangé dans la classe de ces conceptions décevantes de la philanthropie bourgeoise. C'est une grande institution en même temps qu'un grand bienfait pour la nation. La liberté, en tout et partout, en agriculture comme en industrie, c'est là la meilleure voie à suivre, la voie la plus féconde. Nous ne serons pas, sans doute, à l'abri de tous les maux; mais nous ne subirons du moins que ceux qui sont inévitables.

L'espoir que nous formons, peut-il s'évanouir devant

les guerres ou les bouleversements sociaux? Les barrières que nous croyons abaissées pour jamais, peuvent-
elles se relever devant des intérêts froissés ou des jalousies internationales?... Nous ne pouvons croire pour
les produits de nos vignobles à un avenir précaire et
incertain, parce qu'ils vont devenir pour tous les peuples
à qui le commerce va les livrer, un objet recherché d'a-
bord, un besoin ensuite, et que des habitudes d'échange
ne pourront qu'accroître ce besoin, et le faire si profondément pénétrer dans les mœurs et dans les usages, qu'il sera bientôt impossible de le détruire. —
Voici des faits qui viennent à l'appui de notre assertion : — D'après le tableau publié par la direction générale des douanes et des contributions indirectes,
l'exportation des vins était en 1857 de 1,124,474 hectolitres, et quelques années plus tard, elle s'élevait au
chiffre de 2,545,833 hectolitres ; aujourd'hui elle a
atteint un chiffre de beaucoup supérieur. — Dans une
circulaire ministérielle, nous trouvons que l'exportation
des vins s'est accrue depuis 1854 jusqu'en 1864, de 65
pour cent. Le contingent de nos vins pour la consommation anglaise était en 1859 de 9.0/0. Elle dépasse
aujourd'hui 40.0/0. — Enfin dans les 10 premiers mois
de 1865, l'Angleterre a reçu de France 89,716 hectolitres d'une valeur de 28,283,000 fr., tandis que, pendant
la même période de l'année précédente, l'exportation
n'a été que de 81,570 hectolitres. Ces chiffres suffisent,
nous le croyons, pour dissiper toutes les craintes, et
montrer que la marche ascendante de l'exportation doit
progressivement s'accroître devant les besoins nou-

veaux, que fera naître chaque jour l'usage de nos vins.

On a publié et répandu que, la grande majorité des Anglais buvant une bière excellente, pendant que les classes élevées de la société affectionnaient les vins chauds et alcoolisés de l'Espagne et du Portugal, on ne parviendrait pas, au moyen d'un traité de commerce, à détruire des habitudes invétérées, qui avaient fait de profondes racines dans les mœurs ; qu'en un mot, le vin ne pouvait être pour l'Angleterre qu'un objet de luxe. — Mais le vin français était un objet de luxe, parce que le droit d'entrée était exorbitant. L'esprit haineux qui avait dicté les tarifs prohibitifs de nos vins, avait élevé ce droit jusqu'à 151 fr. 33 par hectolitre, c'est-à-dire environ 4 fois la valeur vénale de nos produits viticoles. Mais aujourd'hui que la Grande-Bretagne met sa législation en harmonie avec les doctrines économiques qu'elle enseigne ; aujourd'hui que le droit, pour toute l'Angleterre, ne dépasse pas celui de l'octroi de Paris, elle préférera, à coup sûr, nos excellents produits, à ceux qu'une fabrication grossière livre journellement à la consommation.

A un autre point de vue, si l'Angleterre a proclamé la liberté de commerce et appelé la réciprocité d'échange, c'est plus par nécessité ou intérêt, et par la position spéciale que lui a faite sa situation politique, que par conviction des principes de justice qui devraient dominer toutes les transactions humaines.

L'industrie multiplie ses produits et les perfectionne, proportionnellement à la demande qui lui en est faite par le commerce qui va les répandre ailleurs ; or,

9

depuis des siècles, la Grande-Bretagne s'est créé des débouchés dans le monde entier, et sa fabrication a pris une supériorité d'autant plus forte sur les produits industriels européens, que les marchandises qu'elle manufacture sont rendues moins chères que celles des autres nations, ou par un moindre intérêt de l'argent, ou par le bon marché du combustible qui est à fleur de sol, ou par des moyens plus prompts et plus économiques de fabrication; aussi est-il de son intérêt politique et social de rechercher la réciprocité d'échange, puisqu'elle peut livrer aux autres nations plus, mieux et à meilleur marché que ces diverses nations ne peuvent lui livrer à elle-même. Là est l'avantage anglais. — Mais pour rétablir l'équilibre de richesse entre les deux nations échangistes, il faut exporter contre les produits manufacturés importés, des produits indigènes superflus. Ceux-ci rendront à la France les capitaux que la livraison des produits manufacturés exotiques lui a enlevés. Or, parmi les produits indigènes que nous pouvons donner en échange, en est-il un qui réunisse les conditions favorables du vin, lui que l'Angleterre ne peut produire chez elle, et qu'elle ne peut demander, aussi remarquable par ses hautes qualités, ni à aucune de ses colonies, ni à aucune autre nation. N'est-ce pas encore le vin qui, aidé par le libre-échange, doit faire de notre commerce un des premiers commerces du monde, et donner à notre marine marchande, au moyen de l'exportation, le rôle élevé que notre position nationale a le droit de réclamer pour elle ?

Déjà, grâce à la rapidité des transports due aux chemins de fer, les contrées du Nord ne s'apperçoivent pas de la diversité des climats, et consomment, pendant que le Midi les produit, les primeurs en légumes et en fruits. — Que le vigneron des contrées favorisées sache se servir des mêmes avantages, et les vignes du Nord et de la Belgique disparaîtront devant le libre-échange qui abaisse les frontières entre les peuples, pour céder la place aux produits des vignobles de France; comme les vignes de la Normandie, de la Bretagne et de la Picardie ont disparu devant la Révolution de 89, qui a détruit les droits qui entravaient les communications de province à province, pour donner un libre accès, dans ces contrées, aux vins du Bordelais, de la Bourgogne, de la Champagne et de la Moselle.

Partout l'activité productrice et commerciale fait d'immenses efforts, et est parvenue à doubler, à tripler les produits et les revenus. — L'Italie songe aux débouchés de ses vins, et les envoie en Angleterre, en Amérique, dans le Japon, partout, pour les faire connaître et apprécier. L'Australie plante des vignobles et base sur eux les plus belles espérances. En Californie, une société s'est formée pour planter en vignes 2,000 hectares, et l'on compte sur un revenu annuel de 3,000 fr. par hectare. Jusqu'à l'Espagne qui devient laborieuse, qui donne une meilleure culture à ses vignes de Xérès, soigne mieux ses vins, et cherche pour leur écoulement de nouveaux débouchés. — Nous seuls dans le Sud-Ouest, abandonnons nos vignes à leur impulsion ; nous seuls, nous n'osons modifier leur culture séculaire ; nous seuls, n'avons rien fait pour secouer notre apathie et notre paresse, et user des débouchés qui s'ouvrent à nous de toutes parts.

Un propriétaire de l'arrondissement d'Orthez envoie, à l'exposition de Londres, des vins des Basses-Pyrénées qui y sont si appréciés, que, malgré le prix élevé de l'hectolitre, le commerce anglais lui en demande une quantité considérable. Le propriétaire initiateur n'a pas trouvé dans tout le pays le centième de la quantité demandée ; enfin, on sait que le 22 octobre 1862, les vins français se sont vendus à Londres à des prix si rémunérateurs, qu'il doit être établi par cette vente, que la question d'argent n'est qu'une question secondaire pour l'Angleterre, quand on lui livre des vins purs et de bonne qualité.

L'univers ne produit qu'une quantité si faible de vins, qu'il n'en revient à chacun de ses habitants qu'une fraction insignifiante ; et sur ces vins, l'Amérique du Sud, l'Algérie et les contrées à chaleur élevée ne peuvent produire que des qualités trop chargées d'alcools, qui ne parviendront jamais à avoir le moelleux et le parfum des vins français. — Ainsi, loin de chercher à arrêter le libre-échange, devrait-on favoriser son essor, et l'étendre à toutes les nations du globe ; devant lui, devant son fonctionnement régulier, s'arrêteront et se tairont toutes les appréhensions, toutes les plaintes qui se font encore entendre ; que le commerce soit libre comme la production, et bientôt s'équilibreront sans tarifs ni sans lois, les produits de toutes les nations, parce que les besoins, stimulant l'activité humaine, les répartiront partout et en nivelleront les prix.

§ III.

LE MORCELLEMENT.

Il y a une différence profonde qui sépare les tendances de l'industrie de celles de l'agriculture. La première s'avance sans cesse vers l'agglomération, et la réunion de toutes les forces dans un seul centre et sous une seule action, pendant que l'agriculture marche vers le morcellement. Pétri par la main des révolutions et les lois démocratiques, le sol français est aujourd'hui divisé en une multitude de propriétés individuelles, et cette révolution pacifique gagne chaque jour du terrain. Rien de plus favorable à l'extension et au perfectionnement de la viticulture que ce fait de morcellement que nous constatons, parce que la vigne a besoin de soins intéressés et presque affectueux que le propriétaire seul peut donner ; que ces soins doivent être de toutes les saisons, de tous les jours, de tous les moments; parce que, dans tous les pays vignobles, le petit propriétaire qui a son champ, son pré, sa vigne, donne à cette dernière son travail de prédilection ; parce que l'enfant du pauvre, encore impropre à tout autre travail, peut en toute saison s'utiliser au vignoble;

parce que le vigneron qui aujourd'hui travaille chez lui et qui demain sera journalier, donnera à ses vignes un meilleur travail qu'aux vignes des autres ; qu'il n'épargnera pas chez lui, comme il le fait chez les autres, ses forces et son temps, et qu'enfin, si une journée est favorable, c'est chez lui qu'il l'emploiera ; c'est chez lui, en un mot, qu'il jettera toute sa sollicitude ; c'est à ses vins qu'il donnera tous ses soins.

Cette division de la propriété est si favorable à l'extension des vignobles et à l'amélioration de leurs produits, que nous ne croyons pas sortir de notre sujet, en disant quelques mots pour la défense du morcellement, si attaqué aujourd'hui par quelques publicistes.

Ces écrivains, oubliant que la féodalité ne pèse plus sur le sol agricole, et que la terre est libre dans sa fécondité, voudraient sa soumission absolue aux grands financiers qui la régiraient comme un monopole ; ces financiers auraient pour auxiliaires, des agents qui dépendraient d'eux et qui, toujours en contact avec les paysans, qui leur devraient l'existence de chaque jour, pourraient à volonté accroître l'abrutissement des campagnes, selon les nécessités ou les entraînements du moment ; il ne s'agit de rien moins, d'après ce système, que de reconstituer l'esclavage au profit de la finance. — D'autres, sous le prétexte que la grande culture seule peut utiliser les machines, se livrer à de grands travaux d'irrigation, faire de la viande de boucherie et élever des chevaux, prétexte qui est loin d'être toujours vrai au point de vue de la production de la viande comme de l'élève des chevaux, voudraient organiser l'agriculture, réunir les petites propriétés en un faisceau qui subirait l'influence de la grande propriété, et composer ainsi un parti homogène et puissant. — Pour nous, l'agriculture ne peut être un parti, car elle est la nation toute entière. Elle ne doit relever que d'elle-même, et sa force doit être dans les tendances comme dans les institutions démocratiques de notre époque.

Depuis que, par le partage égal des biens entre les enfants d'une même famille, la loi, affranchissant la terre, l'a faite rentrer dans le droit commun, le paysan, laborieux et sobre, marche patiemment mais surement à la conquête du sol; un lopin de terre est pour lui le signe de l'affranchissement. — C'est dans ce lopin de terre que la démocratie française a pris naissance, qu'elle s'est développée, qu'elle a grandi, et aujourd'hui, pas de puissance qui pourrait l'en chasser. Le territoire de notre nation a été partagé entre plus de 8 millions d'habitants qui l'aiment, qui le labourent, et duquel ils vivent. — Là est la grande force de la France, parce que l'amour de la terre engendre l'amour de la patrie; que la trempe d'une nation est surtout dans les rapports qui existent entre la terre et ceux qui la possèdent; parce qu'il y a des sentiments particuliers attachés à la terre qui a nourri nos pères et qui nourrira nos enfants. — Là est l'avenir de la France, parce que le paysan, en ensemençant le sol qui lui appartient, n'y fait pas seulement germer l'existence et le bonheur de sa famille, qu'il y fait aussi fleurir la prospérité de la nation.

Par le morcellement, huit millions de propriétaires vivent en hommes libres ; et l'amour qu'ils portent à ce coin de terre qui est à eux, qui s'est incorporé en eux, est la meilleure digue à opposer à toute tentative impie qui voudrait détruire l'ordre social.

Sur la fin de son administration, Sully qui avait pressenti les immenses avantages du morcellement au point de vue de la production, aliénait le domaine de l'Etat par petits lots. En agissant ainsi, il atteignait deux buts de grande utilité ; d'abord, la concurrence élevait les prix des lopins de terre vendus ; ensuite, la possession territoriale fractionnée en mille mains, conduisait à des rendements considérables. Il avait compris qu'en agissant ainsi, il favorisait en même temps que l'agriculture, l'industrie et le commerce, qui ne peuvent avoir une prospérité durable, qu'en s'appuyant sur une culture rémunératrice et à produits élevés.

Aujourd'hui, la plus grande partie de l'empire appartient à la petite et à la moyenne culture ; et l'usage consacré de louer la terre par petites parcelles au travailleur, y joint journellement des portions considérables de la grande propriété. — Et en dehors de ces faits et de ces habitudes, en dehors de nos institutions dont la tendance est la division de la propriété, il y a encore certaines circonstances particulières qui, à notre époque, doivent fatalement conduire au même résultat.

Chaque possesseur d'un domaine étendu, qui a besoin d'argent et qui ne peut s'en procurer à défaut de crédit, ou qui veut se défaire de sa propriété qui est une entrave pour ses projets d'avenir ou d'ambition, cherche le moyen d'en retirer le plus haut prix possible ; et il est forcément conduit à la vente par parcelles et par petits lots, parce qu'il sait que ce mode de procéder répond à une nécessité impérieuse du travailleur et du prolétaire ; à un besoin de position auquel ce dernier doit surtout satisfaire, celui d'avoir un travail assuré, qui garantira sa vie et celle de sa famille. Car, ce qu'il faut avant tout au paysan, c'est du travail, du travail rémunérateur ; ce qu'il lui faut, c'est la vie, garantie par ce travail ; aussi va-t-il sans cesse la demander aux lambeaux des grandes propriétés, au prix des plus grandes privations comme au prix de tout l'argent qu'a sué son corps ; ce qu'il faut au travailleur, c'est s'affranchir de toutes les servitudes qui enchaînent son existence et sa liberté ; et pour assurer son affranchissement, il marche toujours en avant, armé de sa pioche ; et rien ne l'arrête, ni le labeur, ni la fatigue, ni le temps, ni les sacrifices d'argent, ni la privation du bien-être. — Il sait trop bien que le grand propriétaire, s'il y trouve un bénéfice, emploie des machines qui remplacent les bras ; et que l'hiver, alors que l'atelier des champs est fermé pour tous, il renvoie les bouches inutiles. Il sait que le propriétaire, en face de beaucoup d'ouvriers qui demandent du travail, achète au rabais leur coopération, s'occupant peu de fixer le salaire proportionnellement à la valeur du travail et au bénéfice qu'il en retire. — En tout ceci, nous ne raisonnons pas, nous citons des exemples qui sont partout. — La grande propriété se démembre et s'éparpille, parce que d'un côté le propriétaire pour satisfaire à des besoins de

position, d'ambition ou de vanité, la vend dans des
conditions qui doivent lui en fournir le prix le plus
élevé; de l'autre, parce que le paysan préfère làbourer
son champ que le champ d'autrui, qu'il préfère être la
tête qui dirige, que le bras qui exécute; parce qu'il
sait aujourd'hui que la terre seule peut lui donner l'indépendance, le relever et l'annoblir, pendant qu'elle
assurera la vie de sa famille. Et voilà la principale
cause puisée dans l'organisation sociale actuelle, qui
pousse au morcellemeut de la grande propriété.

Enfin, un ouvrier, un domestique rural, met
facilement de côté 120 ou 150 fr. par an; ce qui,
au bout de 6 ou 8 ans, forme un petit pécule qui lui
permet d'acheter un peu de terre. Bientôt, le travail
lui procure les fonds nécessaires pour édifier une ca-
bane. Il se marie alors; il devient père; et, avec le
bonheur et le travail assurés, il sert *tout simplement*
les intérêts bien entendus de sa petite famille et de
la société. — Voilà l'un des avantages du morcellement, avantage qui devient d'autant plus évident,
qu'on rapproche davantage ce qui précède, de ce qui
serait arrivé, si le paysan, ne pouvant pas acheter ce
lopin de terre, eût placé son argent à la caisse d'épargne ou ailleurs. Tôt ou tard, sa petite fortune se serait
perdue dans l'Océan Urbain; et alors, plus de mariage,
plus de famille, plus d'intérêts généraux toujours servis
par les intérêts particuliers, — Mais le grand propriétaire, mais le citadin qui veut faire sur sa propriété de
l'agriculture pendant ses heures de villégiature, mais le
bourgeois enrichi se plaignent de la rareté de la main-

d'œuvre.... La main-d'œuvre n'est guère plus rare aujourd'hui qu'elle ne l'était il y a quelques années. Seulement, le paysan a acheté un petit terrain ; puis il l'a étendu, et ses bras s'occupent de préférence sur son fonds que sur celui d'autrui. — Qui peut dire que l'intérêt général n'a pas profité de cet achat, et que la fortune publique ne s'en est pas accrue ?

Dans le morcellement gît la force et l'avenir de l'agriculture française, et pour nous convaincre de cette vérité, nous n'avons qu'à jeter un regard sur ce qui arrive à la grande propriété, lorsqu'elle tombe par fragments entre les mains des travailleurs. Chaque lopin de terre reçoit la culture qui lui est propre, avec des soins qui en doublent les produits. Ce qui était stérile se fertilise ; tout renaît à l'abondance et à la vie.

On a cependant avancé que la grande division du sol était la cause de l'infériorité de notre agriculture nationale. Et d'abord, nous nions cette infériorité ; mais, même en l'admettant, il est certain qu'à l'étranger comme en France, l'agriculture n'est florissante que dans les contrées où la propriété est très-morcelée. Les départements du Haut-Rhin et du Bas-Rhin, de la Meurthe et de la Moselle, comme la Belgique et les provinces Rhénales qui sont à l'avant-garde de l'agriculture européenne, sont les contrées où la terre est la plus divisée, celles où sa propriété repose sur un plus grand nombre de têtes. La Suisse où la petite culture est générale, est aussi le pays où l'on obtient les produits les plus élevés. — Le morcellement donne une plus grande valeur aux terrains, et cela n'a lieu, que parce

que la production er. est accrue. La petite propriété a
des moyens de production qui lui donnent la supériorité sur la grande culture, et les statistiques officielles
affirment cette vérité, et l'asseoient sur des bases si certaines qu'il devient oiseux d'insister sur cette question.
— Si le contraire avait lieu, si, comme on l'avance, la
petite culture avait pour conséquence une diminution
de fécondité et de richesse, la libre action des intérêts
privés corrigerait ce défaut, et loin de désunir et de
désagréger, elle tendrait à réunir et à grouper.

C'est le petit propriétaire qui est le grand producteur.
Et la petite propriété s'étendrait encore que nous y
verrions une chance nouvelle de prospérité pour le
pays. Les exemples cités sont concluants, et ne peuvent
être amoindris par les rapprochements qu'on fait sans
cesse de l'Allemagne et de l'Angleterre. — Et d'abord,
outre que les rapports économiques de ces nations sont
essentiellement opposés à ceux de la France, au point
de vue politique et social, une immense distance les
sépare de nous, qui n'avons pas, comme la première,
les corvéables du delà du Rhin, ni comme la seconde,
la taxe des pauvres. — L'Angleterre est sans cesse citée
pour les avantages de la grande culture, et cependant
son histoire agricole est pleine de faits qui viennent
appuyer les avantages du morcellement ! Nous n'en
citerons qu'un. Le duc de Sutherland, qui possède dans
les montagnes de l'Ecosse des propriétés si étendues,
qu'elles constituent presque un gouvernement, s'ima-
gina, il y a quelques années, qu'il en retirerait un plus
grand profit, s'il y établissait des moutons et s'il en

chassait les hommes. Il établit des fermes de distance
en distance, les garnit de moutons, et bientôt des voies
ferrées mirent ces fermes en communication avec les
grands centres de consommation. Pendant l'hiver, les
moutons étaient nourris avec des turneps fournis en
abondance par quelques vallées fertiles ; pendant l'été,
ils trouvaient leur alimentation sur les pâturages des
montagnes. Quand tout fut ainsi réglé, le duc finit par
s'apercevoir, à la diminution des revenus, qu'il avait
commis une grande faute. Il voulut alors diviser ses
immenses propriétés en petites fermes. Mais les fermiers
avaient disparu ; et l'offre même gratuite pendant plusieurs années de ces fermes ne les fit pas revenir. Quelle
fut la conséquence de ce fait désastreux ? — Souffrance
de l'intérêt privé ; atteinte grave portée à l'intérêt général qui ne trouva plus pour ses armées les recrues
que les populations lui fournissaient, ni les denrées que
leur travail livrait à la consommation ; enfin, atteinte
plus grave encore portée à l'industrie de la nation, qui,
avait vu tarir la source où elle allait chercher sa main-
d'œuvre, au moment même où toutes les nations en-
traient en concurrence avec elle, et lui contestaient une
supériorité.

Outre les avantages que nous venons de signaler, le
morcellement seul peut défricher les landes et les terres
vagues qui déshonorent encore la France. Or, le but
de tout état social étant de nourrir sur une surface
donnée le plus grand nombre d'habitants possible, le
morcellement aide à ce but ; qu'on vende par parcelles
les terrains communaux incultes, et bientôt tout va

changer d'aspect et fleurir ; et quand le trop plein de population se fera sentir, les vieilles ruches feront des essaims, qui se répandront partout où la nature inactive demande des bras ; dans les landes, dans les marais du centre de la France, dans l'Algérie, dans toutes nos autres colonies enfin.

En un mot, le morcellement pousse à la colonisation et au défrichement des terrains infertiles ; il est plus rémunérateur en soi que la grande culture, et donne surtout un produit brut beaucoup plus élevé. Il convient mieux à la diversité de nature de notre sol comme à la diversité de nos principales cultures ; il est plus conforme au génie national comme à nos lois et à nos institutions, qu'il aide puissamment, en réduisant le nombre de ceux qui vivent des autres. Enfin, en assurant le bien-être de plus de travailleurs, il crée la famille ; et en donnant à cette famille un foyer, il crée la moralité publique.

Si l'on veut reconnaître que cette grande question du morcellement n'est pas seulement une question d'économie politique ; qu'elle intéresse et embrasse tout l'édifice social, depuis la base jusqu'au faîte, on sera forcé d'applaudir avec reconnaissance aux lois comme aux institutions, qui nous ont conduits aux résultats obtenus jusqu'à nos jours.

Et en admettant qu'à un point de vue quelconque, la grande culture ait une supériorité sur la petite, c'est à l'association qu'on doit recourir pour établir le niveau entre les deux ; par l'association, la terre doit donner à l'intérêt privé comme à l'intérêt général, tout ce qu'elle peut donner. « Est-ce un rêve absurde, disait Rossy, que d'imaginer un système d'association des petits propriétaires, dans le but d'appliquer à leurs terres le systéme de la grande culture ? »

§ IV.

L'ASSOCIATION.

Bacon a dit : « Que celui qui rejette les remèdes nouveaux s'attende à des calamités nouvelles. » C'est aussi l'association sur les bases les plus larges, qui renferme la solution de presque toutes les difficultés agricoles.

A côté du morcellement qui fractionne et sépare, il faut l'association qui rapproche et réunit. En agglomérant les divers éléments, qui isolés étaient impuissants, elle leur donne une force qui se puise dans le faisceau qu'elle a formé ; en dirigeant les efforts de chacun vers un but commun, elle fusionne et fond dans un seul intérêt tous les intérêts, dans une seule volonté toutes les volontés.

Au point de vue plus spécialement viticole, pour jouir de tous les bienfaits qui nous sont réservés par le libre-échange, pour pouvoir accroître la consommation intérieure, et assurer ainsi un débouché certain aux produits de la vigne, pour améliorer la qualité et augmenter la quantité de nos vins, tout en diminuant le prix de revient, quel aide plus puissant que l'association ?

L'idée d'association s'est emparée de notre époque. Elle la caractérise, elle la domine, et, en agriculture, nous la voyons agiter tous les cœurs, remuer tous les esprits, et se traduire en sociétés, en congrès, en comices. On a enfin compris qu'une association seule pouvait entreprendre et poursuivre quelque chose d'utile ; qu'elle avait une durée plus longue que celle d'un homme, et que ses regards se portaient plus haut et plus loin.

Mais les campagnes du sud-ouest, plongées dans l'ignorance ou éloignées de tout mouvement progressif, n'ont pu songer à la force qu'elles trouveraient dans l'association. Ce serait aux sociétés d'agriculture, aux comices à appeler dans leur sein ces masses ignorantes pour les éclairer, pour vaincre leurs préjugés, pour calmer leurs inquiétudes, pour leur apprendre à s'associer, et leur montrer qu'en s'associant, l'intérêt privé naît toujours de l'intérêt général. Ces sociétés, ces comices trouveraient dans la mission qu'ils accompliraient ainsi les éléments vitaux qui manquent à la plupart. Car les réunions agronomiques de presque tout le sud-ouest ne seront réellement viables, que lorsqu'elles formeront de véritables assemblées du peuple des campagnes : lorsque maitres, ouvriers, vignerons et métayers, tous unis dans une seule pensée comme dans un seul intérêt, aborderont et traiteront librement les grandes questions d'utilité générale qui ne peuvent être résolues que par tous.

Les exemples des associations qui feraient prospérer la viticulture abondent : elles sont partout et peuvent prendre mille formes différentes. La Suisse nous montre ses associations de bergeries, de laiteries, de fruiteries qui embrassent des villages entiers ; les communes vaudoises ont chacune d'elles un four banal, une forge, un pressoir commun. Pour un prix déterminé d'avance, le fournier fait cuire le pain pour tout le village; un seul forgeron construit ou répare les instruments de travail dans des conditions à peu près identiques, et le pressoir presse tous les vins. Des sociétés agricoles, des comices ont des inspecteurs communs qui, possédant toutes les connaissances nécessaires, surveillent et font exécuter les travaux dans toutes les vignes.

Dans ces cantons, dans ceux de Genève, l'association contre l'incendie est mutuelle et obligatoire, et c'est l'Etat qui en règle l'administration. Dans toute l'Allemagne, des associations agronomiques mettent tous les agriculteurs, grands ou petits, à même de connaître les succès ou les revers de toutes les cultures dans des circonstances données, et les initient à la marche et au progrès de l'agriculture, par la publication de journaux, de brochures, de livres qui vont trouver le propriétaire riche comme le paysan pauvre, moyennant une faible rétribution annuelle.

Comme dans ces contrées, l'association viticole aurait pour but dans le sud-ouest, d'accroître le bénéfice en diminuant les frais de production, de faire naître des débouchés, et de supprimer ainsi tout intermédiaire, tout parasite entre le producteur et le consommateur.

10

Par l'association, toute rivalité disparaîtrait entre les vignobles, excepté celle de bien faire, et une solidarité étroite s'établirait entre les intérêts du commerce et les intérêts des vignerons.

Mais en face du paysan routinier et ignorant de nos contrées qui se laisse encore diriger par le précepte : « Chacun chez soi, chacun pour soi », l'association ne pourra se généraliser, nous le croyons, que sous le patronage d'une administration centrale, généreuse et bienveillante, qui, lui donnant la première impulsion et dirigeant ses premiers pas, la soutiendra de ses exemples, de ses conseils et de ses fonds, jusqu'au moment où, grandie, elle l'affranchira insensiblement et lui apprendra à marcher seule. Nous croyons que là est, pour nos contrées arriérées, la meilleure méthode à suivre pour hâter le progrès ; quoique, en principe, comme en application, partout ailleurs, nous ne soyons partisans que de l'association libre et indépendante, n'ayant besoin d'aucun patronage, ne relevant de personne, et trouvant son origine comme sa force dans l'initiative individuelle.

A l'appui de cette nécessité de l'association on doit citer les paroles du prince Napoléon, qui s'exprime ainsi : « Je voudrais voir les citoyens, cessant de compter sur l'intervention et les faveurs de l'Etat, mettre un légitime orgueil à se suffire à eux-mêmes, et fonder sur leur propre énergie et sur la force de l'opinion publique, le succès de leurs entreprises. J'ose dire que, si, à notre unité politique, source de notre puissance, objet d'admiration et souvent de crainte pour nos voisins, nous savions joindre cette force qui nait du concours spontané des individus et des associations libres, notre patrie verrait s'accomplir les grandes destinées prévues par les citoyens illustres de 1789. »

Qu'on songe à cette armée puissante et dévouée des agriculteurs. Qu'on mette à la portée des paysans les instruments et les idées, qui leur permettront de développer leur esprit d'industrie, et le temps perdu sera vite réparé. Qu'on leur fasse comprendre les avantages de l'association. Qu'on montre au prolétaire, à l'ouvrier que par l'association le premier de tous les capitaux, c'est le travail, et qu'avec de faibles épargnes, avec des bras, avec du courage, il peut arriver à l'aisance; et notre agriculture n'aura rien à envier à celle d'aucune autre nation.

Pour qu'une culture mérite d'être soutenue et aidée dans ses progrès, il ne suffit pas que cette culture serve à l'intérêt général. Il faut encore que presque toutes les classes, comme l'État lui-même, trouvent des avantages ou des bénéfices à sa généralisation, et qu'elle paie aussi chèrement que possible la plus grande somme de travaux possible. Or, la viticulture satisfait à ces diverses exigences de la manière la plus absolue. Par la culture de la vigne, le travailleur doit être dans une aisance relative, parce qu'elle peut donner des prix élevés à la main-d'œuvre, parce que son vaste et permanent chantier est ouvert à l'ouvrier pendant l'hiver comme pendant l'été, et qu'il ne peut connaître de chaumages. Dans la zône pyrénéenne surtout, elle doit

accroître le salaire, de façon à le porter à un niveau
rémunérateur, parce qu'avec de légères modifications
dans les procédés employés jusqu'à ce jour, elle doit
renverser la proportion existant dans le passé entre les
dépenses et les produits, et élever ces derniers d'une
façon très-sensible. Là, encore, elle peut paralyser
cette tendance menaçante pour la société, qui jette la
campagne à la ville; elle doit retenir l'ouvrier au village qu'il ne quittera plus, parce que son travail y
trouvera sa véritable place et son juste salaire. A-t-il
jamais manqué des bras aux grandes entreprises qui
payaient chèrement l'ouvrier ? — La vigne aide puissamment à la richesse publique : par le salaire élevé, elle
crée le travail ; par le travail, la production ; par la
production, elle crée des industries et alimente le commerce ; par la production encore, elle accroît le bien-
être général, en satisfaisant les besoins de tous ; et elle
assure ainsi la moralité des masses, qui est la suite inévitable des besoins satisfaits. Et pendant qu'elle répand
tous ces bienfaits, elle fournit à la nation une denrée
alimentaire aussi salutaire pour le corps que pour l'intelligence.

Aussi, le Gouvernement, dans sa sollicitude pour
les classes ouvrières, comme dans un intérêt général,
doit-il la plus grande protection, les plus grands en-
couragements à la culture de la vigne et à son extension, soit qu'il considère le vin comme objet de consommation intérieure ou d'exportation, soit qu'il le considère comme source de l'impôt le plus productif.

Le XIXᵉ siècle a pour devise, le progrès pour tous

dans l'ordre moral et intellectuel comme dans l'ordre matériel; et l'Etat doit aider à l'affranchissement progressif de nos campagnes, en leur donnant les capitaux nécessaires pour féconder la terre, au moyen du crédit organisé sur de larges bases, ou en protégeant et encourageant les associations qui fourniront ce capital. Il doit tendre, en favorisant l'émission du capital, à vivifier le travail, qui seul peut rompre les liens de la pauvreté, et la conduire à la liberté. Enfin tous ces bienfaits n'auraient pas de conséquences salutaires, si, par l'instruction généralisée, il ne créait l'intelligence qui garantira un judicieux emploi du capital. — L'association de ces trois forces, capital, intelligence et travail, peut seule nous aider à vaincre toutes les difficultés, comme à résoudre tous les problèmes de l'avenir. — Et quel aide puissant cette association ne va-t-elle pas trouver dans la vigne, dans ses produits si rémunérateurs, dans le feu que doit le vin au sourire de notre soleil, et qui viendra réchauffer le cœur des populations augmentées et enrichies par le travail national.

DEUXIÈME PARTIE

CULTURE DE LA VIGNE DANS LE SUD-OUEST

CHAPITRE PREMIER

CONSIDÉRATIONS GÉNÉRALES

---

§ Ier.

LA VIGNE ET SA PHYSIOLOGIE.

En abordant la partie plus spécialement technique de
ce travail, celle qui doit présenter des règles et des
préceptes, dont l'application peut avoir, je le crois du
moins, des conséquences immenses pour le sud-ouest,
je me suis inspiré des sentiments qui doivent animer
celui qui s'impose la tâche d'aider, dans la mesure de
ses forces, au progrès d'un pays. J'ai fait tous mes
efforts pour être clair et simple, et ne pas devenir l'esclave d'une opinion arrêtée d'avance, ni l'admirateur
aveugle ou d'un système ou d'un homme; enfin, ne
poursuivant que le vrai et l'utile, je n'ai eu qu'une
préoccupation, une crainte, celle de me tromper moi-
même, ou d'adopter les erreurs des autres. J'ai pensé

qu'un des meilleurs moyens de vaincre les préjugés invétérés de nos contrées qui s'opposent à ses progrès, était de prêcher d'exemple, comme on dit, et j'ai pratiqué sur une assez grande échelle les méthodes que je viens exposer : non pas que je croie que cela suffise pour détruire des habitudes surannées ; je sais que les faits les plus évidents, dans les commencements surtout, font peu contr'elles ; que c'est au temps seul à les vaincre. Enfin, autant que je l'ai pu, je n'ai jamais séparé la théorie de la pratique, c'est-à-dire le principe de l'expérience, ces deux colonnes sur lesquelles tout s'appuie dans l'économie rurale.

En viticulture surtout, la pratique fait jaillir l'étincelle ; et, c'est la théorie qui la recueille ; celle-ci alors recherche, s'efforce de découvrir les causes, et quand elle ne le peut pas, elle formule du moins des règles pour les cas identiques ; mais c'est toujours à la pratique qu'il appartient de résoudre définitivement les questions.

Si la pensée s'arrête sur les moyens de prospérité qui appartiennent à la France, on voit que les produits de la vigne occupent le second rang dans l'échelle de ses richesses agricoles, et que sa culture si féconde ne trouverait plus une rivale dans celle du blé, si l'on lui consacrait avec les capitaux et les connaissances nécessaires, les terrains si étendus, impropres à toute autre production, qui couvrent une si grande partie de son territoire.

Sur ses collines, sur ses coteaux granitiques, ou calcaires, dans ses sables les plus arides comme dans ses landes, sans rien enlever à ses céréales ni à ses fourrages, la France peut élever dans une immense proportion la vigne, cette plante précieuse, qui, non-seulement, fournit à ses habitants une boisson agréable et hygiénique, mais qui, après avoir donné naissance au commerce d'exportation le plus considérable qu'il y ait au monde, l'alimente et le fait vivre.

A tous les points de vue, la vigne est providentielle pour notre nation; elle occupe plus de dix millions d'habitants; elle donne un produit brut de plus de deux milliards; elle paie plus de deux cents millions à l'Etat; elle représente plus de quinze milliards de capital; enfin, elle favorise le développement de notre marine marchande, dont la force réagit de son côté sur les moyens offensifs et défensifs du pays. Alors que, les progrès agissants, on en sera arrivé à comprendre toute l'importance de sa culture, on rendra à la vigne en France le rang qui lui est dû, c'est-à-dire le premier. Ses produits ne sont-ils pas offerts aux hommes sous mille formes différentes? et ses bienfaits ne sont-ils pas journaliers dans l'économie vitale? Son fruit parvenu à sa complète maturité est un des meilleurs et des plus salubres aliments que la terre nous fournit. Dans l'Allemagne, dans la Suisse, en Hongrie, on lui attribue des vertus curatives, et il y est considéré comme un remède efficace pour certaines maladies; ce même fruit, sous l'action d'une lente et soigneuse dessiccation, se conserve longtemps en gardant ses qualités élevées, et peut être transporté dans les pays les plus éloignés. Le jus du raisin est une liqueur délicieuse, si bien appropriée

à la constitution de l'homme, qu'il était employé dans
l'antiquité pour soumettre des nations invincibles, e
que son usage modéré est un moyen certain de maintenir et de prolonger la santé, la vigueur et la force.
C'est de la vigne qu'on retire, par la distillation, l'eau-
de-vie, l'alcool: et, sous cette forme, combien n'est-
elle pas indispensable à tous les usages de la vie,
et quels services ne rend-elle pas aux arts! C'est elle
encore qui nous fournit le vinaigre, ce produit de la
seconde fermentation du vin, qu'on appelle la fermentation acéteuse. Enfin, la feuille de vigne est une excellente nourriture pour le bétail : l'expérience a été faite,
et il est de principe aujourd'hui que 121 kilos de feuilles
de vigne avec 73 kilos de paille de froment, forment
le juste équivalent de 100 kilos de bon foin de prairie
bien fané et bien rentré.

Spécialement pour le sud-ouest, les avantages que la
vigne peut donner doivent prendre un développement
de plus en plus considérable, parce que nos vins
sont appelés à se répandre dans le monde entier
sans rencontrer de rivaux, en ce qui regarde leurs
qualités essentielles. Aussi, la culture de la vigne
dans cette région doit-elle constituer une ressource à
laquelle on ne pouvait avoir recours, alors que les
communications entre nations étaient restreintes. Mais
maintenant que les barrières sont abaissées, dans
notre siècle de navigation à vapeur et de chemins de fer,
la spécialisation doit prendre un souverain empire ; que
le sud-ouest sache se servir des qualités spéciales de
son terrain et de son climat, et pas une autre contrée

au monde ne pourra lui contester la supériorité de ses vins. . . .

La vigne est une plante sarmenteuse et vagabonde, qui aime l'air, le soleil et l'espace, qui s'élance vers tous les points d'appui où elle se suspend avec ses vrilles, qui monte jusqu'au sommet des arbres les plus élevés, pour en descendre en festons; qui embrasse tous les végétaux qu'elle rencontre, et qui les étouffe souvent dans ses embrassements. D'après l'expression si pleine de mouvement du docteur Guyot « sur les ro-chers, sur les arbres, contre les murs, courant sur terre, rampant sous terre, sauvage ou disciplinée, libre ou torturée, la vigne vit partout et résiste à tout, pourvu qu'elle ait sa part strictement nécessaire de sol, de nourriture, d'air et de soleil. » Livrée à elle-même, elle prend des proportions immenses qu'on ne peut com-prendre par l'état où l'a réduite la culture que nous lui imposons.

La durée de la vigne est presque illimitée; et sa tige qui acquiert une grande densité, fournit l'un des bois les plus durs, auquel l'art du tourneur peut donner une valeur considérable de luxe ou de première néces-sité. Un plant de vigne livré à lui-même, placé dans un sol et sous un ciel qui lui conviennent, prend un vo-lume énorme, et parvient à la plus étonnante longévité. Strabon mentionne, sous Auguste, des ceps d'une grosseur telle, que deux hommes pouvaient à peine en embrasser la tige. Pline nous dit qu'il y avait à *Popu-lonium* une statue de Jupiter faite d'un seul cep de vigne ; le même nous apprend encore que c'est la vigne qui avait fourni les colonnes qui soutenaient le temple de Junon à Marseille , et la charpente du temple de Diane à Ephèse ; enfin , nous savons que les grandes portes de la cathédrale de Ravenne, sont faites avec du bois de vigne, dont les planches ont plus de 4 mètres de hauteur sur trois à quatre décimètres de largeur.

Chardin, visitant le Caucase en 1672 , raconte que les vignes y montent jusqu'à la cîme des plus grands arbres, et que, taillées tous les cinq ans, elles y produisent d'énormes quantités de raisins excellents ; tout le monde aussi a entendu mentionner le cep de vigne de Hampton-Court en Angleterre qui, seul, occupe une très-vaste serre et qui, en 1862, donnait plus de 1200 belles et excellentes grappes de raisin.... Combien ne trouve-t-on pas encore de vignes très-vieilles et produisant beaucoup , dont l'abondance et la longévité semblent braver la culture et le temps. Carrière nous dit qu' « il y avait à Pise, dans un endroit du Jardin des Plantes, un cep de vigne dont l'âge n'était point connu, qui mesurait 1 m. 60 de circonférence. Victor Jacquemont, en parcourant le royaume de Cachemire , a remarqué des vignes dont le tronc mesurait 0,65 de circonférence ; M. Bertelot, en 1832, près du col de Tende , vit un cep de vigne dont la circonférence du tronc était de 1 m. 38. » A Oran, on a trouvé une vigne qui s'étendait sur 120 mètres carrés et qui donnait plus de 1000 kilos de raisins par an. A Castellane (Basses-Alpes), existe un cep qui se divise en quatre branches, chacune de la grosseur d'un homme ; il jette ses pampres vigoureux sur tous les arbres voisins, et porte annuellement jusqu'à dix-huit quintaux de raisins.

Devant ces faits de vigueur et d'abondance, pourquoi mutiler cette plante en la soumettant à une taille trop courte, en lui imposant un mode irraisonné de culture? Pourquoi ne pas lui faciliter au contraire l'expansion de cette exhubérence qui lui assurerait une longue exis- tence, tout en donnant aux vignerons d'énormes pro- duits ? Qu'on ne craigne donc plus d'épuiser la vigne en la chargeant trop ; qu'on soit convaincu que c'est en la taillant trop court, qu'on provoque de sa part des réactions contre sa nature qui affaiblissent d'abord, pour tuer ensuite le système radiculaire. Il faut que la vigne soit bien vivace, et trouve dans sa robuste rusticité d'é- nergiques ressources, pour lutter pendant 60 années contre le traitement qu'on lui applique, et ne pas mou- rir des meurtrissures et des mutilations répétées qu'on lui fait subir. Quel est l'arbre, dans nos bois ou dans nos jardins, qui, traité comme elle, pourrait seulement survivre 10 ans?

Jusqu'au commencement du XIXᵉ siècle, les auteurs qui se sont occupés de la vigne, ont fait de très-utiles recherches sur cette culture; ils ont indiqué les routes générales qu'elle doit suivre, et fixant les principaux caractères qui constituent la personnalité de cette plante, ils ont tracé les meilleurs moyens connus de sa propa- gation en France. Mais là s'arrêtaient leurs recherches, et ils n'essayaient pas d'expliquer comment la vigne vit et prospère, comment se combinent les matériaux

qui la composent, comment, enfin, ses organes exécutent
les diverses opérations au moyen desquelles ils empruntent à la terre, ou à l'atmosphère, les éléments propres
à sa nutrition, pour les transformer d'abord en bois, puis
en fleurs, puis en fruits.

Aujourd'hui la science est venue éclairer ce qu'il y
avait d'obscur dans le passé de la vigne.

La physiologie a recherché et découvert les causes qui
président à la vie de cet arbrisseau ; elle a apprécié
l'influence du milieu dans lequel la plante respire et
se nourrit. En un mot, elle nous a appris les lois de
son existence, de sa reproduction et de sa mort.

Elle nous a fait connaître les différentes propriétés de
ses organes, et leur manière de se comporter dans
l'économie végétale ; enfin, elle nous a mis à même de
nous approprier les trésors que la vigne peut prodiguer,
en appliquant à chaque espèce dont nous aurons reconnu
l'utilité, le mode de culture le plus convenable à la
nature du produit que nous désirons en obtenir.

Nous ne nous étendrons pas sur la physiologie végétale de la vigne ; nous ne nous occuperons ici
que de quelques principes trop méconnus sur les racines
et les feuilles, et le rôle qu'elles jouent dans la végétation. Pour les autres lois physiologiques, on les trouvera dans les chapitres qui traitent des diverses cultures
auxquelles elles sont spécialement applicables.

Pour caractériser les fonctions des racines et des
feuilles, le docteur Jules Guyot s'exprime ainsi :

« Chacun sait que la vigne, comme toutes les autres
» plantes dicotylédones, végète en longueur, et s'accroît

» en épaisseur par deux sortes de sève : l'une, aspirée
» par les spongioles des racines, monte par les cou-
» ches ligneuses intérieures à la tige jusqu'à l'extré-
» mité des rameaux, pénètre, en s'élevant dans chaque
» bouton, dans chaque feuille, en passant par son
» pétiole, ses nervures, ses veines, pour se diviser
» dans le parenchime, comme le sang des animaux
» arrive aux cellules pulmonaires : là, cette première
» sève est élaborée et combinée avec les gaz et les
» vapeurs de l'atmosphère que les feuilles ont la faculté
» d'absorber par une sorte d'aspiration et d'expurger
» par une sorte d'exhalation respiratoire, double fonc-
» tion dont la lumière, la chaleur et l'électricité sont
» les principaux stimulants.

» La sève, ainsi transformée dans les feuilles par les
» actes d'aspiration des éléments utiles et d'exhalation
» des matières inutiles, est devenue la substance vé-
» gétale coulante : elle redescend par d'autres vaisseaux
» des veines, des nervures du pétiole, et, de là, elle
» glisse entre l'écorce et le bois, le long des rameaux,
» des branches, de la tige et des racines jusqu'à leur
» extrémité, pour laisser sur toutes ces parties du vé-
» gétal une couche visqueuse plus ou moins épaisse,
» qui s'y concrète et augmente ainsi leur épaisseur et
» leur force ligneuse.

» La sève absorbée par les racines et aspirée par
» les feuilles se nomme *sève ascendante*, et lorsqu'elle
» a subi sa transformation dans les feuilles, elle prend
» le nom de *sève descendante* ou de *Cambium*.

» Les spongioles, ou les extrémités du chevelu des

11

» racines d'une part, et les feuilles d'autre part, sont
» donc les deux appareils d'organes essentiels à la vie
» et à l'accroissement des végétaux. Ces organes sont
» essentiels aussi à la reproduction des plantes, c'est-
» à-dire à leur fructification, mais dans des conditions
» différentes. »

Comme on le voit, les fonctions des feuilles de la vigne sont très-importantes et très-étendues. Elles sont pendant le jour des organes excrétoires, et débarrassent le cep, par la transpiration, d'un liquide inutile ou surabondant, et, pendant la nuit, elles aspirent, par leurs mille petites bouches, l'humidité et les gaz répandus dans l'atmosphère. Elles ont aussi pour mission d'introduire l'air dans toutes les parties de la plante, et l'air agit sur la sève comme sur la masse de notre sang, quand nous l'avons respiré.

Les feuilles sont tellement nécessaires à la nutrition de la plante, elles concourent d'une manière si directe à la maturité du fruit, que si un soleil trop brûlant les étiole ou les dessèche, le raisin se fâne et la vigne languit pendant le reste de l'année ; souvent même elle ne survivra pas à cet accident ; et l'expérience a été faite de l'effeuillement complet d'une vigne qui, lorsqu'elle avait subi ce traitement, non-seulement ne conduisait plus ses fruits à maturité, mais présentait bien vite tous les signes d'une mort prochaine.

Les feuilles sont donc les organes de la vigne qui concourent le plus énergiquement à la vie végétale.

Théodore de Saussure, dans ses études sur la végétation, a cru pouvoir évaluer aux 19/20 la proportion

d'éléments végétaux que les plantes tirent de l'atmosphère ; et Boussingault, dans ses admirables recherches,
a établi, comme fait scientifique aujourd'hui incontestable, que les agents de cette absorption sont les feuilles ;
qu'elles seules sont organisées pour cette fonction ;
qu'elles sont comme des racines aériennes qui puisent,
selon les besoins et les affinités, dans le milieu qui
les enveloppe, les éléments essentiels à la plante.

Pendant que les feuilles élaborent et fournissent la
plus grande partie des principes indispensables à la nutrition et à l'assimilation végétale, les racines puisent
dans le sol les principes vitaux qu'il renferme. Les racines ont une faculté attractive avec laquelle elles appellent dans toutes les parties de la plante, par leurs
extrémités percées, l'eau saturée de sels divers qui
deviendront le premier élément nutritif ; là serait donc
le principe de vie. Mais nous devons le répéter, les
racines n'empruntent au sol qu'une faible partie des
éléments dont se compose le végétal, et elles ne peuvent
les lui transmettre qu'avec l'aide de l'eau qui les tient
en dissolution.

Ces principes posés par la science se trouvent établis et
justifiés par la pratique. Lorsque l'on fait sur une tige
d'arbre une incision annulaire, et qu'on enlève l'anneau
d'écorce, le bourrelet, produit par la sève descendante,
la sève des feuilles, est dix fois plus fort que celui
formé par la sève ascendante, la sève des racines. Ce fait
vient donc certifier que la plus grande partie de la masse
des substances nécessaires à l'accroissement d'un végétal,
est introduite dans la plante par d'autres organes que

les racines, et que ces organes sont et ne peuvent être que les feuilles.

§ II.

CLIMAT.

Il est un principe incontestable, c'est que toute plante exige pour son développement complet une somme donnée de température. Si elle vient à lui manquer en partie, elle n'accomplit pas toutes les phases de sa vie végétale, et s'arrête plus ou moins loin du but final indiqué par la nature, suivant que cette somme de chaleur lui a plus ou moins fait défaut. Ainsi, la vigne qui mûrit son fruit à Fontainebleau, ne le mûrit pas à Londres, par la raison que, dans cette dernière ville, la température moyenne est inférieure d'un degré centigrade à celle de Fontainebleau, et qu'elle n'atteint pas la limite nécessaire pour la maturation du raisin. La culture perfectionnée a bien pu introduire un végétal, dans une contrée autre que celle pour laquelle la nature l'avait créé ; mais ce sont là des résultats qui demandent beaucoup d'études et de temps, et qui ne peuvent être économiquement obtenus en grande culture.

Il ne suffit pas de trouver dans la contrée où l'on veut élever économiquement une plante qui lui est étrangère, une température moyenne à peu près égale à celle de la patrie de cette plante; il faut aussi que la chaleur y soit distribuée d'une manière analogue; l'Angleterre va encore nous fournir un exemple de cette vérité. Londres a une température moyenne beaucoup plus élevée que celle d'Astrakan; et cependant, pendant que la vigne végète mal dans la Grande-Bretagne, et que le raisin n'a pas le temps d'y mûrir, Astrakan en produit, qui rivalise en beauté et en perfection avec celui des contrées les plus favorisées de l'Europe méridionale. C'est qu'avec la douceur de son climat, qu'elle doit à sa situation maritime et occidentale, l'Angleterre n'éprouve que des chaleurs modérées pendant ses trois ou quatre mois de printemps et d'été; et qu'à Astrakan, au contraire, où le thermomètre descend tous les hivers à 25 ou 30 degrés centigrades, les étés sont aussi brûlants que dans les contrées méridionales les plus chaudes.

La lumière n'est pas moins nécessaire aux végétaux que la chaleur; elle est surtout essentielle à la vigne, puisque le principe sucré, qui est indispensable à la fermentation vineuse, ne peut se constituer que sous l'action combinée d'une vive lumière et d'une chaleur assez élevée. On conçoit, du reste, que la vigne dont toute l'organisation est façonnée pour le ciel étincelant de l'Afrique et de l'Inde, ou des pays chauds, ne se trouve plus dans ses conditions normales d'existence, lorsqu'elle est tranportée dans les brumeuses et ternes contrées du Nord.

Il y a de plus, dans les plantes comme dans les animaux, un secret penchant qui leur rappelle sans cesse et leur berceau et leur terre natale. Le vigneron doit donc tout disposer, pour que la vigne se trouve dans un terrain et dans une exposition qui se rapproche, autant que possible, des terrains et de l'atmosphère du pays d'où nous vient cette plante précieuse. De là, pour lui, la nécessité de bien choisir la nature et l'exposition du sol ; de là, pour lui, la nécessité de donner aux pieds de vigne une élévation relative aux circonstances locales ; de restreindre ou de multiplier, selon ces circonstances, le nombre des conduits de la sève : enfin de maintenir les sarments dans une direction telle, que son but comme celui de la nature se secon· dent réciproquement.

Tous les climats ne conviennent donc pas à la vigne. Pour elle, la température ne doit être ni trop basse, ni trop élevée. Elle ne prospère fructueusement pour celui qui la cultive, qu'entre le 35ᵉ et le 50ᵉ degré de latitude. Le Ténériffe est le point méridional extrême de sa culture, comme Coblentz, assise au confluent du Rhin et de la Moselle, en est le point septentrional extrême. C'est entre ces deux points que la vigne fournit les meilleurs vins ; et le Portugal, l'Espagne, la France, l'Italie, l'Autriche, la Hongrie et une partie de la Grèce sont les pays les plus heureusement situés pour cette culture.

Plus au nord que le point indiqué, la vigne donne beaucoup de feuillage et beaucoup de grappes, mais ces grappes n'arrivent pas à maturité ; et au delà de la limite méridionale, la vigne, en continuelle végétation, ne peut être régulièrement taillée, puisqu'elle se charge en même temps de fleurs, de fruits verts, et de fruits mûrs; et par suite, le raisin n'a ni la saveur, ni la beauté, qualités heureuses des contrées tempérées. De plus, une chaleur trop élevée développe si largement le principe sucré, que la vigne ne donne plus qu'un vin épais, très alcoolique et de peu de valeur.

Cependant, ainsi que la plupart des plantes herbacées, la vigne peut obéir, en de certaines limites, aux exigences variables des climats : elle, qui perd ses feuilles en Europe aux approches des froids, et dont la végétation est suspendue pendant l'hiver, donne annuellement à Bourbon une seconde récolte, sous l'influence d'une deuxième taille, motivée par le développement continu du sarment.

Il faut aussi observer que la température varie, sous le même climat, selon la position topographique de chaque lieu, selon les mers, les rivières, les forêts, les montagnes qui le côtoient ou qui l'entourent, les vents qui y dominent, les saisons qui y règnent. Les accidents géologiques, la profondeur ds certaines vallées, l'élévation des collines sur d'autres points, le plan plus ou moins incliné de la surface du sol, apportent aussi de profondes modifications dans la température qui s'y fait sentir.

Les conditions climatériques peuvent aussi être changées d'une façon défavorable à la viticulture, par l'existence d'un bois s'étendant dans une plaine où dominant un coteau; parce que ce bois peut retenir les eaux et les brouillards, et, par suite, emmener des gelées et la coulure du fruit. En un mot, il faut reconnaître que chaque pays, ou plutôt chaque région, est soumise à des conditions particulières qui doivent nécessairement modifier toutes les théories.

En ce qui regarde plus spécialement la France, chez elle comme partout, l'exposition du sol ou des abris naturels peuvent modifier les conditions du climat. Certaines provinces, abritées des vents glacés, voient prospérer la vigne, quoique situées au delà de la limite où sa culture s'arrête ordinairement; comme aussi, d'autres contrées, bien que placées en deça de cette limite, mais toujours traversées par des vents froids et humides, se refusent à cette culture. On trouve des exemples de ce fait dans les vallées profondes de la Moselle et du Bas-Rhin, qui produisent d'excellents vins à cause de leurs abris naturels, quoique placés sous le 52e degré de latitude; et dans les départements de la Normandie et de la Bretagne où la culture de la vigne n'a pu réussir, quoiqu'ils soient situés plus au midi, à cause des courants atmosphériques froids et chargés d'humidité qui règnent dans ces pays.

En France, les départements les plus propres à la vigne, sont ceux qui se trouvent entre les Pyrénées et la Méditerranée, et ceux situés au sud d'une ligne qui serait tirée de Vannes à Mézières, en passant par Alençon et Beauvais; et même, dans ces contrées, il faut ne pas planter dans des terrains trop élevés, où la chaleur n'a pas une suffisante intensité; car on ne doit pas oublier que l'influence de l'élévation de la température se fait surtout sentir par une maturité plus complète, et, par suite, par un degré supérieur de spirituosité dans les vins.

Il faut à la vigne 10,05 degrés de chaleur au-dessus de zéro, pour arriver à végéter : pour arriver à floraison, il lui faut 18,04 degrés de chaleur. Pour que le raisin parvienne à sa maturité, il faut que la sève, ou ses éléments constitutifs soient dans une juste proportion avec l'intensité et la durée de la chaleur atmosphérique. S'il y a trop de chaleur, elle dessèche les organes ; elle crispe et resserre les canaux conducteurs de la sève ; les feuilles brûlées se fânent et tombent ; et la végétation est nécessairement interrompue. Si, au contraire, il n'y a pas assez de chaleur, les nouvelles pousses ne prennent pas la consistance ligneuse, et la sève mal élaborée ne reflue pas vers les grappes : on n'obtient alors qu'une végétation trop luxuriante en bois, en tiges, en grappes, qui sont complètement inutiles au point de vue économique, parce qu'il n'y a ni maturité, ni par suite mucoso-sucré.

Le climat de la France l'a douée merveilleusement au point de vue de la production des vins : des contrées plus méridionales qu'elle, produisent, il est vrai, quelques vins exquis; mais ce sont généralement des vins liquoreux qu'on ne voit figurer que parmi les vins de dessert, et que les vins de notre Midi égalent ou surpassent en qualité. — Notre région centrale et notre sud-ouest produisent seuls en abondance dans le mode entier, ces vins légers et délicats comme les Bordeaux, toniques et fortifiants comme les Bourgogne, pétillants et spirituels comme les Champagne ; par leurs hautes qua-

lités nutritives et bienfaisantes, ils provoquent une
gaîté expansive, loin de dégrader dans une lourde
ivresse ; ils fécondent l'esprit, nourrissent le corps, et
développent le sentiment du bien-être ; nous pouvons
donc proclamer la France, le pays qui donne la plus
grande variété d'excellents vins.

Qu'on reconnaisse enfin les véritables sources de la
richesse publique, et qu'on n'entrave pas les efforts
des viticulteurs. Cet encouragement, que nous récla-
mons avec insistance, est d'autant plus urgent, qu'avec
l'esprit d'activité progressive qui s'empare des popula
tions, on doit considérer comme très-heureux, ceux
qui possèdent des avantages naturels excluant toute concurrence sérieuse.

La chaleur tempérée du climat de la zòne pyrénéenne,
l'exposition privilégiée de ses coteaux, la délicatesse
et le parfum de ses vins, leur spirituosité qui leur
permet de traverser les mers, le commerce qu'on peut
avantageusement en faire avec l'univers, tout se réunit
pour assurer au viticulteur du sud-ouest un bien-être
établi sur des bases inébranlables, s'il parvient à secouer
son apathie naturelle, et s'il s'essaie à tirer un parti
plus avantageux de ses vignobles.

Comment se fait-il que ses vins, autrefois renommés, soient tombés dans le discrédit. On trouve la cause
de cette décadence, dans le peu de soin des vignerons,
dans la pratique d'une routine aveugle et surannée,
dans l'ignorance ou dans l'oubli complet des lois de
la nature, dans la préférence qu'on accorde aux cépages
les plus abondants en sucs grossiers, sur ceux qui

produisent les vins de meilleure qualité ; enfin, et surtout , dans la façon dont la culture est dirigée, dans la manière défectueuse de faire les vins et de les soigner.

§ III.

TERRAINS.

Aucun sujet ne soulève des questions plus graves que l'étude des terrains. Aucun n'est digne plus que lui, de l'examen réfléchi et des studieuses recherches de ceux qui considèrent la terre comme la source de l'aisance et de la prospérité publique.

On appelle *sol* la couche superficielle de la terre dans laquelle les plantes plongent leurs racines ; et cette couche étant très variable, selon la proportion plus ou moins grande des différentes substances qui entrent dans sa composition, on en distingue plusieurs espèces. Quatre substances constituent la plupart des sols. — La silice est rude au toucher ; elle n'attire ni ne retient l'humidité ; les parties qui la composent, quand elles sont mouillées, ne contractent entr'elles aucune cohésion. — Le carbonate de chaux ou calcaire est très doux au toucher ; il est peu soluble dans l'eau ; il aspire fortement l'humidité, et s'agglomère alors en une masse que la sécheresse et un faible choc réduisent en poussière. — L'argile, composée d'alumine et de silice, est aussi très douce au toucher; quand elle est à l'état pulvérulent, elle aspire l'humidité, la retient sensiblement, et forme un corps ductible que la chaleur durcit et fait fendre. — L'humus, qu'il ne faut pas confondre avec la terre végétale, est le résidu de la décomposition des substances végétales et animales; c'est une matière noirâtre, onctueuse, élastique, légère, qui aspire l'humidité de l'atmosphère, mais qui la rend avec une extrême facilité. Cette matière ne se prend point en pâte, et se décompose sous l'influence de la lumière ou de l'air.

Les trois substances élémentaires, la silice, le calcaire et l'argile, mêlées dans différentes proportions, donnent à la couche superficielle de la terre des propriétés particulières; la végétation dont elle se couvre spontanément varie, selon que tel ou tel de ces trois éléments y domine; aussi suffit-il de jeter les yeux sur les espèces végétales d'un sol qui n'est pas en culture, pour reconnaître quelle substance y joue le principal rôle. — En ce qui regarde la vigne, on peut juger de la terre propre à cette culture, par les productions que cette terre fait naître ou entretient. Et partout où l'on verra prospérer le figuier, l'amandier ou le pêcher, on peut être certain que la vigne donnera de magnifiques et excellents produits.

Pour qu'un sol puisse atteindre un haut degré de fertilité, il faut qu'il ne soit ni trop compacte, ni trop élastique, mais de consistance moyenne; qu'il donne accès à l'air, et qu'il jouisse de la propriété d'attirer et de retenir l'humidité atmosphérique. — L'ensemble de ces conditions manque à chacune des trois espèces de terre plus haut indiquées, prises isolément, comme nous l'avons déjà dit en caractérisant la nature de chacune de ces terres.

La botanique fournit les meilleures indications pour bien apprécier la nature d'un sol, et elle est un guide plus infaillible et plus certain que le chimiste le plus expérimenté. Sur les sols argileux, croissent spontanément le sureau-ièble, la laitue, le pas d'âne, la chicorée sauvage, le lotier corniculé, l'agrostis traçante, les potentilles, la gesse tubéreuse.

Les plantes qui se développent spontanément et couvrent les terrains sablonneux, sont: l'élyme des sables, le roseau des sables, la fléole des sables, la canche blanchâtre, la fétuque rouge, la petite oseille, la véronique, le serpolet, la spergule des champs, l'œillet des chartreux, le réséda jaune, le plantain corne de cerf, le géranium sanguin, le bouleau commun, le châtaigner et le pin maritime.

Les plantes qui croissent sans le secours de la culture sur les terrains calcaires sont : le genièvre commun, le coquelicot, l'arrête-bœuf, le chardon, la gaude, le noisetier commun, le seneçon à feuilles de roquette, les gentianes, les campanules, le lin de montagne, la patience à écusson, le buis, le pied d'alouette sauvage.

On peut aussi considérer, comme contenant la marne à peu de profondeur, les sols qui présentent les plantes suivantes : le tussilage, les sauges, les trèfles jaunes, les ronces, les chardons, la mélique bleue, le sainfoin, la laitue vivace.

Le meilleur sol sera celui qui se composera de silice, d'argile et de calcaire, dans des proportions convenables, et qui aura en outre une certaine quantité de terreau ou de humus.

L'aptitude des terres à s'échauffer ou à se refroidir avec plus ou moins de facilité, a une grande influence dans la culture, et c'est avec raison que les vignerons distinguent les sols chauds et les sols froids. Ces deux qualités contraires dépendent surtout de la propriété qu'ont les terres de retenir plus ou moins d'humidité. Celles qui la rejettent promptement, telles que les siliceuses et les calcaires, deviennent brûlantes sous les rayons du soleil et gardent assez longtemps la chaleur qu'elles lui doivent, tandis que les terres argileuses, qui s'allient fortement à l'eau, ne s'échauffent qu'avec une grande lenteur, et se refroidissent rapidement ; le calorique qui cherche à les pénétrer, étant sans cesse rejetté de leur sein, par l'évaporation très-faible, mais continue, de l'humidité qu'elles renferment.

Enfin, personne n'ignore que la couleur blanche réfracte les rayons solaires, et qu'au contraire la couleur noire les absorbe. Une conséquence de ce fait à signaler, c'est que, dans des conditions identiques, les terres noires s'échauffent plus facilement que les blanches ; la couleur noire des terres est bien due souvent à la présence d'une grande quantité de matières animales et végétales décomposées ; et, c'est là, sans doute, une cause essentielle de fertilité ; mais il faut aussi tenir compte de la disposition de ces terres à retenir le calorique.

La nature des terres jugées les plus favorables à la vigoureuse végétation de la vigne, varie comme les climats sous lesquels cette culture est pratiquée. — Toutefois, on peut dire que tous les sols convenablement exposés et situés, sont acceptés par cette plante, quelle que soit d'ailleurs leur composition élémentaire.

Partout où il y a une grande profondeur de terre végétale et une grande richesse, les terres doivent être consacrées à la culture du blé, des prairies artificielles, ou des plantes commerciales; ce sont les sols plus pauvres qui conviennent spécialement à la vigne; les couches très-superficielles plaisent à cette plante; dans ces terrains, les racines s'accroissant en étendue plutôt qu'en profondeur, se trouvent plus directement en contact avec les influences atmosphériques, et les utilisent pour faire un vin léger et délicat.

Ce qu'il faut avant tout, c'est que le grain de la terre soit beau et de qualité saine.

Tout terrain est propre à la vigne. Il ne faut en excepter que l'argile pure et le sable pur. La vigne est donc très-peu exigeante sur les qualités du sol, et elle peut couvrir d'immenses étendues qui existent en France, et qui sont impropres à toute autre culture. Cette vérité date de loin, et la preuve s'en trouve dans les anciens règlements de Provence, qui défendaient de planter une vigne, avant d'avoir constaté par une enquête la stérilité du sol, et avoir obtenu, de l'intendant de la province, l'autorisation de cette plantation. La vigne peut être établie partout; elle viendra sur la roche nue comme dans les sables des landes. Elle prospèrera sur les sols les plus caillouteux, sur les terrains les plus escarpés, dans les lieux jugés inhabiles à toute production. Dans le canton de Vaud, un terrain agreste, couvert çà et là de rochers et de broussailles, coupé par les torrents de l'hiver qui s'y frayaient un passage en le ravinant, a été converti en vigne. Comme dans la Suisse, on a aussi taillé des montagnes pour y asseoir des terrasses et y planter des vignes, en Toscane, aux bords du Rhin, dans la Côte-d'Or; dans ces contrées, le succès obtenu par les premiers vignerons, en a tenté d'autres, qui se sont livrés à un travail presque surhumain, et toujours avec un égal succès.

La vigne s'accommode donc de toute espèce de terrain, pourvu que ses racines n'aillent pas se noyer dans des eaux stagnantes.

Toutefois, la nature du sol a une grande importance en viticulture, soit à cause de certains cépages qui ne donnent des produits recommandables suffisamment abondants que dans certains sols, soit à cause de l'excellence des vins qui est singulièrement accrue par l'existence dans les terres, de certains principes élémentaires; et il serait, en effet, difficile de nier aujourd'hui l'influence de la nature du terrain sur la végétation de la vigne comme sur la qualité de ses produits, devant les faits que l'expérience a révélés. Aussi nous ne nous arrêterons pas à exposer et à combattre cette thèse avancée par quelques physiologistes, qui ne considèrent la terre que comme un support des plantes.

Les terres légères et sablonneuses sont celles qui conviennent le mieux à la vigne; quand elles sont naturellement fécondes ou qu'on les enrichit par des fumures judicieuses, cette plante y prospère, et le vin qu'elle produit est parfumé et délicat.

Le seul reproche qu'on puisse adresser à ces terrains, c'est que la production est faible et que la vigne est quelquefois sujette à la coulure. — Les vignes de Château-Latour, Laffite et Margaux, sont plantées sur un sol siliceux, qui présente à sa superficie un sable graveleux et granitique, un peu rougeâtre, tandis que le sous-sol est un sable gras dont la couche est très-épaisse. Le vin de Grave est produit aussi par un sable superficiel assez riche, qui a moins de profondeur que celui de Médoc, et qui repose sur la terre des landes, ou sur des bancs de gravier et de sable d'une grande profondeur. Enfin, toute terre légère, poreuse, fine, friable, quelle que soit sa couleur, qui ne retient pas l'eau, est la privilégiée de la vigne. Ces terrains sont partout en France, et surtout dans le sud-ouest.

Quant aux terres argileuses, elles donnent beaucoup de raisin de moindre qualité, quoique la vigne y croisse bien. — Dans les terres fortes argileuses et substantielles, la vigne pousse avec vigueur, dure longtemps et réussit merveilleusement, alors surtout qu'elles sont situées à de bonnes expositions,

Les terres pierreuses sont excellentes pour la vigne, parce qu'elles sont très-chaudes. — Quand les pierres sont grosses et noires sur un fonds rouge, les sols produisent abondamment un vin peu délicat. — Quand les pierres sont blanches, plus petites, et sur un fonds moins rouge que les terres précédentes, la vigne y réussit

12

mieux, et le vin en est plus fin et plus arômatisé. — Quand le fonds de terre est jaunâtre, et la pierraille plus petite qu'aux deux précédents exemples, la vigne y réussit très-bien, et donne des vins d'une qualité supérieure; d'un côté les petites pierres divisent parfaitement la terre, et la rendent perméable aux richesses atmosphériques; et de l'autre, ces petites pierres faciles à s'échauffer donnent leur chaleur aux plantes, et hâtent ainsi la maturité du fruit. Les fonds d'un brun-jaunâtre, entremêlés de petites pierres, sont les meilleurs. C'est sur des fonds de cette nature que se trouvent assis les vignobles de Chablis, Tonnerre, Auxerre, Coulange et Champagne. — Les rayons du soleil fournissent aux pierres pendant le jour la chaleur qu'elles vont rendre aux raisins pendant la nuit; et dans ces terres poreuses, les pierres servent encore, par l'effet de leur poids, à arrêter la trop prompte évaporation de l'humidité.

En dehors de ceux qui viennent d'être rappelés, la plupart des bons vignobles de France, parmi les plus renommés, sont assis sur une terre argilo-calcaire, caillouteuse. On aura donc soin de n'extraire de la vigne que les pierres qui pourraient nuire par leur grosseur aux façons qu'on donne à la terre; il y a même des cas où l'on pourra opérer une amélioration sensible en en y apportant.

Les terres de craie ou de marne sont assez bonnes pour la vigne; mais le vin y prend facilement le goût du terroir, surtout dans les années chaudes : c'est sur des terrains de cette nature qu'est planté le vignoble de Joigny-sur-Marne. Les terres fortement argileuses, mélangées d'un peu de calcaire, produisent les vins des Palus, ceux de Frontignan, les vins blancs de Bergerac, et ceux de Vouvray, près Tours. Le vignoble de Barsac est aussi planté sur une terre rouge, argileuse, dé-pourvue presque entièrement de graviers, qui a fort peu d'épaisseur, et qui est assise sur une roche quart-zeuse et granitique.

Les sols argilo-calcaires, riches, amoureux et pro-fonds, conviennent aussi particulièrement à la vigne.

Les sols calcaires fournissent les vins d'Ay, Epernay, Avize et Grammont, et de Xérès, en Andalousie.

Les schistes argileux donnent naissance au vin de Malaga, de l'Aragon et de l'Anjou.

Les terrains volcaniques fournissent à la vigne tous les éléments d'une végétation brillante, et communi-quent à la liqueur qu'elle produit, une partie du feu dont ils ont été saturés.

Enfin, il y a des terrains particuliers qui conviennent éminemment à la vigne, par les diverses natures des éléments qui les composent. Cavoleau en cite un exem-ple à Gan, à 10 kilomètres de Pau : c'est le clos de Sicabaig, aujourd'hui clos Daran, qui produit le fameux vin de Gaye, qui était anciennement réservé pour la table du Roi. — Les sols granitiques, dont les roches désagrégées sont réduites en sable friable, fournissent des vins ayant une belle couleur, un arôme et un par-fum des plus agréables. Sur des terrains de cette na-ture, sont les vignobles de Beaune, de Tain dans la Drôme, de Côte-Rotie, de Moulin-à-vent et des bords du Rhin.

En général, pour que le fruit de la vigne puisse être abondant et de bonne qualité, il lui faut une terre substantielle et légère à la fois : il ne faut pas qu'elle soit ni trop compacte, ni trop meuble, ni trop féconde, ni trop stérile, mais toutefois plutôt substantielle que pauvre. — Ainsi, toute terre, quelle que soit sa couleur, terre poreuse et friable, où l'eau ne séjourne pas, est excellente pour l'établissement d'un vignoble. — Quant à la couleur de la terre, on a observé que les sables un peu jaunes sont bons pour les gros plants, quoiqu'ils soient loin de valoir les noirâtres qui, à mi-côte et à une bonne exposition, forment les meilleurs vignobles.

Dans les pays méridionaux, la vigne se plaît et prospère dans les terres volcaniques, dans les grès et dans les sables granitiques, mêlés de terre végétale et d'un peu d'argile. Dans le centre de la France, elle réussit dans les schistes ardoisés, et surtout dans les roches calcaires qui se délitent facilement au contact de l'air. — Au nord enfin, la vigne vient bien dans les sables gras, combinés avec les calcaires. — Mais partout on peut utiliser les terres de toute espèce qui renferment des pierres, pourvu que la masse ainsi formée soit perméable à l'eau et retienne peu d'humidité.

Tout terrain qui a quelques centimètres de terre végétale, qui est léger et perméable, ou qui doit ces qualités à un mélange de cailloux ou de pierres, peut recevoir la vigne, surtout si sa surface est convexe, et si elle a une inclinaison sensible à l'horizon.

Souvent, sous une couche peu épaisse de terre argilo-calcaire, se trouve une roche fendillée de peu d'épaisseur. Ces terrains sont très favorables aux productions de la vigne.

Les climats et la nature des terrains variant à l'infini, les nuances doivent être infinies aussi dans la qualité des produits des vignes.

En résumé, l'observation et l'expérience montrent qu'il n'y a pas de nature de sol qui ne puisse être appliqué à la culture de la vigne. Toutes les classes de terrains sont représentées dans des localités renommées pour les qualités de leurs produits. Nous trouvons un sol granitique à l'Hermitage et dans le Beaujolais; des schistes argileux dans l'Anjou, à Malaga; des sables quartzeux à Xérès; des cailloux, des graviers dans le Médoc; des calcaires et des marnes dans la Côte-d'Or; des terres crayeuses dans la Champagne; des débris basaltiques à Tokai; des terrains volcaniques dans la Sicile et au Vésuve; enfin, des sols silico-argileux-ferrugineux à Jurançon.

Il existe un grand nombre de vignobles qui produisent d'excellents vins, et qui sont plantés sur des terres dont la couche arable a suffisamment de consistance pour produire de bonnes récoltes de blé; ce qui ne peut être attribué qu'aux dispositions des couches inférieures, et à leurs effets sur la couche supérieure.

L'influence du sous-sol sur la végétation de la vigne et sur ses produits ne peut se nier aujourd'hui; c'est là un principe admis par la théorie et consacré par la pratique de toutes les contrées viticoles. Les faits à l'appui abondent; et à l'exemple cité par Chaptal doit s'en joindre un autre absolument identique. Il y a, sur les coteaux de Jurançon, une vigne qui est séparée en deux parties par des sentiers. Ces deux vignes forment un ensemble dont l'exposition est la même sur tous les points : même nature de terrain, quant à la couche supérieure ; mêmes cépages ; mêmes façons dans la culture ; même époque de vendanges ; mêmes soins et mêmes procédés dans la fabrication du vin. Eh bien ! il y a une différence si sensible dans la qualité des produits de ces vignes, que le prix de vente des vins est dans la proportion de 2 à 4. Cette remarque n'avait pas échappé à Bernard Palissy qui, dans son dialogue entre Théorie et Pratique, fait dire à celle-ci : « Je t'ai baillé, par exemple, les vignes de la Faye-Moniaut, qui sont entre St-Jean-d'Angely et Niort, lesquelles vignes apportent du vin qui n'est pas moins estimé qu'Hypocras. Eh bien, près de là, il y a autres vignes desquelles le vin ne vient jamais à parfaite maturité, lequel est moins estimé que celui de raisinettes sauvages : par là, tu peux penser que les terres ne sont semblables en vertus, combien qu'elles soient voisines, et qu'elles se ressemblent en couleur et en apparence. »

Aussi pensons-nous, qu'on doit rapporter à la différence de nature ou de position des couches inférieures, ou aux modifications que le travail leur a fait subir, celle qui s'observe dans la qualité des produits d'un sol, si égal d'ailleurs dans toutes ses parties extérieures ; et qu'on doit autant tenir compte du sous-sol que de la couche superficielle.

Un sous-sol d'argile rouge est partout considéré

comme une condition très favorable à la production des bons vins; soit que l'argile ne fasse que dispenser à la plante l'humidité dont elle a besoin dans les grandes sécheresses, soit qu'elle ait la propriété d'influer toujours favorablement sur la qualité du vin. — Les terrains granitiques à sous-sol argileux produisent les vins de Condrieux, de l'Hermitage, de St-Pérai et de la Romanée : les terrains schisteux, avec le même sous-sol, produisent les vins de Côte-Rotie, de la Malgue et les meilleurs vins de l'Anjou.

Dans les vignobles de Champagne, sur la côte de Rheims, au dessous d'une couche de terre d'environ 2 décimètres, se trouve un lit épais d'argile ferrugineuse. Les plaines du Médoc se composent dans leur partie supérieure d'une terre légère, entremêlée d'une grande quantité de petits cailloux roulés, sous laquelle se trouve une argile rouge, épaisse et compacte.

Enfin, l'expérience apprend que le sous-sol d'argile rouge donne toujours une qualité supérieure au vin rouge. Comme aussi, l'argile blanche composant les couches inférieures, on lui doit les hautes qualités du vin blanc. Ainsi, à Xérès, dans l'Andalousie, à Bergerac, les argiles blanches du sous-sol sont considérées comme donnant aux vins produits par ces contrées, les qualités qui les distinguent.

Les différences alcooliques que présentent les vins, sont dues également à la plus ou moins grande aptitude du terrain qui supporte les vignes, à recevoir et à retenir plus ou moins d'humidité. Cette dose plus ou moins grande, ralentit ou accélère la végétation, et par suite, a une action directe sur les principes qui doivent composer le vin. Cette observation est certifiée par les faits ; car, en allant du nord au midi, on voit s'accroître successivement et progressivement la proportion de sucre renfermée dans le raisin, et, par suite, le degré d'alcoolisation des vins.

Les terrains propres à la vigne abondent en France, et la situation heureuse de notre pays la rend la patrie des meilleurs vins. Depuis les rives du Rhin jusqu'au pied des Pyrénées, depuis les côtes que baigne l'Océan jusqu'aux sommets d'où l'on découvre les montagnes de la Suisse, la nature prodigue offre à ses habitants un sol propice à la culture de la vigne, et le moyen certain d'équilibrer avec les vins les avantages commerciaux des autres nations. Et cependant, les vignes n'occupent qu'une surface de près de 2,000,000 hectares, environ la vingt-septième partie du territoire de la France, et la dixième de ses cultures.

Chaque pays a reçu de la nature une destination spéciale et bien distincte en culture. C'est à l'homme de la reconnaître et d'en faire une application intelligente. — A-t-on pensé que l'hectare de vignoble de l'Hermitage vaut dans une de ses parties de 35 à 40,000 fr., et dans l'autre, le double ? que, sans la vigne, ce terrain, en raison de sa grande déclivité, et de sa presque infertilité, serait sans valeur, et produirait à peine un mauvais taillis ; et que, par suite, le vignoble a centuplé au moins la valeur du sol ?

C'est avec regret qu'en parcourant le département des Basses-Pyrénées ou les départements voisins, on trouve en mille localités des terrains et des expositions qui devraient être consacrés à la culture de la vigne. Loin de les utiliser ainsi, on dépense sur eux des capi- taux qu'ils ne rembourseront jamais, pour atteindre le but chimérique de les approprier à des céréales ou à des plantes industrielles ; souvent même, ils ne servent que comme vaine pâture. Voyons quelle est, pour la généralité, la nature de ces terrains.

La couche arable de nos coteaux est souvent argilo- ferrugineuse, et repose sur un sous-sol de craie. Sou- vent, avant ce sous-sol, se trouvent de petites pierres en grande quantité, disposition favorable au sol argi- leux, qu'il rend moins tenace, moins froid et plus facile à travailler ; et l'on ne doit pas oublier que l'élé- ment ferrugineux qui abonde dans nos contrées, et qui est reconnaissable à sa couleur rouge-noirâtre, donne aux vins de la Côte-d'Or leur suavité et leur belle cou- leur de rubis.

Dans d'autres coteaux, c'est l'argile siliceuse qui domine ; elle a pour sous-sol des argiles rouges. Le sol y jouit d'une haute fertilité, au point de vue de la vigne.

Dans d'autres coteaux enfin, le sol est une terre ar- gilo-siliceuse, qui fait place à l'argile tenace sur les plateaux. Le sous-sol est argileux marneux, circons- tance défavorable en culture ordinaire, puisqu'elle ajoute encore aux défauts de la couche arable, en re- tenant davantage les eaux à la surface, mais qui, d'après ce qui précède, peut être une des causes de l'excellence de nos vins.

Certaines de nos collines, en apparence toutes granitiques, renferment aussi l'élément calcaire ; car nous y avons vu réussir l'esparcette qui se refuse à venir dans les terrains qui en sont dépourvus.

Beaucoup des coteaux de notre littoral Pyrénéen ne sont que des terrains granitiques, mélés à des sables quartzeux et siliceux, et à de petits cailloux calcaires ; notre département est rempli de terres incultes, ainsi composées. C'est là que la vigne devrait être plantée ; c'est cette nature de sol qui fournit la plupart des grands vins de la Bourgogne, et entr'autres, ceux de Condrieux, de l'Hermitage et de St-Peray.

Ce sont ces terres marneuses, ces terres argilo-graveleuses, ces terres légères et sablonneuses ayant pour sous-sol l'argile ferrugineuse, ces argiles presque pures qui aident à la végétation de la vigne ; ce sol aride et desséché, ce sous-sol imperméable, ce fer qu'il renferme, c'est ce qui favorise la vigne ; c'est là que ces racines aiment à pénétrer ; c'est dans ces terres compactes qu'elles vont puiser ces éléments que la sève dispense à la plante, et qui donnent à son fruit ses qualités élevées. Ces cailloux, à la surface polie, vont réfléchir les rayons du soleil et hâter la maturité du raisin, en les dirigeant sur lui ; ces coteaux dénudés, ces pentes tantôt rapides et tantôt insensibles, vont garder la chaleur du jour, pendant que les vents peuvent facilement les parcourir et leur enlever toute humidité.

Depuis l'invasion de l'oïdium, a-t-on essayé de donner à ces terrains une autre destination que la vigne ?

Toujours de chétives et maigres récoltes, ont démontré le danger de semblables tentatives, et toujours on a dû replanter le vignoble.

La culture de la vigne peut-elle emmener la richesse dans les landes, dans ces contrées désolées et abandonnées, où l'on ne rencontre même pas la trace d'une habitation humaine? La réponse se trouve dans l'existence de beaux vignobles, sur les confins de ces steppes qui touchent aux pays cultivés, et dans la belle végétation qu'offre la vigne, plantée à côté des masures qu'on y voit de loin en loin. Partout la vigne prospèrera, et pour qu'elle fertilise et colonise les landes, il ne faut que la jeter sur ces pentes insensibles qu'on y trouve à chaque pas, ou bien dans les plaines stériles où la bruyère ne peut même croître, à la condition de les assainir. Elle seule peut transformer ce pays; elle n'a rien à redouter des sables qui sont à la surface, et elle ira puiser dans le sous-sol argileux si nécessaire à sa longue vie, les éléments de sa vigoureuse et fertile végétation. Aujourd'hui, au contraire, par la destination qu'ils ont reçue, ces terrains qui ne donnent presque rien, absorbent même les engrais produits par les bestiaux qui les parcourent, et qui n'y trouvent qu'une nourriture insuffisante.

Toutes les terres peuvent être conquises par la culture, sous la double action du temps et du travail de l'homme.

L'apparente impossibilité de fertiliser ce terrain de landes, nu ou couvert de bruyères, de fougères, de genêts, d'ajoncs, disparaît devant la plus smiple observation; quoiqu'envahi dès les premiers siècles par les éléments acides, ce sol retrouverait la vie par l'emploi des amendements calcaires.

Que le sol des landes soit divisé et vendu par parcelles, et une révolution va s'opérer : qu'il soit remué par des bras nombreux, vigoureux et intéressés, et avec notre climat et notre soleil, qui peut dire s'il n'offrira pas à la France sa plus précieuse source de vins?

Que l'humidité disparaisse par le drainage, les fossés profonds, par la création de ruisseaux qui, réunis, iront porter la fertilité dans les parties basses qu'ils arroseront.

Que les marnages, que les chaulages surtout soient fournis par nos montagnes; qu'on extraie l'argile qui est sous les pas, et ce pays deviendra un des plus riches de la France ; l'argile formant le sous-sol offre à la main du cultivateur le plus puissant et le plus économique modificateur du sol des landes.

Nous croyons fermement que les landes offrent le plus magnifique problème d'assainissement, de colonisation et de richesse agricole à résoudre par la vigne.

§ IV.

SITUATION.

Sous le climat que nous avons présenté comme étant
le plus propice à la culture de la vigne, comme dans
les terrains qui doivent le mieux favoriser sa végétation
et la production des bons vins, il faut aussi rechercher
la situation et l'exposition les plus avantageuses à notre
précieux arbrisseau. — Et d'abord, la situation d'un
vignoble ne doit pas être confondue avec son exposition,
qui n'est que son inclinaison plus ou moins sensible
vers tel ou tel horizon. — Les meilleurs sols, sous les
climats les plus favorisés, ne conserveront leurs hautes
qualités, que s'ils se trouvent dans une situation particulière, bien connue dans tous les pays vignobles.
En dehors de cette condition, les vins produits n'auront
pas cette supériorité qu'elle seule peut donner. Que
la vigne soit située dans un vallon humide et étroit,
entouré de collines, ou qu'elle s'étende sur l'extrême
sommet d'une montagne élevée, dans ces deux cas,
la maturité du raisin ne pourra pas normalement s'accomplir. Dans le premier, le fruit pourrira avant d'arriver au point de perfection voulue pour produire de
bons vins; dans le second, sa pellicule rendue épaisse
et dure par la sécheresse ou les vents, ne renfermera
qu'un jus rare et qui manquera de qualité.

Dans les dépressions trop accentuées du sol, dans les bas-fonds, le long des cours d'eau, la vigne subira facilement l'action nuisible des gelées. Ce fait tient à une cause qui n'est pas suffisamment connue des agriculteurs; on ignore généralement que, par un temps calme et un ciel étoilé, la température de l'air augmente à partir du sol jusqu'à une hauteur variable. Ainsi, l'air, pendant la nuit, est plus froid au pied d'une colline qu'au milieu de sa hauteur; ainsi, les vignes qui s'étendent dans les plaines, qui courent au pied des collines, ou le long des cours d'eau, seront plus souvent compromises par les gelées printanières que leurs voisines des coteaux. Les lois de la chaleur rayonnante expliquent parfaitement ces effets, et Virgile avait bien raison de dire : « *vitis amat colles.* »

La consécration du principe formulé par Virgile, se trouve en Bourgogne dans les vignes de Volney, Pomard, Savigny, Nuits, Chambertin. Tous ces crus sont assis sur cette belle chaîne de collines qui s'offre au soleil en s'abritant du froid, sous la forme d'un arc détendu ; ces coteaux fortunés dominent des plaines, dont les déclivités insensibles descendent pour aller se baigner dans le fleuve qui les traverse : ces plaines possèdent aussi des vignobles ; mais leurs raisins souffrent plus facilement de la gelée que ceux placés sur les hauteurs voisines. Il faut toujours se laisser diriger par les indications de la nature, et ne pas s'affranchir de l'expérience des temps passés qui donnent en quelque sorte la prévision de l'avenir.

En théorie comme en pratique, la vigne est mieux

sur un coteau que dans une plaine, quoique dans ce dernier cas, elle donnera plus de vins et aura une plus longue existence. On doit éviter les lieux trop arides ; car la vigne aime que ses racines soient doucement raffraichies par un peu d'humidité ; on doit aussi proscrire les lieux aquatiques, qui ne font produire à la vigne qu'un vin mauvais et de peu de garde. — Dans les vallées profondes ou les lieux bas, la vigne donne un raisin dont le goût est insipide, et est sujette à la coulure et à la pourriture. — Ce qu'il lui faut, ce sont les coteaux ; non la partie basse et aplanie, pas plus que la partie élevée, aride et parcourue par les vents ; mais celle qui s'étend depuis la naissance du pli des collines jusqu'à quelques mètres avant la crête, parce que c'est là que se concentrent, sur la terre qu'elle aime, les rayons vivifiants du soleil.

Toutefois, il y a des exceptions célèbres qui nous montrent des vignes en plaine, d'un produit et d'une qualité supérieure. St-Nicolas de Bourgueil, les vignobles du Médoc et de Grave sont des exemples remarquables.

En plaine se trouvent les clos Laffitte, Château-Margaux, Léoville, Laroze, Brane-Mouton ; c'est en plaine que sont situés les meilleures vignes de l'Orléanais, et les excellents vignobles de Tonnerre, Chablis et de la côte du Rhône ; les vins de plaine du Roussillon et des environs d'Arles sont justement estimés ; et, dans la Sicile, on doit à une vigne en plaine le fameux vin de Syracuse. — Cependant, il est à observer que peu de vignes ainsi situées donnent des vins blancs de qualité supérieure, et que toutes celles qui, occupant cette situation, ont acquis quelque célébrité, sont, pour la plupart, des vignes rouges.

Quoique les plaines soient en principe peu favorables à la vigne, celles qui, voisines d'une rivière, sont situées à une faible hauteur au-dessus de son niveau, donnent des vins remarquables. Cette loi, dont on peut donner mille exemples à notre époque, nous a été léguée par l'antiquité qui nous apprend, que le Falerne et le Cœcube étaient produits par des vignes plantées dans des plaines, soumises à ces conditions.

Le voisinage d'une rivière a donc une influence marquée sur la production des bons vins. Pline raconte à l'appui de cette opinion que, le cours de l'Ebre s'étant éloigné de la ville d'Émus, en Thrace, les vins produits par les vignes des environs perdirent tout leur mérite. — Le même nous apprend que le vin auquel l'Impératrice Livie attribuait sa santé et sa longévité, le seul qu'elle consentît à boire, était produit par une vigne située sur les bords de la mer Adriatique. Le célèbre vignoble de Tokai est situé au confluent de deux rivières; les mêmes observations doivent être faites pour la Bourgogne et la Champagne, ainsi que pour le Médoc dont le vin perd de sa haute qualité, à mesure que la vigne qui le produit, s'éloigne des bords de la Gironde. On a même observé dans le Bordelais, que les vignes les plus rapprochées de la rivière étaient moins exposées aux gelées que celles qui en étaient plus éloignées. — Ainsi le voisinage d'une rivière, souvent même d'un lac, est excellent pour la vigne, et la supériorité de ses produits. S'il nous fallait un nouvel exemple historique de ce précepte, ne le trouverions-nous pas dans le vin produit par des vignes voisines du lac Maréotis, vin qui fut choisi par Cléopâtre, quand elle voulut enchaîner Marc-Antoine.

Toutefois et malgré ces exemples remarquables, il est aujourd'hui certain qu'on trouve rarement des vignes de grande qualité, dans les vallées resserrées qui sont traversées par des rivières ou des eaux courantes ; l'humidité qu'elles entretiennent, les brouillards qui s'élèvent d'elles, les courants d'air qu'elles font naître, ne sont pas des conditions heureuses pour la prospérité d'un vignoble.

En principe, le voisinage de l'élément forestier est nuisible à la vigne ; au point de vue météorologique, en effet, un pays couvert et boisé est plus froid et plus humide que s'il était découvert. Mais il faut admettre de nombreuses exceptions ; car souvent dans le midi et le sud-ouest, l'abri d'un bois est recherché, parce qu'il soustrait la vigne à un excès de chaleur.

Dans les pays très-chauds, la vigne peut aussi prospérer sur les montagnes les plus élevées, parce qu'elle y trouve une température presque égale à celle des pays tempérés. Les points les plus culminants du Mexique, l'Abyssinie, le Mont-Liban, nous offrent des exemples remarquables de ce précepte.

Enfin l'expérience nous apprend, en ce qui regarde plus spécialement la France, que, dans la zône septentrionale, les plaines doivent être préférées, quand elles sont vastes et découvertes ; et qu'on devra

13

choisir les coteaux et les montagnes, quand on se rapprochera de plus en plus de la zône méridionale. — Dans le nord, en effet, le vin produit par les plaines est supérieur en qualité à celui produit par les collines; tandis que dans le midi, les coteaux qui reçoivent la vigne et l'enlèvent ainsi aux brûlantes chaleurs de la plaine, sont les seuls qui produisent les grands vins.

§ V.

EXPOSITION.

La meilleure exposition ne peut être indiquée d'une manière absolue. Car elle varie sans cesse suivant les circonstances locales; et comme l'enseigne M. Dubreuil, elle doit être déterminée par « le rapport combiné de la latitude, de l'élévation, de la nature du sol, et de la fréquence des gelées blanches dans la contrée. »

En principe, la meilleure de toutes les expositions, est le midi. C'est elle qui donne au vin, le bon goût, la couleur et le feu. N'est-ce pas, en effet, la chaleur qui donne à tous les êtres le mouvement et la vie, à la terre sa féconde fermentation, aux plantes leur végétation luxuriante, et à leurs fruits leur arôme, leur parfum, et toutes les qualités qu'ils atteignent?

La vigne redoutant une atmosphère humide, il faut

proscrire les expositions ouvertes aux influences des vents froids chargés de brouillards. Dans la partie septentrionale de la zône climatérique convenable à la vigne, il faut rechercher les expositions à l'Est, au Sud, au Sud-Est; dans la partie méridionale, outre ces expositions, on peut choisir le Nord; il y a même l'extrême midi de la France qui devra préférer cette exposition à tout autre, afin de soustraire la vigne à l'influence d'une trop grande intensité de chaleur.

Si le terrain renferme ou conserve une grande quantité d'humidité, les expositions du Nord et de l'Est seront préférables comme étant généralement plus sèches; et dans les contrées exposées aux gelées du printemps, on recherchera le couchant, afin que le soleil ne frappe les bourgeons qu'après que la gelée a disparu.

Dans les contrées les plus méridionales, l'exposition sur un coteau au midi offre quelques inconvénients; les rayons d'un soleil ardent, après avoir trop échauffé la terre, y brûlent le feuillage et par suite le fruit; on peut, dans ce cas, abandonner la vigne à elle-même sans lui donner de support, afin que ses rameaux s'étendent sur toute la surface de la terre. Elle se prête moins à l'absorption de l'humidité par les rayons solaires. L'exposition du levant favorise aussi les effets des gelées du printemps; et les jeunes pampres sont d'autant plus blessés, qu'ils reçoivent plus directement les impressions des premiers rayons du soleil.

Dans nos contrées, la meilleure de toutes les expositions est vers le midi; cependant à l'est et à l'ouest, se trouvent des crus justement renommés. Aussi ne doit-on pas prendre cette observation comme une condition *sine quâ non*. Du reste, l'exposition du nord ne doit pas être toujours rejetée, si l'on veut se rappeler qu'en Champagne, les vignobles d'Epernay, Ludes, Mailly, Rilly, et autres qui ont cette exposition, sont de beaucoup supérieurs à d'autres vignobles voisins qui cependant sont exposés au midi; à ces exemples on peut joindre ceux des vignobles les mieux famés du bord du Rhin, ceux de Saumur et d'Angers, et enfin ceux de Joué près de Tours.

Il y a même des auteurs qui affirment que l'exposition du nord est la meilleure, qu'elle rend la vigne plus féconde et donne de la qualité à son fruit; et dans la Gironde cette théorie s'appuie sur une pratique couronnée par le succès; la raison en serait, d'après ces auteurs, que les vents du nord dessèchent la terre, et que l'humidité est le plus grand ennemi de la vigne.

Olivier de Serres, et Columelle sous l'Empire romain, sont de cet avis; et avancent que c'est le nord qui donne au bois de la vigne une vigoureuse production, à ses feuilles la force, et à ses fruits l'abondance, la maturité et la qualité.

Quoiqu'il en soit, il est constant et établi pour tous que l'exposition au midi est surtout à rechercher; et que celle à l'est est aussi très-avantageuse, quoiqu'on ait remarqué qu'elle était la plus sujette à la gelée.

Dans les contrées plus froides de la France, on peut arriver à produire des vins exquis au moyen d'abris naturels, combinés avec des expositions au midi, et procurer ainsi, en été, à la vigne, un degré de chaleur égal à celui des climats les plus favorables à cette culture.

Toutes ces considérations sur la situation et l'exposition ne doivent donc pas être négligées, mais elles sont loin d'avoir l'importance d'autres conditions, dont l'action est bien plus directe sur la vigne et sur ses produits. En première ligne, nous mettrons la nature du sol et le cépage, des fumiers convenables et convenablement préparés, de bons procédés de culture, et surtout une méthode judicieuse de faire les vins et de les soigner.

CHAPITRE DEUXIÈME

MOYENS DE REPRODUCTION DE LA VIGNE

---

§ I.

SEMIS.

Maintenant que nous connaissons les conditions de climat, de sol, de situation et d'exposition, les plus favorables à la culture de la vigne, nous allons aborder ses divers modes de reproduction, et essayer de montrer combien sont simples et rationnelles, les modifications qui doivent être apportées aux habitudes de notre contrée.

La vigne n'est pas peut-être pour les départements du sud-ouest la seule, mais à coup sûr elle est la plus importante de leurs ressources agricoles; et depuis

que l'agriculture française est entrée résolument dans
dans la voie du progrès, on a dû se demander si la
culture de cette plante ne pourrait pas être modifiée,
et dans beaucoup de cas, régénérée. — La réponse se
présente naturellement à l'esprit, lorsqu'on considère
la viticulture de certaines parties privilégiées de la
France, et de quelques états voisins, et qu'on la rapproche de celle de notre région.

Un des meilleurs moyens de renouveler la vigne,
d'en créer de nouvelles espèces, d'en accroître et d'en
améliorer les produits, est de recourir aux semis. Le
semis est la plus sûre méthode d'obtenir des vignes
saines, vigoureuses et d'une longue durée.

Quand on s'engage dans cette voie, la plus sérieuse
attention est due au choix des pépins, qui, d'une bonne
espèce et parfaitement mûrs, doivent être conservés
pendant l'hiver dans le raisin. On reconnaît aisément
leur maturité au poids et à la couleur; et leur germination est assurée, lorsqu'ils n'offrent ni rides, ni in-
dices de corruption. Plongés dans l'eau, tous les pépins
qui ne réunissent pas toutes les conditions de succès,
surnagent, tandis que ceux qui sont normalement
contitués, vont au fond; la fumigation serait d'une
bonne pratique, et garantirait les pépins des insectes.
— On peut encore les stratifier dans un lieu qui soit
à l'abri de la sécheresse et de l'humidité. La stratification consiste à placer les semences par lits alternatifs,
dans de la terre ou du sable frais, soit à la cave, soit
au pied d'un mur à l'exposition du sud, à la profondeur de 0,30 à 0,40, afin que la gelée ne puisse les at-

teindre. — De belles graines, bien nourries, bien mûres, et conservées avec soin dans un lieu sec et frais, bien nettoyées de semences étrangères, confiées en un moment favorable à une terre bien ameublie par les labours et bien fumée, doivent produire des plants d'une végétation vigoureuse, des plants fertiles et d'une grande longévité.

Tout pépin renferme une plante en miniature, et est destiné à reproduire l'espèce. Tout pépin enserre un embryon, qui fera naître la plante après germination. Par la germination, l'embryon s'accroît, se débarrasse de son enveloppe et de ses liens, et puise sa subsistance des premiers jours dans le pépin où il se trouve placé; l'humidité, la chaleur et l'air sont les circonstances les plus favorables à cet acte important de la vie végétale.

L'eau, la chaleur et l'air, ce sont là les grands auxiliaires de l'évolution des germes; l'eau assouplit les téguments et facilite leur rupture; elle distend le tissu de l'embryon, et le dispose à recevoir les substances alimentaires. Elles deviennent enfin, l'un des principaux agents de la végétation, puisqu'en dissolvant les substances qui ne sont pas à l'état gazeux, elle leur permet de s'introduire dans la plante, et de parcourir ses vaisseaux.

La chaleur est le principal moteur des forces vitales dans tous les êtres organisés. Mais si elle s'élevait pour le pépin de la vigne au-dessus de 45 à 50 degrés, elle altérerait et décomposerait les organes, et détruirait le principe de vie; si elle s'abaissait à 0, il n'y aurait pas de mouvement organique, et le germe ne parviendrait pas à éclore. C'est donc entre ces deux extrêmes, que se trouve le degré de température convenable à une bonne germination. — Enfin, l'air n'est pas moins indispensable aux plantes qu'aux animaux.—La terre ne semble pas fournir aux pépins aucun des éléments nécessaires à une vigoureuse germination ; et cependant sa douce influence est immense dans ce premier acte de la vie végétale : c'est elle qui les reçoit et les garde dans son sein ; c'est elle qui, tout en leur donnant l'humidité nécessaire à leur éclosion, les met à l'abri de la lumière, et les préserve de l'excès de la chaleur et du froid.

Lorsque le moment de semer est arrivé, au premier printemps, on doit arroser légèrement les pépins, cette pratique venant en aide à la germination. — Le semis doit être fait dans une terre douce, légère, fertile, très divisée et légèrement humide, afin d'obtenir un beau chevelu qui facilitera la reprise, lorsqu'on devra repiquer en place. — La terre la plus favorable à la germination, est celle qui tient l'eau suspendue entre ses molécules, qui se laisse facilement pénétrer par l'air atmosphérique, et qui n'oppose aucune résistance à la jeune pousse du germe.

Lorsque le plant est destiné à demeurer au lieu même où il est semé, la terre a dû être défoncée d'autant plus profondément, que les vignes doivent faire de plus fortes racines.—Pour semer, on ouvre au cordeau des rayons de 0,5 à 0,6 de profondeur; on y répand la graine, et on la soustrait à l'action desséchante de l'air, en la recouvrant d'une couche de terreau de l'épaisseur de 3 à 4 centimètres. On peut aussi semer

les pépins en augets, en caisses ou en pôts. Ce qu'il
faut surtout, c'est les recouvrir de peu de terre, et
les arroser souvent pendant la première année.

Le semis terminé et recouvert d'une couche de terreau bien divisé, on le tasse légèrement pour bien mettre la graine en contact avec lui. Cette opération, utile
dans tous les cas, est plus impérieusement exigée par
les terrains légers; là, le tassement doit être plus fort.
Si l'on imitait l'exemple donné par la nature, on ne cou-
vrirait jamais les pépins; car les plantes qui sèment
leurs graines, les répandent toujours à la surface du
sol. Mais la nature peut être prodigue de ses semences,
dont la plus grande partie est destinée à servir de nourriture aux insectes et aux oiseaux; tandis que le viticulteur, qui sème dans l'espoir que chaque graine
produira une vigne, doit s'entourer de toutes les précautions qui peuvent venir en aide à la multiplication
des plantes par les semis.

Lorsque les pépins semés se sont dépouillés de leurs
téguments et sont sortis de terre, il faut les sarcler pour
que les herbes parasites ne les étouffent pas; dans ce
travail, qui doit être fait avec soin, il faut surtout
éviter de briser ou de blesser les germes; une façon
assez superficielle, pour ne pas affamer les racines, et
assez fréquente pour enlever toutes les herbes et tenir
la terre meuble, favorisera singulièrement la végétation
des jeunes plants. Plus la vigne grandira, moins cette
façon sera nécessaire.

Le cep issu de semis est toujours le meilleur, le
plus viable, celui qui doit conserver le plus longtemps

des qualités élevées. La multiplication par semis donne des sujets mieux constitués, des races mieux disposées à se faire au nouveau climat auxquelles on veut les habituer.

Le plant montrera bientôt tous les signes d'une belle végétation ; il pourra être levé et mis en place dès sa seconde année, et indemnisera des premiers soins qui ui auront été donnés, par la beauté et l'abondance de ses productions végétales. — Quelques auteurs, qui ont mal lu Duhamel, lui font dire « qu'un pied de vigne élevé de pépins n'avait encore rien produit chez lui après douze années de culture », tandis que notre illustre agronome vante la luxuriante végétation des ceps venus de pépins, et assure que les produits en sont excellents.

La pratique a résolu cette question ; et il est certain aujourd'hui que, si, après deux ans de soins, on lève le plant ; qu'on le transplante en bonne terre, à une bonne exposition, suffisamment espacé, et qu'on le taille convenablement, il peut montrer ses premières grappes à l'âge de cinq ans. C'est alors seulement qu'on connaît le résultat du semis.

Dans son traité de la vigne et de la vinification, M. Lenoir présente, au sujet du semis, quelques considérations que leur importance nous engage à reproduire.

« Un pépin de raisin (le verjus) semé il y a plusieurs années, dans le jardin très connu du chevalier de Jensens, à Chaillot, près Paris, a produit une variété dont le fruit parvient à la maturité la plus complète.

Ses sarments poussent avec une vigueur extrême, et couvrent déjà une très grande partie de muraille. Le fruit de cette variété est excellent ; elle porte, on ne sait trop pourquoi, le nom de vigne aspirante. »

M. Lenoir s'étonne qu'on n'ait pas aperçu les conséquences capitales d'un fait aussi remarquable et aussi intéressant.

« Il y a pourtant là, ajoute-t-il, le germe d'une révolution tout entière, qui éclora tôt ou tard dans nos vignobles. »

« Si, continue M. Lenoir, l'espèce de vigne qui, sous le 49me degré, donne les plus mauvais fruits, a pu produire par le semis une variété qui en porte d'excellents, quelles peuvent être les conséquences d'un semis, lorsque les graines seront fournies par des espèces recommandables déjà par les qualités de leurs raisins ?

» La vigne est vraisemblablement, de tous les végétaux, celui dont on peut attendre le plus de variétés, par le semis.

» La multitude de celles qui existent déjà, et dont un grand nombre sont cultivées à la fois dans chaque vignoble, doit opérer chaque année une foule de fécondations, résultant de l'action simultanée des poussières seminales d'espèces différentes ; il n'y a pas de doute qu'en semant les pépins provenant de ces fécondations, on n'obtienne beaucoup de nouvelles variétés.

» Il y a, sans doute, des espèces plus susceptibles que d'autres de produire, par le semis, des variétés utiles. Ces espèces ne pourront être reconnues que par

des expériences multipliées. Jusque-là, on peut faire
des essais sur toutes, et les espèces les plus méprisées
donneront peut-être des résultats très-avantageux.

» L'excellente variété obtenue du semis d'un seul
pépin de verjus, est un exemple frappant des succès
qu'on peut attendre de ces expériences. »

Tous les fruits comestibles que nous possédons, ont
été tellement modifiés ou améliorés, qu'il ne leur reste
presque plus aucune ressemblance avec ce qu'ils ont
été dans le passé. — L'action lente, continue et profonde des eaux n'use pas plus sûrement le marbre, que
le travail de l'homme ne peut, aidé du temps et de
l'étude, assouplir la nature végétale à ses goûts et à
ses besoins. Nous ignorons comment les plantes possèdent la tendance qu'elles ont à se modifier ; mais
cette tendance au changement existe à un degré remarquable dans la vigne... Nous ne possédons que deux
moyens de développer la disposition de cette plante
à former des variétés. Le premier et le plus simple, c'est de choisir constamment pour les semis,
les graines des espèces ou variétés les plus perfection-
nées, et de réserver pour cet usage les pépins les plus
parfaits de chaque variété. Le second moyen que nous
verrons bientôt, est l'hybridation.

Que ceux qui ont du loisir, de l'intelligence et des
capitaux, se livrent à des essais, avec l'espoir d'obtenir
des résultats utiles. — Si quelque chose peut nous surprendre, c'est que parmi le grand nombre d'agriculteurs
qui ont consacré leur vie, à des recherches de ce genre,
il n'y en ait aucun, qui ait essayé, d'une façon suivie,

de créer de nouvelles variétés de vigne par le semis; Avec les habitudes et les idées de notre époque, tous se sont laissés décourager par ses lenteurs. Sans doute, cette étude exige une longue suite de soins minutieux; mais aussi, la création d'une seule variété élevée, serait une large compensation de tous les travaux auxquels on se serait livré.

Les semis sont encore excellents, pour régénérer la race des vignes appauvries par une longue succession de multiplications par boutures et par provignages. Il fournit aussi, pour la greffe, des sujets beaucoup plus rustiques, de plus longue vie, et plus vigoureux que ceux qu'il est possible d'obtenir par toute autre voie.

Enfin, les variétés de la vigne ne sont pas dûes, comme on l'a pensé jadis, aux différences de sol, d'exposition et de climat. Le Pineau de Bourgogne, le Chasselas de Fontainebleau, le Carmenet de Bordeaux, conservent partout leur individualité. Cependant, nous n'avons plus les cépages qui donnaient les grands vins de l'antiquité; le Furmint de Tokai, le Sirah de l'Hermitage ont perdu de leur force et de leur vitalité; donc les espèces disparaissent. Pline ne retrouvait plus les plants cultivés du temps de Caton, ni Olivier de Serres, ceux en honneur du temps de Pline, et nous-mêmes nous avons perdu plus de la moitié des cépages décrits par la Quintinie.

Les espèces qui leur ont succédé, sont donc des individualités nouvelles, puisque le changement de sol, d'exposition ou de climat n'a aucune action sur elles; et, ces individualités sont le résultat des semis naturels, et ne peuvent avoir été produits que par lui.

En un mot, tous les moyens employés de propagation, la greffe, la bouture, le provignage, ne sont que la prolongation d'une variété. Le semis seul peut créer de nouvelles variétés, et conduire à la durée indéfinie de l'espèce.

§ II.

SYSTÈME HUDELOT.

Le nom de Hudelot a eu ces dernières années un grand retentissement : Hudelot est un paysan, chez qui l'observation a merveilleusement suppléé aux connaissances acquises, et qui a imaginé de semer des yeux de vignes, comme si ces yeux étaient des graines.

Voici la manière dont il faut procéder, d'après les conseils qui nous ont été donnés en son nom, et à peu près en ces termes : A la fin de l'automne, ou pendant l'hiver, il faut couper sur les meilleures vignes les sarments les mieux nourris, les mieux aoûtés : il faut successivement en détacher tous les yeux ou boutons bien constitués, mais les détacher de telle sorte qu'ils forment, pour ainsi dire, autant de graines séparées, n'ayant tout au plus d'un point de section à l'autre, qu'une longueur de 0,01 centimètre à un centimètre et demi. -- Le sarment doit être coupé entièrement et perpendiculairement à son

axe, à un demi centimètre au-dessus et à un demi
centimètre au-dessous du bouton, de façon à conserver intact dans toute sa circonférence le petit bout
de sarment de la longueur précitée, et portant le
bouton au milieu de sa longueur ; lequel petit bout
de sarment va servir de semence : ce bouton, tout à fait
séparé du sarment, est destiné à former à lui seul
un individu nouveau et complet. Après avoir donné
pendant l'hiver à ces yeux ou graines-boutures les
soins indiqués pour les pépins, et qui consistent à les
mettre à l'abri des intempéries et de la gelée ; lorsque
l'époque du semis est arrivée, sous notre climat
vers le milieu du mois de février, on ouvre des
rayons de cinq à huit centimètres de profondeur sur
une terre amendée, déjà préparée, et labourée avec
soin ; on espace ces rayons de quinze centimètres
environ, et l'on y sème les boutons ou yeux de vigne,
moins dru que pour un semis de pépins de poires ou
de pommes, mais en observant toutes les pratiques
usitées pour ces semis ; puis, on recouvre ces yeux
ainsi semés, avec du terreau ou de la bonne terre
bien divisée ; on plombe, et l'opération est terminée ;
nous ajoutons que pendant l'année qui suit ce semis,
il faut des arrosements fréquents, si l'année est très-
sèche, et des binages multipliés qui détruisent les
herbes, et maintiennent toujours de la fraîcheur dans
le sol. Essayé sur les coteaux de Jurançon pendant
trois années consécutives, et dans de bonnes conditions, ce système n'a jamais complétement réussi :
nous avons eu peu de plants, sur un nombre relative-

14

ment considérable de graines semées; mais les plants obtenus ont été de toute beauté ; après leur transplantation en pleine terre égouttée et fumée, ils ont montré leur premier fruit à la seconde feuille, mais en très-faible quantité : la troisième année eût été rémunératrice, sans la coulure qui leur a enlevé les plus belles grappes.

Nous pensons que cette découverte de M. Hudelot doit avoir des résultats très heureux, parce que, comme le fait observer M. Guyot, « on a fait une greffe et un semis par cette seule opération : une greffe, en ce que le bouton semé reproduit exactement l'espèce ou la variété sur laquelle il a été pris; un semis, en ce que la tige et la racine, ces deux organes essentiels et constitutifs de la vigne, partent d'un même collet ou nœud vital, et qu'elles se développent l'une et l'autre avec une extrême vigueur. »

« D'après cette manière d'opérer, il y a entre ces deux organes essentiels, harmonie, rapport direct, équilibre parfait : la sève, concentrée sur un bouton unique, est utilisée toute entière au profit du développement de ce bouton, et comme on le sait, le développement d'un bourgeon est toujours proportionnel à la concentration de la sève. »

Enfin, par ce système, il y a une grande économie de transport, si l'on veut se procurer des plants venus soit à l'autre extrémité de la France, soit à l'étranger, soit encore en Amérique.

On soupçonnait depuis longtemps les avantages de la graine-bouture. Car on lit dans un article de

M. Vibert inséré à la page 453 du *Journal d'Agriculture pratique*, 1840-1841. « La vigne est d'une multiplication aussi prompte que facile. Au besoin, chaque œil isolé, traité convenablement au printemps, donne déjà à l'automne des jeunes plants de 0,50 à 0,60, qui l'année suivante peuvent être plantés à demeure. » On sait également en horticulture, qu'en couchant un sarment sous terre, dans une rigole à peu près tracée, on peut obtenir autant de plants qu'il y a de bourgeons dans le sarment couché. Ces semis d'yeux réussiraient sans doute en plein vignoble sur des terrains légers, de peu de profondeur, et dans des expositions qui les rendent arides et brûlants : et dans de telles conditions, et avec les soins convenables, peut-être pourrait-on dans le midi faire ces semis avant l'hiver.

Un système identique à celui de Hudelot nous a été appris par M. Payen, dans un article où il rend compte d'un essai comparatif qu'il aurait fait entre le système Hudelot, et un nouveau système préconisé par M. Chantrier, membre de la société centrale et impériale d'horticulture de France. Ce dernier système consiste à prendre sur un sarment aoûté, un œil, en entamant l'écorce et le bois sous-jacent à peine plus que pour une greffe en écusson. Mis en terre à la fin de l'hiver, ces yeux s'enracinent promptement, de façon à pouvoir être mis en place en avril ou mai; et vers la fin de cette première année, ils ont poussé des tiges de 0,50 Il résulte de l'essai comparatif fait pratiquement par M. Payen, au point de vue viticole seulement, que, la première année, la bouture Hudelot a poussé de

plus fortes racines pivotantes et longues, tandis que la
bouture Chantrier avait un plus nombreux chevelu, et
que cette dernière a eu à sa seconde feuille deux belles
grappes de raisin. M. Payen pose scientifiquement cette
loi que la pratique avait déjà consacrée, que plus la
plantation est rapprochée du niveau du sol, plus rapide
est la fructification, et plus forte est la végétation de
la vigne. Il est donc certain, même d'après cet essai
comparatif, que, par les observations et les découvertes
de Hudelot, le domaine des connaissances humaines
s'est enrichi.

Voici comment s'est exprimé en 1865, au concours
régional de Besançon, M. Grenier, rapporteur du jury :
« Il est une seconde partie de l'exposition de M.
Hudelot qui a plus vivement intéressé la Commission :
c'est le semis-bouture de vignes, autour duquel il s'est
fait récemment tant de bruit en France et à l'étranger. La Commission a pu voir des nœuds semés il
y a trois semaines, et déjà pourvus de tiges qui
atteignent un décimètre ; les racines de ces jeunes
pieds n'étaient encore représentées que par de petits
tubercules blanchâtres, situés sur les deux faces de
section du nœud. Puis, venaient des pieds semés
l'an dernier à pareille époque, et pourvus de grandes
racines que surmontaient des tiges de 60 centimètres.
Enfin, la série se terminait par des ceps provenant
de semis pratiqués il y a deux ans, et qui en-
traient ainsi dans leur troisième végétation : ceux-là
étaient munis d'un chevelu de racines qui ne laissait
plus rien à désirer, et leurs tiges portaient de belles
grappes qui, sur un pied, étaient au nombre de sept. »

§ III.

HYBRIDATION.

Après le semis, c'est l'hybridation qui peut aussi donner au vigneron de nouvelles espèces.

Au printemps, quand la terre étale toutes ses richesses sous les premières chaleurs du soleil, quand l'air, attiédi par ses rayons vivifiants, anime toute la nature; la vigne donne à ses feuilles les teintes les plus séduisantes; elle embaume l'air de ses parfums les plus suaves; la vigne se prépare à l'amour.

La nature a donné au pollen de la vigne, ou aux poussières impalpables qui renferment et distribuent la vie, des formes correspondantes aux ouvertures dont les stigmates des mêmes espèces ou des espèces identiques sont percés. Ces poussières sont emportées au printemps par les vents ou par les insectes qui vont butiner de fleur en fleur, et déposées sur d'autres vignes rapprochées ou lointaines. Le pollen reçu par le stigmate descend sur l'ovaire et le féconde.

Tout est préparé par la nature pour cet acte important de la vie végétale; et, au moment de la fécondation de la vigne, alors que, sous la forme imperceptible d'un nuage, la poussière créatrice porte le souffle de vie dans l'ovaire, les organes sexuels de la plante se meuvent de façon à favoriser l'accomplissement du phénomène

vital ; et une chaleur douce et pénétrante à la fois se
dégage de la vigne, et lui vient en aide. La fécondation
accomplie, la fleur se fâne et tombe.

Cette loi physiologique a donné naissance à un système de M. Hooïbrenkc, qui consiste à faire usage, pour
conduire à la fécondation artificielle, d'une sorte de
plumeau, composé de brins de laine, sur lesquels on
dépose une petite quantité de miel. Puis, on passe le
plumeau, comme pour les épousseter, sur toutes les fleurs
de la vigne. Des essais faits deux années de suite sur
les coteaux de Jurançon, n'ont rien produit; et il paraîtrait, d'après le rapport d'une commission chargée
d'examiner ce système, que son application sur les
céréales, n'aurait pas eu un meilleur résultat. Disons
toutefois que M. Hooïbrenkc a été mieux inspiré dans
sa pensée de fécondation artificielle, qui pourra devenir
praticable et rendre ainsi des services, que dans sa
prétendue découverte d'un système de culture de vigne,
dont tout l'honneur remonte au docteur Guyot, et pour
lequel M. Hooïbrenkc avait cru devoir prendre un brevet.

L'action du pollen sur le stigmate, et par suite sur
la semence, étant telle que nous venons de la décrire,
il s'ensuit que dans tous les cas où l'hybridation a lieu,
l'espèce nouvelle participera de l'individu mâle qui aura
fourni le pollen et de l'individu femelle fécondé. C'est
à la formation des hybrides qu'il faut rapporter l'existence de ces divers genres de vignes, qui se rappro-
chent l'une de l'autre et se nuancent entr'elles, de telle
sorte qu'il est souvent difficile de leur assigner le caractère distinctif d'une race. On trouve aussi quelquefois

dans une grappe de raisin rouge un grain de raisin
rosé, qui est le produit de l'apport d'un peu de pollen
d'une vigne blanche, sur le stygmate d'une vigne rouge.
La semence de ce grain, si elle était confiée à la terre,
donnerait peut-être une nouvelle variété, qui pourrait
avoir des qualités recommandables.

L'horticulture, appliquant les lois de fécondation artificielle posées par la physiologie, est parvenue à créer
par l'hybridation, en déposant le pollen d'une espèce
ou d'une variété sur le stigmate d'une autre, ce nombre
considérable d'hybrides auxquels nos jardins doivent
aujourd'hui leurs plus belles fleurs d'ornement; et cependant, tandis qu'à l'étranger, les hommes les plus
compétents de l'Allemagne et de l'Angleterre admettent
le pouvoir de l'hybridation, et usent chaque jour avec
succès de ce pouvoir, la France possède des hommes,
éminents d'ailleurs, qui le nient obstinément, et fer-
ment les yeux à l'évidence. D'après eux, les végétaux
varient et se modifient en vertu d'une tendance due à
une cause mystérieuse, étrangère au croisement; d'après
eux, les variétés ne s'obtiennent que par les semis.

Mais quand on voit à toutes les époques de l'histoire
des plantes, les variétés s'obtenir par des semis; quand
on reconnait que la voie des semis est la plus puissante, la seule qui conduise à la conquête des nouvelles
espèces, peut-on oublier l'origine des graines; et devant
l'action des organes sexuels, ne doit-on pas reconnaître
que pas une des graines semées autrefois, comme de
nos jours, n'a pu échapper à la fécondation. Donc, la
fécondation est pour quelque chose dans ce que l'on

nomme une tendance mystérieuse à se modifier. Cela admis, l'action des vents et les voyages incessants des insectes ailés d'une fleur dans l'autre, ne peuvent-ils pas avoir donné lieu à des croisements accidentels ?

La nature n'a pas coulé d'un seul jet tout le règne végétal ; et son pouvoir créateur ne s'est pas reposé après ce premier effort. Elle a remis aux plantes la puissance qu'elle dirige, de se modifier et de se perpétuer.

L'horticulture ne répond plus aux ennemis systématiques de l'hybridation. Elle a ses habiles praticiens qui chaque jour se servent d'elle, et montrent tout ce qu'elle peut produire. Elle fait, pour l'hybridation et pour beaucoup d'autres faits établis par la pratique et niés par la science, comme ce philosophe qui se contentait de marcher devant ceux qui niaient le mouvement.

L'art de multiplier les variétés des végétaux par l'hybridation, est une arme d'une immense portée qui, si l'homme sait s'en servir, doit le mettre en état de refaire à son usage la nature végétale qui l'environne.

L'horticulture a ouvert une large voie dans laquelle la viticulture devrait s'engager à sa suite.

Au point de vue de la vigne, l'hybridation peut rendre des services immenses à la France. Qui peut dire ce que seront les vins fournis par les variétés obtenues par l'hybridation ? Avec nos terrains, nos expositions et notre soleil, qui peut dire si elle ne doit pas accroître, dans une proportion immense, nos richesses viticoles déjà si grandes ?

§ IV.

PROVIGNAGE.

Le mode de propagation de la vigne le plus usité dans presque tous les vignobles de France, est le marcottage des sarments; c'est par lui qu'on renouvelle les vieilles vignes. Il est tellement répandu dans certaines contrées, qu'il en est devenu l'une des cultures annuelles. On l'appelle le *provignage*, parce qu'il fournit les provins de remplacement, et qu'il sert à la multiplication des ceps.

On nomme provin, une tige sur laquelle on fait développer des racines, sans la séparer de la souche, ou vigne-mère. Le provin n'est qu'une bouture, à laquelle on ménage plus de chances de vie en laissant à la vigne-mère la charge de le nourrir, jusqu'à ce qu'il puise par ses racines dans la terre, l'alimentation qui lui est nécessaire. Alors seulement le provin est sevré, c'est-à-dire détaché de la souche. Le provignage consiste donc à mettre à une certaine profondeur du sol, un rameau d'une vigne dont l'extrémité inférieure est laissée saillante au dehors.

On doit ébourgeonner la partie du sarment qui tient à la souche, afin que la sève, n'étant pas arrêtée au passage, puisse se porter sur les boutons enterrés, comme sur ceux qui sont à l'extrémité de la marcotte. Alors, les bourgeons qui sont enfouis ne pouvant s'épanouir en sarments, feront naître et alimenteront des racines, tandis que ceux qui sont hors de terre, se développeront en rameaux feuillés.

Il y a deux espèces de provignages : celui des ceps entiers, et celui des tiges.

Voici comment se pratique le provignage des ceps entiers : On ouvre des fosses de 25 à 30 centimètres de profondeur et de 40 à 50 centimètres de largeur, sur une longueur déterminée par la distance qu'on veut conserver entre les lignes. On courbe la souche qu'on enterre dans cette fosse, en laissant au dehors les plus beaux sarments qu'on a conservés lors de la taille ; puis, après avoir étalé et coudé ceux-ci dans la fossette, on les recouvre de terre, on les fume, on les plombe, et on les taille à deux yeux au-dessus du sol.

Dans tout provignage, on doit tailler l'extrémité du sarment sortant de terre en bec de flûte, de façon à ce que le bouton extrême se trouve en opposition directe avec la section faite par cette taille, afin qu'il ne soit pas altéré ou noyé par les pleurs que la vigne répand au printemps.

Dans nos contrées, provigner une tige de vigne, c'est enterrer à une certaine profondeur l'extrémité inférieure de cette tige, sans la séparer de la souche, et y provoquer ainsi la production de racines. C'est, comme nous venons de le dire, une bouture qui ne se détache que deux ans après que le provignage a eu lieu, de la plante-mère. On aide au développement des racines dans la partie du sarment enterré, soit en le foulant et le brisant avec les pieds, soit en le tordant au moment où l'on le couche, soit en l'incisant légèrement vers son milieu.

Quant au choix du sarment à provigner, voici les indications à suivre données par Columelle : « Ne choisissez jamais, dit-il, de marcottes que parmi les rameaux qui, placés dans des circonstances ordinaires sont ordinairement chargés de fruits. Défiez-vous de ceux qui naissent à la partie la plus élevée du pied, ou partent de la souche. Leur vigueur n'est nullement un signe de fécondité. »

On doit avoir soin de courber les sarments réservés en anse de panier dans la fosse qui doit les recevoir, et de les assujettir, pour empêcher, qu'obéissant à leur force d'élasticité, lorsque la terre est saturée d'eau, ils ne puissent se déplacer et se mouvoir.

Le provignage, dans le nord et le centre de la France, se fait lorsque la sève, commençant à monter dans les sarments, les rend plus flexibles et plus faciles à être courbés sans se rompre. Dans le midi, où l'on taille à l'automne, il se fait à cette dernière époque ; ou bien, on réserve les rameaux qu'on veut provigner, et on ne les marcotte qu'au commencement du printemps, en même temps qu'on effectue le premier labour. L'époque du provignage est indiquée en quelques mots par Olivier de Serres : « Le temps de provigner est celui même de planter, avec remarque des circonstances représentées des lieux chauds et froids, secs et humides. »

L'époque des provignages devrait toujours être déterminée par le degré d'élévation de température, et la fréquence ou la rareté des pluies au printemps. Ainsi, dans l'extrême-sud, les provignages devraient se faire en automne, parce que, plus tard, à une époque plus avancée, on serait exposé à ne pas trouver dans la terre l'humidité nécessaire pour faire naître un vivace chevelu ; tandis que, dans le nord et le centre de la France, on devrait toujours attendre le commencement du printemps, à cause des pluies qui pourraient désagréger et tuer dans leur germe les boutons enterrés avant cette époque.

Sous notre climat du sud-ouest, la meilleure époque du provignage est la fin de l'automne ; plus tard, il ne réussirait pas aussi bien, les mois d'avril et de mai s'y trouvant presque toujours privés des pluies douces, qui favorisent si puissamment l'émission des jeunes racines. — La fin de l'hiver est encore une époque assez convenable ; la terre conservant assez d'humidité, il ne se fera alors aucune déperdition de sève ; et ses canaux n'étant pas encore ouverts, ils se gonfleront bientôt, et se rempliront des principes élémentaires qui porteront la vie dans toutes les parties du sarment conservé, et feront affluer la sève avec abondance vers le bouton qui doit donner naissance au pied de vigne.

Le sol sur lequel on veut asseoir les provins, a dû être préalablement ameubli et bien fumé. Il serait aussi d'une bonne pratique, d'ouvrir quelques mois à l'avance les fosses ou les tranchées qui doivent les recevoir, afin que la terre, en contact avec les influences atmosphériques, pût se désagréger et s'amender.

Ordinairement, la vigne-mère nourrit le provin pendant deux ans ; il serait prudent de le sevrer, non, en le séparant entièrement de la souche, mais en ne le coupant que jusqu'à la moitié de son diamètre, de façon à ce qu'il fût encore relié à la vigne-mère par une partie de ses fibres ; la sève qu'il en recevrait et celle qu'il retirerait de ses petites racines, suffiraient pour aider à son développement normal. La souche-mère ne serait séparée du provin que la troisième année. Ainsi appliqué sur de vieilles vignes, dont les produits ne récompensent pas des soins qu'ils occasionnent, le provignage peut avoir de bons résultats, puisqu'il donne, à la place d'une vigne usée, un cep vigoureux et de longue durée. — Traité de cette sorte, le provin donne un ou deux raisins la première année ; il n'en porte point la seconde ; mais la troisième, il offre des produits, et en augmente successivement la quantité les années suivantes.

On emploie le provignage pour multiplier les ceps des meilleures espèces ; pour se procurer des jeunes pieds, afin de former de nouvelles plantations, ou de regarnir les places vides qui se montrent dans les vignobles. C'est surtout pour cet usage qu'il est mis en pratique dans la plupart des vignobles de France. A cet effet, on creuse des fossés à travers lesquels on conduit un sarment, jusqu'au point où se trouve le vide. — On emploie également le provignage pour renouveler en entier les vieilles cultures, lorsque les souches dépéries ne poussent que faiblement, qu'elles ne produisent que de petites grappes, en petites quantités, et qu'enfin elles ne dédommagent plus le propriétaire de ses frais de culture.

Le provignage, malgré son usage presque général, présente de grands désavantages ; nous n'en relèverons que quelques-uns.

Dans certaines parties de la France, on provigne toutes les années dans le but de donner à la vigne une durée indéfinie ; ce qui est contraire à tous les principes de la loi des assolements. Car, après avoir occupé le terrain pendant un certain nombre d'années, la vigne doit le céder à d'autres plantes ; sans quoi, ses produits deviendront chétifs, et seront loin d'être en rapport avec les frais que son entretien nécessitera. En cela, la vigne subit la loi commune à toutes les plantes. On comprend donc combien ce mode de provignage est contraire à une forte vitalité de l'arbrisseau.

La vigne provignée doit aussi jouir d'une sorte d'exubérance vitale, pour transmettre ce qu'elle a de superflu à une autre vigne qu'elle doit créer. Il faut donc que cette plante ait acquis son complet développement, puisque le provignage est la preuve, le couronnement de sa force. Et, dans ces circonstances, on compromet la vie d'un cep qui est dans toute sa vigueur, qui a devant lui un avenir assuré de produits rémunérateurs, pour rechercher un cep qui n'est ni bien ni normalement constitué, et dont les fruits, qui doivent se faire attendre plus ou moins longtemps, seront toujours de moindre qualité. — Mais la vigne faiblit-elle, est-elle languissante ? Si elle subit cette opération, elle montrera bien vite tous les signes d'une hâtive décadence. — D'un autre côté, les pieds venus de provignages, sont loin de valoir ceux venus de boutures ou de semis, et cela, parce qu'il produit un effet contre nature, et qui doit sans cesse contrarier la végétation par la rencontre de la sève ascendante et de la sève descendante. — Le provignage compromet donc la vigne-mère, et fournit un sujet mal constitué et peu durable.

Un autre désavantage du provignage est de faire émettre à la partie enterrée plusieurs colliers de racines, qui vont s'affamer et se gêner réciproquement, et de forcer la vigne, la plante par excellence libre et indépendante dans ses allures, à ramper pour aller chercher sa nourriture. — Le provignage aussi jette une telle perturbation dans un vignoble, au point de vue de l'âge comme de la vigueur des ceps, qu'il est bien difficile, avec cette pratique, de se livrer à des améliorations sérieuses et progressives.

La fosse qui doit recevoir le provin doit être assez profonde, pour que les instruments de labour ne puissent atteindre et blesser la partie de la vigne enterrée; ce qui emmène une dépense de main-d'œuvre assez forte quand elle se renouvelle tous les ans; et dans ce cas, la partie enterrée profondément ne se trouve plus dans ses conditions normales et naturelles; elle ne reçoit plus les influences heureuses de l'insolation et de l'aération; ce qui peut avoir pour conséquence la pourriture des racines, qui elle-même conduit à la coulure des raisins. Si, au contraire, la fosse n'est pas profonde, la partie enterrée, comme les racines qu'elle a produites, sont sans cesse exposées à des mutilations de la part des instruments de labour. —

Si ce que l'on a écrit sur le provignage était juste, il devrait donner après trois ou quatre couchages, par la quantité des racines dues à ces couchages, des masses considérables de végétation, tandis que l'expérience nous apprend que, plus on provigne, moins on a de jets végétaux. Enfin, l'expérience de tous les temps a établi cette règle que les provins ne produisaient pas de bons vins.

Les partisans du provignage disent: que cette pratique peut bien produire de mauvais vins la première et la seconde année; mais que bientôt, la vigne provignée devient une vigne normale, et que les produits qu'elle donne, ne déshonorent plus une cuvée, lorsque qu'elle a 6 ou 7 ans. Est-ce que la vigne nouvelle, continuent-ils, donne jamais de bons vins, même lorsqu'elle est élevée sur souche? Pour modifier cette infériorité, qu'on laisse bien mûrir le raisin, soit que la vigne soit provignée nouvellement, soit qu'elle soit sur souche, mais encore jeune.

Ils disent encore, qu'avec l'aide du provignage, on peut conduire des vignes bien cultivées jusqu'à cent ans, et, dans des circonstances données, économiser une plantation nouvelle, toujours coûteuse, dont les produits doivent se faire attendre cinq ans; qu'en bonne culture, après l'arrachement de la vigne, on doit laisser reposer le terrain pendant trois ou quatre années ; ce qui fait huit ou neuf ans de perdus ; que, dans les vignes provignées, la maturité du raisin est toujours plus hâtive ; enfin, quelques-uns disent encore qu'il n'est pas vrai que les vins produits par les provins soient moins bons que ceux produits par les ceps sur souche, puisque la Bourgogne et la Champagne provignent, et que leurs vins sont délicieux.

On répond, et nous partageons complètement cette opinion, que la vigne provignée n'est pas normalement constituée, soit au point de vue de l'excellence de ses produits, comme au point de vue de sa durée ; qu'il est plus économique d'arracher et de replanter une vigne, que de chercher à lui redonner une artificielle jeunesse par le provignage ; qu'enfin, les vins de Bourgogne et de Champagne seraient supérieurs de qualité, si, comme dans le passé, où ils étaient bien meilleurs qu'aujourd'hui, on ne provignait pas. — A tous les points de vue, nous pensons que cette pratique du provignage ne doit pas être conseillée. — La vigne doit être tenue sur souche pour produire de grands vins. Ce fait est aujourd'hui établi, autant par la pratique et l'expérience que par les lois de la physiologie végétale ; l'élaboration de la sève ne se fait pas d'une façon parfaite, lorsque de nouveaux colliers de racines s'ajoutent à la partie du cep enterré ; pour vieille que soit la souche, si elle est enfouie sous terre, et si elle a des racines dans sa partie enterrée, elle ne peut produire, pas plus que les jeunes vignes provenant de provins, des récoltes de haute qualité. Ces dernières ne peuvent être obtenues que par des plants sur souche, ayant atteint l'âge de huit ans, ou par de vieux plants rajeunis et fortifiés par la greffe.

Toutefois, le provignage pourrait être exceptionnellement employé, pour abaisser progressivement les

vignes trop élevées; à ce point de vue, ce mode devrait
être expérimenté dans le Béarn, avant d'être proscrit
comme le proscrit le docteur Guyot. Nous croyons son
opinion fondée en fait et en raison pour les vignes
du centre et du nord, où les terres humides doivent
toujours faire rejeter cette pratique ; mais le même
danger existe-t-il sous notre climat sec et brûlant, sur
nos terres si calcaires et si desséchées ?

Voici quelques modes de reproduction par le provignage, qui peuvent avoir d'heureux résultats dans certaines circonstances données. — Au moment de la taille,
on peut conserver sur une vigne, aussi près de terre
que possible, un ou deux sarments sans les tailler et
les laissant libres; on creuse une fosse de 0,15 de
profondeur et de largeur, sur une longueur égale à
celle du sarment que l'on enterre au fond de la rigole ;
les sarments sont disposés horizontalement dans la
bauge et maintenus dans cette position, afin que
les yeux donnent des jets perpendiculaires au sarment. Avant d'étaler la tige, on a eu soin de terreauter
le fond de la fossette sur une hauteur de six à sept
centimètres ; c'est sur ce terreau que le sarment
s'applique et est maintenu par des crochets de bois
ou de toute autre façon ; on remplit insensiblement la
bauge, au fur et à mesure que croissent les tiges, mais
de façon à ce que la partie supérieure ne soit jamais
couverte. S'il arrive que l'une des pousses ait plus de
vigueur que d'autres, on la pince pour équilibrer la
nourriture et la partager d'une main aussi libérale
pour chaque tige. La fosse regarnie de terre, on y met

un paillis, opération qui suit un binage. — De cette
façon, on a, dans l'espace d'un an, douze ou quinze
pieds enracinés par sarment couché, tous vigoureux
et prospères.

Dans un rapport adressé à M. le ministre de
l'agriculture par M. Guyot, sur les vignes de l'Aunis,
le docteur cite un fait de viticulture des plus intéres-
sants : des pleyons, ou branches à fruit, piqués en
terre, y avaient pris racine ; et, détachés, ils formaient
de magnifiques plantations. — Ce sarment renversé,
piqué dans le sol, et qui a pris racine, mis en place,
donne une ou deux grappes la première année, quatre
ou cinq la seconde, et devient très fertile dans la suite.
Des faits de cette nature existent, et n'attendent que
l'étude, pour porter de grandes lumières sur certaines
parties encore obscures de la physiologie de la vigne.

Un autre mode de propagation consiste à coucher,
au commencement d'août, en lui rognant le bout, un
sarment d'une vigne dans une petite fosse de 0,10 de
profondeur, de façon à ce que l'œil extrême soit hors de
terre ; la fosse est garnie de bonne terre ou de
terreau ; les pluies de l'automne arrosent ce sarment,
qui se trouve pourvu, au premier printemps, de racines
qui ont poussé sur la partie enterrée, et l'on obtient
ainsi des sujets que l'on peut mettre en place à cette
dernière époque ; après avoir séparé la tige couchée
de la vigne-mère, l'on a deux pieds enracinés, en coupant avec un sécateur la partie enterrée, de façon à
conserver à chaque provin des racines ou du chevelu
développé pendant l'hiver. Ce procédé n'a pas été

appliqué, nous le croyons du moins, à la grande culture ; il a été expérimenté à Jurançon pendant quatre années consécutives, et toujours avec un plein succès.

§ V.

GREFFE.

Nous avons cherché à établir, dans la première partie de ce livre, qu'il était indispensable de lancer, par tous les moyens possibles, la viticulture française dans les voies les plus fécondes ; or, parmi elles, il n'en est pas qui présentent, pour les vignobles déjà plantés, les avantages de la greffe.

La greffe a pour but, d'obliger l'œil ou le scion d'une vigne, à croître sur une autre vigne, de façon à ce qu'en formant une union organique, on en arrive à créer un nouvel individu qui, suivant une ingénieuse comparaison souvent répétée, ne serait qu'une sorte de centaure. Par cette opération, les deux vignes s'unissent et se soudent de telle manière, que l'une d'elles qu'on nomme *la greffe*, reçoit la sève de l'autre qu'on nomme le *sujet*, par l'intermédiaire du système vasculaire. Par la greffe, une partie de la vigne qu'on veut propager s'unit à une autre vigne, avec laquelle elle doit faire corps et continuer de végéter.

Les plantes, de même que les animaux, ne sauraient

s'allier, si elles ne sont de la même famille. Là se trouve donc l'une des conditions essentielles de la réussite de la greffe. — Il faut, en outre, qu'il y ait de l'analogie entre la saison de la sève, et la durée de son mouvement ; enfin, les greffes doivent être proportionnées aux sujets qui vont les recevoir et les nourrir ; un bourgeon vigoureux serait une mauvaise greffe sur un sujet faible; un bourgeon faible serait étouffé par l'excès de sève d'un sujet vigoureux. En un mot, la greffe est un mariage forcé, mais un mariage très-bien assorti et dont les suites sont très heureuses. — La nouvelle vigne ainsi composée, va commencer un mode particulier d'existence. Elle prendra au sol, au moyen des racines fournies par le sujet, une partie de sa substance alimentaire, tandis que, par la greffe et ses développements, elle puisera dans l'atmosphère les autres éléments nécessaires à sa nutrition.

Une bonne vigne peut durer de 70 à 80 ans, souvent plus ; et, pendant tout ce temps, donner d'excellents et d'abondants produits, si elle a été convenablement traitée. — Mais les ceps deviennent-ils languissants, par suite de vieillesse ou par défaut de soins? s'ils ne répondent plus au travail ni à l'attente du vigneron, la greffe est le moyen qui va retarder un arrachage exigé par la faiblesse du rendement, et qui va prolonger pour longtemps encore la durée des produits rémunérateurs.

La greffe doit être encore économiquement utilisée, pour transformer les plants mauvais d'une vigne déjà faite, et leur substituer des cépages plus convenables pour le climat, ou plus conformes au but que le vigneron se propose ; et, parmi tous les procédés recommandés pour redonner une nouvelle jeunesse à des vignes épuisées, et améliorer les vins par l'introduction de cépages de choix, la greffe est celui dont les théoriciens comme les praticiens ont reconnu l'excellence et la hâtiveté.

L'avantage de pouvoir modifier la nature des vieux ceps qui laissent couler leurs fruits, et d'introduire dans les vignobles des cépages nouveaux plus avantageux que les anciens ; les besoins du commerce qui réclament des vins que les plants les plus répandus ne peuvent produire ; l'excellence et la supériorité des récoltes dues au vignes greffées; les conditions nouvelles imposées aux propriétaires des vignobles par les débouchés qu'a fait naître le traité de commerce ; tels sont les motifs principaux qui doivent faire adopter la greffe, comme le moyen de transformer graduellement les vignes, et d'éviter les frais d'une plantation nouvelle. L'emploi de la greffe est indispensable aussi pour la propagation de quelques espèces, qui ne peuvent réussir dans certains terrains ou sous certains climats, et qui peuvent y être introduites par cette pratique ; Il n'y a qu'à greffer ces espèces sur les plants dont la végétation est favorisée par la nature de ces terrains ou le genre de ces climats.

L'oïdium, qui a jeté dans la viticulture une perturbation si profonde et si inattendue, est encore une circonstance qui doit attirer l'attention sur les avantages de la greffe ; beaucoup de vignobles sont composés d'espèces que la maladie attaque avec une sorte de prédilection, et ne donnent plus de produits : les propriétaires les arrachent, quoique dans la vigueur de l'âge ; ne serait-il pas plus avantageux de les greffer avec des espèces qui résistent mieux au mal?

Mais le grand service que rend la greffe, c'est de transformer en deux ans une vigne qui renferme vingt à trente cépages différents, en une nouvelle qui n'en contiendra qu'un, deux ou trois, et par suite de changer à volonté l'essence du vignoble, et le genre comme la valeur du produit ; et cela, avec la certitude de ne perdre qu'une partie d'une seule récolte, un grand nombre de greffes portant du raisin dès leur première année.

On peut voir, d'après ce qui précède, que la greffe fournit un moyen plus puissant, plus prompt, et plus économique de changer les mauvais pieds de vigne, que la vieille méthode qui consiste à arracher d'abord, pour planter ensuite de jeunes plants qui font attendre longtemps leurs produits ; de plus, les vins que ces derniers peuvent donner, n'atteignent un degré élevé de qualité que dans un temps plus ou moins long; tandis qu'il est reconnu aujourd'hui par tous, théoriquement et pratiquement, que le greffage rajeunit le vieux cep greffé et vieillit l'espèce choisie pour greffe ; or, c'est là un immense avantage au point de vue de la qualité des produits ; car les racines de la vieille vigne transmettront à la jeune, greffée sur elle, une sève parfaitement élaborée, qui n'aura pas été retenue plus ou moins longtemps dans les canaux obstrués d'une vieille souche, et qui se dis-

:tribuera de façon à favoriser également le développement de tous les bourgeons, et une fructification perfectionnée et abondante.

Enfin, outre tous ces avantages évidents, la greffe offre encore une grande importance scientifique. Elle est un puissant moyen pour confirmer les affinités d'un grand nombre de genres entr'eux, avec plus de rigueur et de vérité peut-être, que l'analyse comparée des organes floraux.

L'art de greffer est un art qui remonte à une très haute antiquité. Mais on ignore l'époque précise où elle fut pratiquée pour la première fois ; toutefois, elle ne devait pas être inconnue au commencement de l'ère chrétienne ; car on en trouve la preuve dans un passage du chapitre II, de l'épitre de St-Paul aux Romains.—La greffe a laissé peu de traces, dans le passé, de son existence en France. Cependant Liébault la cite comme employée habituellement à Chablis, dans l'Auxerrois, dès l'année 1580.

L'application de la greffe à la vigne est très-facile, et sa réussite à peu près certaine ; la vigne n'a ni écorce vivace, ni aubier, et la sève monte par tous les vaisseaux utriculaires qui se trouvent placés dans le bois de cet arbuste. En cela la vigne diffère de tous les autres arbres, où la sève prend toujours son élan entre le ligneux et l'écorce ou l'aubier. Cette contexture qui est particulière à toutes les plantes sarmenteuses, prédispose la vigne à recevoir la greffe en fente dans toute l'épaisseur de son bois ; la fente se remplit en peu de temps à suite du passage incessant de la sève, qui la soustrait ainsi au danger que courent tous les autres arbres greffés, qui présentent longtemps une soudure extérieure, très-apparente, qu'un ébranlement quelconque ou un coup de vent peut facilement rompre.

Les auteurs des derniers siècles ayant sans cesse vanté le provignage et la bouture, on ne trouve la greffe dans nos vignobles qu'à l'état d'exception ; et cependant, si cette opération si simple n'était pas aujourd'hui connue, il faudrait l'inventer, pour satisfaire aux besoins, comme aux exigences de notre époque.

On peut greffer la vigne de plusieurs façons. La greffe en poupée est pratiquée avec succès sur les vieux ceps, ainsi que celle à œil poussant ; les plus ordinaires sont celles en fente et en bec de flûte ; on se sert aussi de la greffe en écusson que l'on pratique au printemps, un peu avant que la sève ne monte ; on peut, enfin, greffer par approche ; mais celle qui réunit le plus d'avantages, est la greffe en fente. Il y a deux espèces de greffes en fente que nous allons successivement décrire.

Et d'abord, le scion à greffer doit être choisi sur les crossettes les plus grosses et les plus vigoureuses. On doit surtout employer la partie inférieure du sarment, celle qui se rapproche le plus du tronc, parce que dans cette partie, le bois a plus de maturité et la couche ligneuse est plus épaisse. — Les crossettes qui fourniront la greffe, doivent être coupées avant l'hiver, et mises à l'abri de la gelée dans une cave ou tout autre lieu couvert ; il vaudrait mieux les enfouir sous une terre meuble ; les crossettes qui ont été coupées avant tout mouvement seveux et qui ont été enterrées, sont avides de la sève que les racines du sujet leur présentent; elles l'aspirent avec force, et se l'assimilent en entier.

Lorsque l'on veut greffer soit un cep, soit une racine, on fend le cep ou la racine, après les avoir préalablement sciés l'un ou l'autre horizontalement. Dans la fente on glisse le nouveau sarment qui doit être taillé des deux côtés en bec de flûte; on entoure la fente, d'un mélange bien pétri de bouse de vache et d'argile, que l'on consolide avec un lien d'osier. Cette méthode de greffage est très-simple; elle facilite à la racine le moyen de nourrir le nouveau sujet, et ne laisse craindre aucun épanchement de sève; quelque temps après l'opération, il est difficile de reconnaître le point de l'insertion. — Cette greffe s'applique indistinctement au cep ou à la racine; mais quand on opère sur cette dernière, il vaut mieux prendre certaines mesures qui ne sont pas applicables au cep. La greffe doit se composer dans cette circonstance, partie du bois de l'année, partie du bois de l'année précédente. Le bois de l'année doit avoir la longueur de 20 à 25 centimètres, et le bois de l'année précédente, destiné à former le bec de flûte à insérer dans la racine, doit avoir une longueur de 8 à 10 centimètres. — Avant d'entreprendre l'opération, il faut laisser jeter à la vigne cette fougue de sève, qui s'y porte avec tant de force dans les premières belles journées du printemps; sans cette précaution, la greffe pourrait être noyée. Après ce premier élan, la sève ayant plus de consistance dûe à un degré supérieur d'élaboration, cimente plus facilement l'union de la tige avec la racine.

La greffe en fente que nous venons de signaler, est celle qui est le plus ordinairement pratiquée; mais appliquée aux racines de tout un vignoble, et par des ouvriers peu soigneux ou inexpérimentés, elle peut emmener avec elle quelques désavantages.—Si la section que l'on fait sur le sujet est mal exécutée, elle peut conduire à la désorganisation des tissus, en provoquant l'infiltration des eaux. Cette infiltration sera d'autant plus facile que la plaie sera plus large et plus profonde, et qu'elle est ordinairement recouverte d'une substance perméable à l'eau. Ainsi, par le manque de soins, ou la maladresse, au lieu de donner de la vitalité à un cep, on peut faire descendre la mort dans la souche.

Aussi nous pensons qu'à ce procédé on doit substituer la greffe-bouture. — Pour pratiquer ce mode de greffage, il faut d'abord déchausser le pied de vigne, et le couper circulairement avec une petite scie, à dix centimètres environ au-dessous du niveau du sol, un peu au-dessus du mésophyte, ou nœud vital, ou collet; cette opération faite, on enlève par deux traits de scie longitudinaux, le long de la racine et en forme de coin, l'épaisseur du sarment que l'on veut propager. Puis, dans cette rainure ainsi pratiquée, on introduit ce sarment qui a été préalablement taillé des deux côtés, de façon à ce qu'il y ait adhérence parfaite entre la greffe et le sujet. Deux ou trois yeux du sarment à greffer restent en contre-bas dans le sol, pendant que un ou deux des yeux s'élèvent au-dessus

de terre. Après avoir, avec un lien d'osier, uni étroitement la greffe et le sujet, on enduit les plaies de
cire à greffer, ou de toute autre matière convenable,
pour prévenir l'évaporation de la sève ; on remet avec
un amendement ou un engrais la terre qui avait été
extraite autour du pied greffé, et la soudure s'opère
avec une facilité extraordinaire ; on peut aussi déposer
autour de la greffe, du sable substantiel qui conservera
plus de fraicheur à la plante, et aidera puissamment
à sa vigoureuse reprise. — Dans la vigne, l'essentiel,
quand on la greffe, est de mettre en contact direct le
plus grand nombre possible d'utricules, à l'aide desquelles la vie se propage dans le végétal.—Par ce procédé de greffage, on évitera les blessures dangereuses
et les infiltrations de l'humidité.

La greffe en approche peut aussi présenter des
avantages dans certaines circonstances données ; par
exemple, si deux ceps voisins ont des qualités différentes, et qu'on veuille chez les deux la même espèce,
on approche un des sarments de l'espèce à conserver
que l'on introduit dans une rainure faite dans le cep
à greffer. En suivant les prescriptions plus haut
indiquées pour toute l'opération, la soudure s'opère
très-rapidement.

On peut aussi greffer par approche, en glissant dans
la rainure du cep un sarment détaché : cette greffe
qui n'est qu'une bouture très-longue, est en partie
enterrée dans le sol, ce qui aide puissamment à sa
reprise : ce procédé, trop peu usité, réussit presque
toujours, et fournit souvent un plant chevelu dans
la partie enterrée du sarment.

Toute espèce de greffe peut être appliquée à la vigne, et réussir sur elle, pour peu qu'on lui accorde les soins exigés par cette pratique ; à Jurançon, l'essai a été fait sur quelques ceps d'un système de greffage ancien, aujourd'hui oublié, et qui a produit d'excellents résultats. Il consiste à percer avec une tarière le bras ou le tronc de la vigne qu'on veut détruire, de façon à ce que le trou fait ainsi, puisse recevoir le brin ou la branche d'une vigne voisine à propager ; une fois le brin introduit, et après avoir soulevé un peu d'écorce pour le mieux juxtaposer et retenir, on ligature et on enduit les blessures d'onguent de St-Fiacre ou de cire à greffer ; la greffe ainsi alimentée par les deux ceps, prend une telle vigueur qu'à deux ans, elle constitue un cep parfait, et permet d'abattre tout le bois autre que celui qui provient d'elle.

Enfin, lorsque les parties greffées sont bien soudées, il est d'une bonne pratique de pincer souvent les sarments du sujet, pour mieux alimenter la greffe, qui, traitée ainsi, donnera un produit moyen dès sa seconde année, et remboursera et au delà, la troisième année, toutes les dépenses qu'elle aura occasionnées.

A part le cas signalé plus haut de la greffe des racines, l'époque où l'on doit se livrer à cette opération nous est indiquée par Columelle, qui nous apprend qu'elle doit être faite au printemps quand les froids sont passés, et cependant avant le départ de la sève ; d'après cet auteur, la greffe étant effectuée plus tôt, une gelée peut tout compromettre ; et quand on se livre à cette pratique après l'époque indiquée, les greffes peuvent être noyées par la sève, qui monte avec trop d'abondance.

Dans l'Hérault, sur l'exploitation de M. Cazalis-Allut, lauréat de la prime régionnale, on a pratiqué en grand la greffe de la vigne, et celles qui ont subi cette opération sont d'une admirable beauté ; cependant une partie d'elles n'avait pas moins de 108 ans ; à l'aide de ce procédé, on a converti en vignes productives, des vignes épuisées ou trop vieilles. — Aussi ne saurait-on trop recommander de renouveler par la greffe tous les ceps qui offrent pendant l'été quelques signes de dépérissement : car on ne doit pas oublier que les racines de la vigne sont encore pleines de vitalité, quand la souche est desséchée, ou paraît morte hors de terre.

Quoique la greffe soit largement pratiquée dans les jardins, quoique son origine remonte à la plus haute antiquité, les effets en sont peu connus. On s'accorde à reconnaître ses heureux résultats autant sur la maturité du fruit que sur la qualité du vin ; mais l'influence relative tant du sujet que de la greffe, doit encore être étudiée sous le rapport de la vigueur et de la durée des plants, et les physiologistes sont loin d'être d'accord sur les relations intimes qui existent entr'eux. Il y a tout un travail à faire sur la greffe en général, travail surtout d'expérimentation, qui ne saurait être l'œuvre d'un seul homme.

Telle qu'elle est, elle doit jouer un rôle immense dans l'économie des vignobles de France, et aider spécialement ceux du sud-ouest à marcher résolument dans une voie progressive.

Qu'on recoure à la greffe, et une révolution va s'opérer dans nos contrées, sous les effets bienfaisants de cette pratique ; l'avenir du pays est là : il ne peut surgir que de la viticulture. Elle seule peut rendre nos populations industrielles et commerciales ; elle seule, avec notre soleil, notre climat, nos terrains, peut nous faire prendre dans le monde la place qui nous y est réservée ; elle seule enfin peut nous réveiller tout-à-fait, et nous retirer de cette torpeur qui nous a engourdis pendant trop longtemps.

§ V.

BOUTURES, CROSSETTES.

La vigne se multiplie le plus généralement au moyen de ses tiges ou de ses branches ; et ce mode de reproduction perpétue les variétés et les races sans altération.

La multiplication par la bouture est basée sur ce principe, que la vie végétale est répandue dans toutes les parties d'une vigne, et que toutes ou presque toutes peuvent donner naissance à des plants en tout semblables.

Bouturer une vigne, c'est en placer une portion, sarment, chapon, tronçon de tige dans des conditions telles, qu'il s'y développe des racines et qu'il en provient une nouvelle plante. On doit apporter la plus

grande attention au choix des boutures que l'on veut
propager; car, quoique provenant du même plant,
les tiges plantées corserveront des qualités différentes,
semblables aux différences que présentaient les pieds
sur lesquels on les a coupées ; il faut donc ne prendre
les sarments que sur les plants qui présentent les
caractères que l'on veut propager, excluant tous les
autres, quoique appartenant à la même espèce.

Depuis quelque temps ce mode de multiplication a
fait de très-grands progrès; et il est d'une telle importance en viticulture, que nous croyons devoir entrer,
à son sujet, dans quelques développements.

Une bouture est une partie d'un sarment mûr et
août é, qui se trouve placée dans les conditions qui
doivent lui faire former des racines, et l'aider à vivre,
dès les premiers jours, des éléments qu'elle renferme.
La condition qui assure le succès de la bouture, consiste
à l'exposer à une humidité et à une chaleur convenables;
une température égale, plus élevée que la température
ordinaire, une atmosphère assez humide, une terre
légère, favorisent singulièrement sa reprise.— Les boutures ne sont que des rameaux munis de plusieurs
yeux, dont un au moins doit être hors de terre. —
(Nous verrons, quand nous serons arrivés à la plantation proprement dite, quelle longueur doit avoir la
partie enterrée du sarment, et s'il y a avantage ou
désavantage, à ce qu'il n'y ait en terre que deux, trois,
ou quatre yeux, ou bien, s'il est plus convenable qu'il
y en ait un plus grand nombre). L'œil ou bourgeon qui
est laissé hors de terre, se développe en une branche,

qui devient la tige d'une nouvelle vigne, pendant que la partie du rameau placée en terre produit des racines. La vigne a dans sa sève une telle activité que, placée dans des conditions de climat et de sol favorables, quelques jours lui suffisent pour former et développer le système radiculaire et le système aérien ; voici la marche qu'elle suit dans son premier effort vital. — Elle ne prend d'abord à la terre que de l'eau; l'eau, absorbée par la capillarité, dissout les sucs qui se trouvent amassés et condensés dans le bois par sa maturation, et en forme les premières feuilles et le tissu spongieux, avant que la jeune bouture n'ait encore rien puisé dans le sol par ses racines.

M. Leroy (d'Angers) emploie un système qui, dit-il, lui a toujours procuré de grands avantages ; il laisse les boutures huit jours en terre, de manière à les amollir ; alors il enlève l'épiderme jusqu'au liber sur quelques centimètres de la partie inférieure ; il en résulte, dit-il toujours, un chevelu très-développé et une avance de près de deux ans dans la mise à fruit de la vigne. — Nous n'avons pas expérimenté ce procédé, de manière à pouvoir dire d'ors et déjà quelles en sont les conséquences ; aussi ne pouvons-nous que le conseiller comme essai.

Quand les boutures sont plantées, il est aussi d'une bonne pratique de ne leur laisser qu'un œil hors de terre, et de recouvrir cet œil de sable ou de terreau ; et pendant que les boutons enterrés jettent quelques petites radicules, l'œil ainsi abrité du mauvais temps qui pourrait le désorganiser, et de l'ardeur du soleil

16

qui le dessècherait, se prépare à se développer avec vigueur; et, mis à découvert au commencement de mai, il pousse de fortes tiges qui ne s'arrêtent plus jusqu'à l'hiver. Nous pensons que cette précaution est indispensable dans toute plantation : car, l'expérience a été souvent faite à Jurançon, d'une plantation de boutures dont on ne laissait hors de terre qu'un seul œil, eu ayant le soin de le recouvrir de sable, et le succès a été complet. — Il est bon, quand on plante les boutures, de couper le sarment dans sa partie inférieure, immédiatement au-dessous d'un œil; car, dans ce cas, les racines s'y forment plus facilement que si l'on avait laissé une plus longue partie de bois ; l'expérience prouve aussi, qu'en coupant nettement le sarment sur le milieu d'un œil de sa partie inférieure, de façon à conserver une espèce de cloison qui s'y trouve, on empêche l'eau d'y pénétrer avec trop d'abondance ; ce qui pourrait emmener la pourriture ou la carie du sarment, qui ne produirait plus qu'une vigne languissante et de peu de durée. Mais à la partie supérieure ou hors de terre, il sera utile de laisser deux ou trois centimètres de sarment au-dessus de l'œil conservé, parce que celui-ci sera moins exposé à sécher.

Il y a un antique usage de nos vignerons, qui consiste à couder le sarment dans le trou ou l'auget où il est placé. Bien des auteurs recommandables ont attaqué cette méthode, et l'ont traitée de préjugé; d'autres aussi recommandables l'ont défendue; pour nous, nous avons fait dans les mêmes conditions, sur les mêmes

terres, au même instant, des plantations de comparaison, et nous devons déclarer que les deux systèmes,
qui du reste ont produit tous deux des plants fort
beaux, n'ont pas cependant également réussi ; et que
l'avantage, quoique faible, est resté aux plantations
dont les boutures avaient été coudées dans la terre.

Il est aussi d'une bonne pratique de plonger pendant
huit jours au moins, les boutures dans l'eau d'une
fosse ou d'une mare ; il suffira que la partie inférieure
baigne de 10 à 15 centimètres. — Cette précaution
est essentielle pour les plants qui viennent de loin.
Leur immersion prolongée attendrit l'écorce, ramollit
et gonfle les tissus, et les prédispose à se mame-
lonner. C'est là l'opinion bien arrêtée des praticiens. — Cette immersion est moins nécessaire, quand
on plante à la fin de l'automne ou au commencement
du printemps, parce que l'humidité de la terre est
alors assez forte pour ramollir le sarment, dans la
partie qui doit émettre les racines.

Les détails dans lesquels nous venons d'entrer, comme ceux qui suivront, paraîtront peut-être longs au
lecteur ; mais il nous semble indispensable de les donner,
parce que dans tous les départements où la vigne est
cultivée, en Béarn surtout, il n'y a pas un domaine qui
ne possède un terrain propre à la production d'un vin
de qualité supérieure, avec des soins et un peu de dis-
cernement ; et nous avons pensé que dussions-nous
paraître méticuleux, nous devions entrer dans les
développements les plus étendus, sur tout ce qui se
rattache à la plantation de cet arbuste, qui seul peut
faire notre prospérité.

Beaucoup d'auteurs enseignent, que la vigne s'enra-
cine avec plus de certitude, quand le sarment employé
comme bouture, est accompagné à sa partie inférieure
d'une petite partie de bois de deux ans, formant une
sorte de crosse ou de crochet. C'est ce que les vignerons ont appelé une crossette. La crossette n'est donc
qu'une bouture, puisque le bois de deux ans établit
seul la différence entre la crossette et la bouture.
Ordinairement les crossettes ne se plantent pas droites,
ou légèrement inclinées, comme les boutures simples;
elles se placent horizontalement, à quelques centimètres sous terre; on redresse, pour le faire sortir
au dehors, le bout supérieur pourvu d'un bon œil. —
Nous ne pensons pas que ce morceau de bois de deux ans
soit utile à la reprise; il ne peut que garantir de toute
atteinte la partie du sarment où commence le bois de
l'année qui, vers ce point, est couvert de crevasses;
circonstance favorable à l'émission des racines. Ce
talon de bois de deux ans ne donne jamais de
racines, et ne reçoit aucune impulsion du mouvement
végétal; enfin, mis sous terre, il ne tarde pas à se
décomposer complétement. Voici du reste ce qu'en dit
Olivier de Serres : « Les anciens ont commandé qu'en
cueillant les crossettes ou maillots, leur soit laissé du
vieux bois ; non que cela de soy serve à la fertilité,
mais, enfin que par là, l'on fust bridé de ne planter que
des œils les plus profictables, lesquels sont toujours les
plus proches du tronc, ainsi, ce vieux bois y demeu-
rant, l'on ne peut être trompé en cela : autrement il
serait facile d'une longue crossette en faire, par trom-

perie, deux ou trois, contre l'intention de tout bon vigneron. »

La crossette ou bouture doit être coupée sur un cep fort et vigoureux, qui n'aura pas dépassé l'âge de 15 ans, dans les terrains où la vigne donne de beaux produits pendant 30, et sur un cep de trente à quarante ans dans les sols où la vigne dure un siècle : car la vigueur végétative de la vigne s'accroît toujours pendant la première moitié de son existence, pour baisser et finir par s'éteindre dans la seconde moitié. Il faut que le sarment soit sain, sans tare, et qu'il ait produit dans l'année des raisins gros et bien nourris, parce qu'alors sa fécondité ne sera pas équivoque ; il est prudent, pour être certain de l'accomplissement de ces diverses conditions, de marquer à l'automne, d'une façon quelconque, les sarments qu'on destine à planter la vigne ; sans cette précaution, il est presque impossible d'être parfaitement sûr des plants que l'on emploie : Car, il est très-difficile, après les vendanges, et quand l'hiver a dépouillé le cep de ses feuilles, de reconnaître au bois seul la famille ou la race à laquelle appartient le sarment : le plus habile vigneron peut s'y tromper, et être trop souvent attiré par l'apparence d'une belle tige, dont le bois aura un peu d'analogie avec celui du plant recherché, et qui cependant fournira une espèce qui ne peut prospérer ni dans le terrain ni à l'exposition, qui caractérisent la vigne que l'on plante.

Quant à acheter des crossettes ou boutures, et les faire venir de loin, on est à peu près sûr d'être toujours trompé ; on paie, dans l'année même où en les prenant, ces sarments dont on ne pourra apprécier la qualité ou l'espèce que dans trois ou quatre ans ; et alors, l'erreur est impossible à réparer, ou cette tentative deviendrait si coûteuse qu'il y aurait folie à la tenter.

A mesure qu'on ramasse les crossettes, il faut avoir le soin de les classer, de manière à ne pas mélanger les cépages blancs avec les cépages colorés, comme les cépages hâtifs avec ceux qui ne mûrissent que plus tard. On sait que les vignes rouges mûrissant toujours leurs fruits avant les vignes blanches, ne doivent pas être confondues dans la plantation avec ces dernières, ni occuper les mêmes positions dans le vignoble.

Il faut s'approvisionner de crossettes ou de boutures, dès qu'elles sont suffisamment aoûtées, c'est-à-dire dès que le bois a acquis un degré suffisant de maturité. Le vigneron reconnaît le sarment suffisamment mûr pour une plantation, soit au dépouillement des feuilles, soit au resserrement de ses fibres, soit à la diminution de son volume, soit enfin à la cessation de tout mouvement apparent de la sève. Dans nos contrées, le bois a acquis toutes les qualités désirables à la fin de l'automne; et cette époque pour recueillir les sarments, est également la meilleure dans presque toutes les contrées viticoles de la France.

Les boutures ou crossettes sont stratifiées dans de petites fosses, où elles sont déposées jusqu'au moment de leur plantation. Elles sont recouvertes avec la terre même qu'on a retirée de ces petites fosses. — Cette stratification a pour but, tout en les empêchant de se dessécher, de développer en elles la faculté germinative, et par suite l'émission d'un nombreux chevelu. La terre qui les recouvre les maintient suffisamment fraîches ; mais il faut éviter toutefois, que la fosse garde les eaux de l'hiver qui pourraient les désarticuler et les noyer ; ordinairement elles sont couchées horizontalement, et se couvrent parfaitement dans cette position. Toutefois, M. Du Breuil nous enseigne que, posées verticalement, et le *sommet en bas* dans des fosses qui ont une profondeur égale à leur longueur, et recouvertes de terre, de façon à former ainsi de petits ados, les boutures gagnaient jusqu'à une année, et hâtaient par suite le moment du produit. M. Du Breuil a vu ce procédé employé avec succès dans le département de l'Aude ; et toujours au moment de la plantation en pépinière, le talon de chacune des crossettes se trouvait pourvu d'un bourrelet de tissu cellulaire, qui activait la végétation par l'émission de petites radicelles.

§ VII.

CHÉVELÉES, PÉPINIÈRES ;

BOUTURES ET PLANTS ENRACINÉS.

Quand on fait une plantation de vignes, on peut aussi employer du plant enraciné que l'on appelle *chevelu,* à cause du grand nombre de petites racines

dont il est pourvu ; mais le plant chevelu est très-rare
et très-coûteux ; il est difficile de s'en procurer en
assez grande quantité, d'avoir le cépage que l'on désire,
et les vignes ainsi plantées durent moins longtemps.
Tels sont les inconvénients de ce mode de propagation.
Cependant ce système a son bon côté, surtout pour
les remplacements, dans une plantation où il y a eu
des boutures qui n'ont pas levé. On peut par ce moyen
repeupler les vides, et donner ainsi à toute la vigne
le même âge de production. Mais pour atteindre économiquement ce but, le vigneron, pendant qu'il crée son
vignoble, doit aussi songer à faire une pépinière dont
l'importance sera proportionnée à l'étendue de sa plantation ; le peu de terrain qu'il aura à préparer, lui
permettra de prendre toutes les précautions qui assureront le succès de cette opération.

Quand on veut faire une pépinière, on se laisse
ordinairement dominer par une erreur assez grave qui
est généralement répandue, et qui consiste à rechercher
la meilleure terre possible, une terre de jardin ; on
lui prodigue engrais et amendements ; on ne lui épargne ni travaux ni soins ; et on obtient ainsi des plants
de toute beauté. — Mais ces plants, mis en place
définitive, montrent bien vite que leur vigueur n'était
qu'éphémère, et qu'il eût été plus avantageux de
s'adresser à un autre mode de plantation, que d'acheter
à chers deniers des ceps d'un avenir incertain. —
C'est qu'il en est des plantes, comme des animaux.
Pour les unes comme pour les autres, s'il est vrai
qu'une nourriture substantielle dans l'enfance peut

donner un tempérament robuste pour toute l'existence, quand cette nourriture se continue ; il n'est pas
moins certain, qu'une alimentation trop riche et trop
abondante, prodiguée au jeune âge, peut conduire à
une vie languissante et au dépérissement, lorsque cette
alimentation est brusquement interrompue, au moment
même où la plante comme l'animal aurait besoin du
régime le plus substantiel. — Ce que l'on doit donc
rechercher pour une pépinière de vigne, c'est une terre
franche, un peu fraîche, ayant 0,40 à 0,50 de profondeur, et suffisamment meuble, pour que rien ne
s'oppose au développement des racines ; les bords des
ruisseaux, les lieux frais et humides, les sols qui conviennent aux légumes communs, sont excellents pour
y asseoir une pépinière. — La terre qui la supportera,
devra être assainie ou drainée, afin qu'elle ne puisse
garder une humidité surabondante ; elle devra être
nettoyée des pierres trop grosses, comme des plantes
vivaces et parasites qui disputeraient aux jeunes ceps
leur nourriture ; enfin, elle devra être suffisamment en-
richie par des marnes, de la chaux, des cendres, par
des engrais animaux ou végétaux bien décomposés.

Un terrain qui est élevé sans être trop aride, assez
profond et meuble, légèrement incliné au sud ou à
l'est, et à l'abri des vents du nord et de l'ouest, convient aussi à l'établissement d'une pépinière.

L'eau, dans le voisinage, est nécessaire pour l'arro-
sage du jeune plant à l'époque des grandes chaleurs,
qui pourraient, par leur intensité trop prolongée, entraîner sa mort.

Il ne doit pas y avoir des arbres ni des arbustes à côté ou dans la pépinière ; le plant doit aussi occuper sans partage le terrain, parce que tout végétal qui lui voilerait la lumière, intercepterait l'air, ou lui disputerait sa nourriture, serait nuisible à sa vigoureuse végétation.

Le sol destiné à la pépinière sera retourné plusieurs fois avant l'hiver, s'il est de nature compacte ou argileuse ; car il faut absolument qu'il soit meuble. — En même temps que les engrais qui viennent d'être indiqués, on emploiera comme amendements, soit des décombres, des plâtras, des argiles de démolition, soit du terreau de feuillage recueilli dans les bois ou au pied des haies, des curures de mares ou de fossés, bien mûries.

Dans le sud-ouest, l'époque la plus favorable pour former la pépinière, est le temps qui s'écoule depuis le 1er février jusqu'à fin avril. Pendant ces trois mois, cette région subit ordinairement des alternatives de pluie et de soleil qui, aidant puissamment à la reprise, fortifient la bouture, et la mettent à même de résister plus facilement aux chaleurs estivales. — Au moment de la plantation, on donne un nouveau labour assez léger ; on nivelle le sol, et on porte sur l'une de ses parties les engrais ou fumiers qui vont être nécessaires pour la pépinière. Voici comment on opère généralement : — Sur le terrain ainsi nivelé et aplani, on tend à l'une de ses extrémités un cordeau, et on ouvre le long de ce cordeau une tranchée large et profonde d'environ 0,20 centimètres ; la paroi de la tranchée, sur laquelle vont reposer les boutures, doit avoir une certaine inclinaison ; sans cette précaution, et si elles devaient être placées verticalement, il faudrait à la bauge une profondeur un peu plus grande. On place les boutures dans la tranchée à la distance de 2 à 3 centimètres l'une de l'autre, si elles doivent être levées au bout d'un an ; et un peu plus distantes, si elles doivent rester en pépinière deux ans. On ne leur laisse qu'un œil en dehors de terre, en ayant soin de tailler immédiatement au dessous de l'œil enlevé ; cet œil conservé est recouvert de sable ou de terre légère à 0,02 d'épaisseur. Cette méthode préserve le bourgeon laissé hors de terre, de l'effet nuisible des nuits froides, de la sécheresse ou des coups de soleil. Dans la tranchée, et sur les boutures ainsi posées, on répand les engrais, de façon à ce que les trois quarts au moins de la tranchée en soient garnis. Comme nous le verrons bientôt, les terreaux ou fumiers décomposés, mélangés de chaux et de terre légère, sont les meilleurs condiments qu'on puisse fournir à la jeune bouture. On place ensuite le cordeau à 20 centimètres de la première rangée que l'on achève de couvrir avec la terre extraite de la seconde ; on foule fortement cette terre, et l'on continue ainsi, en ayant le soin de séparer les divers cépages que l'on désire propager. Enfin, la plantation se termine par un léger binage, qui a pour but d'ameublir la couche superficielle tassée par le piétinement.

Pour assurer la complète réussite des plants confiés à la pépinière, il faut biner pendant la première année aussi souvent que le besoin s'en fera sentir; ce binage a pour but d'enlever toutes les mauvaises herbes qui ont pu germer, et qui arrêteraient ou absorberaient les rayons solaires, et pour effet, d'ameublir la terre, et de la soustraire aux influences contraires des grandes chaleurs de l'été. — Il est aussi d'une bonne pratique, de couvrir toute l'étendue des planches d'une couche de litière ou de feuilles sèches qui, au moment des pluies, empêche le sol de durcir et de se tasser, et au moment des fortes chaleurs, prévient sa dessiccation; cette précaution empêche aussi la germination, et surtout le développement des plantes parasites qui viendraient prendre à la pépinière une partie de la nourriture destinée à alimenter la vigne. — Tous ces soins n'empêcheraient pas la mort d'un grand nombre de plants, si on ne les arrosait de temps en temps, au cœur de l'été, pendant les grandes chaleurs. Ces arrosements doivent s'effectuer le matin ou le soir, mais plutôt le soir.—Enfin, on ne doit pas toucher pendant la première année aux parties vertes de la plante, parce que ce qu'on lui enlèverait, paralyserait le développement des racines, et éloignerait ainsi du but poursuivi.

Dans le sud-ouest, on pourra planter les jeunes pieds en place, s'ils sont bien développés, à la fin de l'automne. Mais ordinairement, il vaudra mieux attendre la seconde année pour repiquer les chevelus, que l'on traitera ainsi jusqu'au moment de leur transplantation; on taillera à la fin de l'hiver, de façon à ne laisser qu'une tige, la plus rapprochée de terre, et cette tige sera elle-même taillée à un œil; on continuera pendant la seconde année les soins indiqués pour la première, à la seule différence qu'on rejettera sur une seule tige toute la force du cep ; on atteindra ce résultat, en supprimant tous les bourgeons, excepté celui qui annonce le plus de vigueur. C'est en agissant de la sorte qu'on obtiendra de beaux chevelus qui, mis en place, assureront l'avenir du vignoble.

Certaines précautions doivent être prises pour la déplantation dans la pépinière. — Il faudra surtout éviter de contusionner, de froisser ou de briser aucune des racines. On pourra soulever le plant par un coup de bêche profondément donné ; et, par un mouvement d'oscillation de droite et de gauche, ramener le chevelu à la surface, où il sera facile de le débarrasser de la terre surabondante, sans nuire sensiblement aux racines et aux spongioles. — Mais le meilleur moyen est celui indiqué par M. Du Breuil, dans les termes suivants : « Ouvrir à l'une des extrémités de chaque planche, et en travers, une tranchée continue, assez profonde pour qu'elle pénètre un peu au dessous du point où les racines sont descendues, puis, miner le terrain de proche en proche, en maintenant toujours la tranchée bien ouverte. On pourra enlever ainsi tous les plants sans froisser une seule de leurs racines. »

Que faut-il préférer dans toute bonne plantation normale, les boutures ou les plants enracinés ? — Cette question est diversement résolue par les auteurs qui ont écrit sur la vigne, et trop souvent, ils ont adopté l'un des systèmes à l'exclusion de l'autre. Nous allons mettre

en regard les deux procédés, en faire ressortir les
avantages ou les inconvénients; et, tout en admettant
que les deux peuvent et doivent souvent être employés
simultanément, essayer d'établir, que les boutures
sont presque toujours préférables aux plants enracinés.
—Et d'abord, les boutures sont moins coûteuses; dans
beaucoup de localités même, elles se donnent; ce
premier avantage s'accroît de cette considération, qu'elles
occasionnent aussi moins de dépenses pour l'exécution des travaux qu'elles nécessitent lors de leur mise
en terre. Si elles reçoivent, à leur plantation, les
soins nécessaires, et que ce travail s'effectue à une
époque convenable, elles réussissent presque toujours;
et forment la première année, au lieu même où doit
s'écouler leur existence, un nombreux chevelu qui
assure leur vigueur. Enfin, elles n'exigent pas pour
elles, des travaux autres que les travaux ordinaires des
vignes. — Dans le système des chevelus, la plantation
dans la pépinière, les arrosages, les travaux et les
soins à donner à cette pépinière pendant les deux ans
qui précèdent la transplantation, la déplantation dans
la pépinière, la mise en place définitive, les dangers
de mutiler ou de briser les racines, que le contact
seul de l'air peut dessécher; tout se traduit en dépenses et en appréhensions, qui doivent faire préférer
les boutures aux chevelus. — Toutefois, dans toute
grande exploitation, une pépinière sera indispensable
pour y puiser les plants qui devront garnir les vides,
que la mort aura faits dans la plantation générale. —
Dans les terrains très-secs, et à certaines expositions

très-chaudes, où l'on ne trouverait pas l'humidité
nécessaire à la reprise et à l'existence de la bouture,
on doit aussi faire la plantation par plants enracinés,
en acceptant d'avance les fortes dépenses qu'entraîne
avec lui ce mode de procéder.

Il est, cependant, beaucoup de pays, où l'on préfère
le plant enraciné à la bouture, et il est difficile de
comprendre cette préférence, devant les inconvénients
déjà signalés de ce mode de plantation. De plus, bien
souvent, la plantation par boutures enracinées est
impraticable, spécialement dans tous les terrains qu'on
ne peut ouvrir qu'avec de forts instruments de fer,
en employant la taravelle, le pic ou le plantoir ; comment, en effet, introduire dans ces trous si étroits,
les masses chevelues de la bouture enracinée, sans
les froisser et les mutiler ?

D'un autre côté, et en admettant que des fosses
ou des tranchées parfaitement convenables, aient été
creusées, le plant enraciné ne s'y trouvera jamais parfaitement à l'aise avec ses racines ; elles seront placées
dans des directions contraires à celles qu'elles occupaient ailleurs, et la nourriture qu'elles puiseront, ne
se trouvera pas dans des conditions identiques, à celles
dans lesquelles se trouvait celle qu'elles absorbaient
précédemment. Il faudra plus ou moins de temps pour
rétablir l'équilibre si brusquement rompu, et accli-
mater, pour ainsi dire, la jeune bouture dans ce nouveau terrain. Le plant enraciné est ordinairement sorti
de pépinières riches, profondes, bien fumées, bien
travaillées et bien arrosées, c'est-à-dire, de terrains

de beaucoup supérieurs à ceux dans lesquels on les
transplante; et le cep ne doit-il pas être profondément
altéré dans les éléments de sa composition, lorsque,
par la transplantation, on le sèvre de tous les avantages
dont il a joui jusqu'à ce jour, et qu'à l'abondance si
nutritive de la pépinière, on substitue d'ordinaire les
seuls éléments que peuvent fournir des terrains maigres et presque abandonnés? La terre où l'on repique,
ne pouvant jamais être identiquement de même nature
et de même richesse que celle de la pépinière, n'y
a-il pas nécessairement un temps d'arrêt? Et ce temps
d'arrêt ne doit-il pas influer sur la durée de la vigne,
qui est dans l'obligation de s'accommoder d'un milieu,
pour lequel elle n'était pas née?

Les plantations faites en place, par boutures, durent
plus longtemps que les plantations faites avec des chevelus. C'est là un fait d'expérience, qui vient encore
à l'appui de l'opinion que nous émettons.

Aussi, ne s'aurait-on trop s'élever contre les habitudes de certains vignerons, qui s'imaginent gagner
du temps, en plantant une vigne de plants enracinés
plutôt que de boutures.—La bouture prend aussi vite
que le plant enraciné, et forme aussi vite et plus vite
un arbrisseau complet; car, ses racines n'ayant con-
tracté dans leur enfance aucune habitude avec laquelle
elles doivent rompre, elles s'acclimatent, dès leur naissance, au milieu où a commencé leur existence, comme
aux influences atmosphériques et géologiques de l'exposition et du terrain sur lequel elles sont plantées,
quelle que soit d'ailleurs cette nature de terrain ou cette

exposition. — Sur les coteaux de Jurançon, l'essai comparatif a été souvent fait, d'une plantation par bou-tures ou plants enracinés, dans des conditions abso-lument semblables de terrain, d'exposition, d'engrais et de cépages, et toujours l'avantage est resté aux boutures ; et cet avantage s'est surtout fait remarquer les années qui ont suivi la plantation.

Il y a aussi un autre moyen de propagation qui n'est indiqué que par M. le comte Odart, mais qui demande beaucoup d'adresse et de précautions, pour assurer une réussite. C'est vers la St-Jean qu'on peut le pratiquer avec le plus de chances de succès. Il s'agit de planter dans une terre de jardin bien amendée, les petites pousses qui ont été arrachées en ébourgeonnant, sur-tout lorsqu'elles emportent avec elles l'empâtement de leur insertion sur la tige ; elles reprennent assez faci-lement, lorsqu'elles partent d'un point du cep enterré, et lorsqu'on a le soin en les plantant, de leur enlever la partie supérieure, tendre et herbacée.

§ VIII.

RECOUCHAGE. — RECÉPAGE.

La vieillesse d'une vigne, l'époque rapprochée de sa mort, s'annoncent par ses tiges qui sont minces et rachytiques, par ses feuilles qui n'ont pas cette belle

17

couleur verte de la jeunesse, et par ses grappes qui
sont petites et peu garnies. Quand elle montre ces
signes de décadence, on croit généralement lui redonner
une nouvelle vigueur par le couchage. (Cette opération
n'est autre que le provignage de tout le cep que nous
avons déjà décrit.) Nous pensons qu'il vaudrait mieux
l'arracher et la replanter, que la soumettre à cette
opération ; et l'on partagera cet avis, si l'on veut
réfléchir à tout le travail que cette pratique nécessite
et à l'engrais qu'elle absorbe, comme à tous les
inconvénients qu'elle entraîne avec elle, et qui ont
été déjà signalés dans le provignage.

Toutefois, ce moyen peut être utilement mis en
œuvre sur une jeune vigne, dont l'existence est compromise par ses racines qui se noyent dans l'eau
gardée par une terre glaiseuse ; le couchage peut avoir
pour résultat, de forcer ces mêmes racines à courir
horizontalement sous terre, pour y chercher leur nourriture et fuir l'humidité stagnante du sous sol, et à
fournir ainsi à la vigne tous les éléments d'une riche
végétation.

On peut encore prolonger les années de fertilité
d'un vignoble, en couchant les souches dans une fosse
profonde, parallèle à la rangée des ceps ; mais pour
atteindre ce but de longévité, il faut enterrer quelques
bourgeons de l'année ; c'est-à-dire, qu'ayant taillé à six
yeux par exemple, deux de ces yeux sortiront de terre,
pendant que les quatre autres seront enfouis comme
les ceps. Les yeux recouverts se développeront en
racines vigoureuses, par l'alimentation qu'ils devront

aux vieilles vignes ; et ces jeunes racines prendront une rapide croissance, qui leur permettra de nourrir abondamment les boutons conservés hors de terre, et de les conduire à un riche avenir ; bientôt le vieux cep se détachera naturellement des jeunes bourgeons couchés, et sa décomposition progressive viendra en aide à la jeune vigne, pour laquelle il sera un puissant amendement.

Mais on ne saurait trop répéter qu'il est, à tous les points de vue, plus avantageux de traiter les vieux ceps par la greffe.

Enfin, un procédé plus économique que le couchage et qui a souvent été mis à exécution sur les coteaux de Jurançon, est le récépage, qui donne aux ceps une nouvelle jeunesse, et prolonge pour longtemps encore leurs produits, sans rien enlever à leur qualité.

Cette pratique consiste à couper le cep à quelques centimètres sous terre, un peu au dessus du mésophyte ou nœud vital ; dans l'année, vont pousser, au-dessous de la section, de nombreux sarments, parmi lesquels on choisira le plus vigoureux pour en faire la tige de la vigne renouvelée. Tous les autres seront arrachés, de façon à rejeter toute la sève des racines sur le sarment conservé. — Ainsi traité, ce sarment va prendre un très-grand développement, et former rapidement une vigne prospère ; le récépage lui aura assuré cette vigueur, en enlevant la partie du cep lignifiée, dont les canaux conducteurs étaient obstrués ou rétrécis, et ne laissaient plus circuler la sève.

Un moyen de rajeunissement et d'abaissement du

cep, fourni par M. Carrière, consiste à incliner tous
les sarments qu'on a eu soin de conserver sur le
vieux cep ; des masses de feuilles vont se produire,
qui exciteront le travail des racines, et l'inclinaison
fera affluer la sève vers la base du cep, et y fera
développer de nouveaux bourgeons. Il faudra pincer
les pousses des tiges inclinées, lorsque les sarments
venus à la base du vieux bois auront pris assez de
consistance, et qu'ils seront à même d'utiliser l'excédant de sève que ce pincement leur rejettera. Enfin,
l'on enlèvera par la taille la partie du vieux cep qui
est au-dessus des sarments poussés près de terre. —
Quand on se livre à cette opération, l'inclinaison des
sarments doit être d'autant plus forte que la vigne
est plus faible. Ce système offre cet avantage, que
des récoltes abondantes se continuent jusqu'à l'ablation
du vieux bois, et que les revenus ne sont pas interrompus.

Enfin, un usage peu répandu, et cependant excellent
par ses résultats, consiste à racler et enlever les vieilles
écorces des vignes pendant l'hiver, et à les laver avec
un lait de chaux ; par ce procédé, on avive la vigne,
et on détruit un grand nombre d'insectes, qui trouvent
un refuge dans les déchirures et les anfractuosités des
vieux ceps ; ce traitement guérit ou prévient des
maladies graves, auxquelles la vigne est sujette.

CHAPITRE TROISIÈME

CÉPAGES.

Une des plus graves questions de la viticulture à notre époque, celle qui doit, avant toutes les autres, préoccuper le vigneron, ne peut être résolue par des études locales et individuelles. Nous voulons parler de la nomenclature des cépages, de leur synonimie, de leur description et de leur valeur dans certaines circonstances données. — Les variétés de la vigne sont très-nombreuses. Au moyen de semis, soit naturels, soit dûs aux mains intelligentes des horticulteurs, elles se sont accrues d'une façon assez considérable, pour permettre d'apprécier leur nombre à environ 600; mais toutes sont loin de réunir les mêmes qualités; elles sont loin de s'accommoder également de la même espèce de climat ou de sol, et surtout d'y donner les mêmes produits, et des produits de qualité égale. Il faudrait donc rechercher les cépages les mieux appropriés aux particularités géologiques et climatériques de chaque contrée, comme aux exigences et aux besoins de cette contrée ; mais pour cela, le concours de toutes les intelligences viticoles de la France, au moyen de l'association, est indispensable. Car il s'agit de recueillir et d'apprécier tous les documents qui doivent guider la culture dans cette voie nouvelle. — Depuis de nombreuses années, la société centrale et impériale de France se promet de faire des recherches à ce sujet, qui est sans cesse à son ordre du jour ; il y sera encore dans 100 ans, et la question n'aura pas fait un pas. Elle ne peut être résolue que par l'association ou par la persistante intervention de l'Etat. En dehors de cette action, il faudrait qu'un homme jeune, intelligent et riche, vouât sa vie à cette étude, et consentît à tracer le chemin que l'avenir déblairait. Ce serait là une noble et ambitieuse entreprise, que quelques-uns ont essayé dans le passé.

Guidé par son amour pour le bien public, l'abbé Rozier voulut tenter de faire la nomenclature de tous les cépages, et de connaître toutes les qualités qui leur étaient propres, tous les avantages qu'ils pouvaient procurer. Cet homme de bien, qui était aussi une des hautes intelligences de son époque, voulut étudier les caractères distinctifs de chaque espèce de vigne, et établir, par des expériences et par des faits, les terrains et le climat qui leur convenaient le mieux. Il voulut étudier la culture et la taille, propres aux diverses variétés; faire connaître les espèces les plus appropriées aux terrains comme aux climats du centre, de l'est, du midi et du sud-ouest ; chercher les effets produits par certains cépages, au point de vue de la qualité des vins, et dans quelle proportion chacun d'eux devait figurer dans le mélange à la cuve; enfin, établir quelle espèce de vigne produit la meilleure eau-de-vie et en plus grande quantité. Ce n'était pas de la part de Rozier une vaniteuse satisfaction d'amour-propre, ou une productive spéculation. Il avait pressenti que l'avenir de la France était dans ses vins, et il voulait fixer les bases d'une science, dont l'étude devait conduire au bonheur et à la grandeur de sa patrie. Déjà, il avait jeté les fondements de cet établissement utile, lorsque des dégoûts de toute sorte, des attaques insensées, des ennuis, surtout des jalousies ixexplicables, le forcèrent à abandonner le pays qu'il voulait enrichir, et doter de l'honneur d'avoir montré à la France le chemin certain d'une immense prospérité.

Après Rozier, Dupré de Saint-Maur tente à Bordeaux un établissement de même nature. Mais là comme à Béziers, les mêmes causes chassent l'initiateur du pays qu'il veut féconder.

Enfin, la collection commencée par Bosc au Luxembourg, fut restaurée et augmentée par le duc Decazes; mais depuis, complètement négligée, elle n'est d'aucune utilité pratique.

Tous ces essais eussent été sans doute infructueux. La vie de l'homme est trop courte, pour mener à fin un pareil travail.

C'est à l'association seule ou à l'État, à rechercher
et à classer les diverses espèces de cépages cultivées
dans la France viticole ; à établir leur synonimie et leur
nomenclature méthodique ; à étudier leur rusticité et
leur hâtivité ; enfin à signaler le mérite de chacune
d'elles, eu égard au vin qu'on en retire et à sa qualité ;
comme à montrer les diverses modifications qu'elle
subit, selon les changements de climat et de sol. L'association ou l'État peuvent seuls aborder et résoudre
ces questions : eux seuls ont le temps et l'argent nécessaires pour arriver à cette solution.

Au point de vue des cépages cultivés, la viticulture
française est un chaos ; et toute modification dans les
plantations est presque impossible, tant qu'on n'en aura
pas coordonné les éléments. Nous ne connaissons ni
toutes les variétés qui fournissent les vins de la France,
ni les changements qu'elles subissent selon le climat ou
le sol auxquels elles sont confiées ; chaque espèce porte
un nom différent dans chacune des contrées où elle
est répandue ; et nous ignorons le mode de culture ou
la nature de l'engrais, qui peuvent le mieux lui convenir, comme la composition de la terre qui doit lui
donner ses qualités les plus élevées. Le progrès n'est-
il pas impossible au milieu de ce désordre, et les hommes éminents qui ont essayé de jeter quelques lueurs
dans ces obscurités, n'ont-ils pas bien mérité de la reconnaissance de leurs concitoyens ? — Le comte Odart,
lui aussi, a tenté de résoudre ces problèmes difficiles ;
il y a consacré sa vie si laborieuse ; et, devant les
fruits presque mûrs de ses studieuses recherches, il

ne pouvait retenir un cri de douleur que lui arrachait la pensée que sa belle collection serait perdue pour l'avenir. Au lieu de suivre la ligne tracée par tous les collectionneurs du passé, à part Rozier, qui n'avaient eu pour but que de réunir le plus grand nombre d'espèces, pour en faire la nomenclature, et indiquer, d'après l'époque de leur maturité, les contrées les plus favorables à leur culture, le comte Odart étudiait surtout les plants au point de vue de la confection des vins. — Ainsi posée, la question s'agrandit ; elle sort du cercle rétréci de la science, pour éclairer la pratique et la perfectionner ; elle ouvre un horizon nouveau qui permet d'entrevoir, comme but à atteindre, le bien-être des populations et la prospérité publique.

Nous ne citerons que deux exemples des noms divers qui sont donnés aux mêmes plants dans les contrées où ils sont cultivés. Le pinaut de Bourgogne est aussi appelé noirien, morillon, petit plan doré, auvernat, orléans et bouchy à Jurançon. — Le claveria rouge des Basses-Pyrénées est appelé vesparo dans le Gers, pied-rouge à Condom, quillot à Miélan, cot, cot rouge, pied de perdrix dans les vignobles du centre, malbeck et estrangé dans la Gironde, et douce noire en Savoie.

Enfin, un seul fait pour établir les différences de qualité du même plant, selon le climat ou le sol qui l'alimente. — Le gamet, dont Philippe-le-Hardi ordonnait la destruction dans toute la Bourgogne, par son édit de 1395, le gamet que les ducs de cette province proscrivaient, en le traitant d'*infâme*, donne sur les côtes du Rhône un vin précieux et abondant ; et le docteur **Guyot** nous apprend, que ce même cépage fournit de bons vins sur les terrains granitiques, tandis que ses produits sont plus que médiocres dans les terrains calcaires.

Dans le passé, c'était la grande préoccupation du propriétaire que de rechercher les plants qui donnaient les bons vins ; alors on avait encore l'amour-propre des produits délicats et élevés.

Aujourd'hui, pour celui qui veut planter une vigne et marcher dans cette voie, la première de toutes ses préoccupations doit être de faire, parmi les différentes espèces, le choix de celles qui se trouvent le plus en harmonie avec le climat sous lequel elles doivent végéter, et le terrain dont il dispose. Quelques considérations pourront le guider dans ce choix.

Il faut que l'espèce choisie arrive toujours à une parfaite maturité sous le climat où l'on doit la planter.

Il faut que cette espèce affectionne le terrain dans lequel elle doit vivre, et cela de façon à ce que ses produits ne puissent en souffrir, soit pour la qualité, soit pour la quantité ; il faut que sa floraison soit assez tardive pour mettre la vigne à l'abri de l'effet désastreux des gelées printannières. (On comprend que dans notre pays où les gelées sont si rares, cette précaution soit à peu près inutile ; mais il peut y avoir telle exposition où elle est indispensable). Il faut qu'elle soit rustique ; afin que ses tiges se soutiennent assez d'elles-mêmes pour employer, aussi peu que possible, des supports qui sont si coûteux.

Spécialement pour le sud-ouest, il faudra rechercher le cépage qui peut facilement se faire aux exagérations, comme aux changements brusques de notre climat. — En un mot, ce qu'il faut avant tout, c'est suivre les indications de la nature, et se laisser diriger par elle.

Dans tous les vignobles, la tradition, basée sur une longue expérience, indique quels sont les cépages que l'on doit préférer, et qui ont donné de tout temps des produits abondants et de qualité supérieure, dans les conditions identiques où l'on peut se trouver placé. Ce sont ceux-là surtout qui devront être choisis de préférence à tous autres. — Ainsi, le principe à adopter, c'est de rechercher dans le pays même, en s'adressant à un vigneron habile en qui l'on peut avoir toute confiance, les plants qui ont la réputation de donner les meilleurs vins.

Ces cépages devront recevoir, avec tous les soins nécessaires, la meilleure exposition et le meilleur terrain.

Chaque variété, ayant aussi une époque différente de maturité, il faudra rapprocher ces différentes époques par la disposition des espèces dans la plantation : ainsi, il faudra consacrer la partie supérieure des coteaux aux vignes hâtives, tandis qu'on donnera aux plus tardives la base ou le milieu de la colline, parce que la chaleur, s'y concentrant et n'étant pas chassée par les vents, hâtera la maturité des produits.

Enfin, il faudra rejeter les espèces que l'oïdium affectionne, celles qui sont sujettes à la coulure, ou qui résistent difficilement à un excès d'humidité ou de sécheresse.

Il faut aussi que le viticulteur se demande, s'il y a avantage pour lui à produire des vins fins ou des vins communs, à rechercher la qualité ou l'abondance; ici, outre le milieu économique et commercial dont il devra tenir compte, il faudra qu'il étudie certaines influences locales qu'il est difficile de déterminer d'une manière précise, et qui ont autant d'influence sur la finesse ou la délicatesse du vin, que le climat ou le terrain. — S'il se trouve placé en face d'une de ces localités privilégiées, d'un de ces crûs renommés, dont les vins trouvent toujours un débouché, il devra songer à des plants fins, et s'attacher à la qualité plus qu'à la quantité; le contraire aura lieu, lorsqu'on ne peut produire que pour la consommation locale, ou pour un commerce qui demande beaucoup de produits inférieurs et à bon marché.

Le vin du cépage grossier ne peut devenir l'objet de l'exportation; s'il n'est converti en eau-de-vie, il doit être bu dans le pays qui le produit, à la ferme, aux cabarets de la ville ou du village. — Le vin produit par le fin cépage, au contraire, doit alimenter le commerce extérieur et la riche consommation des villes. C'est lui qui doit jeter la fortune dans les vignobles et les pays où il est cultivé, soit en augmentant les rendements du sol, soit en doublant le salaire de l'ouvrier. — Cependant, en pareille matière comme en toutes, il ne faut pas être absolu, et n'adopter que les fins cépages en rejetant les cépages plus productifs et plus communs; pas plus qu'il ne faut, d'une façon exclusive, proscrire les plants fins pour ne viser qu'à l'abondance. Un exemple fera comprendre la nécessité de suivre la ligne de conduite que nous indiquons.—Que deux hectares de terrain en plaine, richement fumés et amendés, soient plantés, le premier en très-fins cépages, le second en gamet, aramon ou folle. — Le premier pourra produire 60 hectolitres qui, à 30 fr. l'un, donneront 1,800 fr. (Dans de tels terrains, le prix de vente des vins doit être relativement faible, parce que la richessse des sols diminue sensiblement la valeur des produits). Le second produira jusqu'à 150 hectolitres qui, à 15 fr. l'un, donneront 2,250 fr. — Mais que ces deux hectares soient en coteau incliné, au midi, et se composent de terrains secs et arides, siliceux et calcaires, ou argileux ferrugineux; le premier donnera 30 hectolitres d'un vin précieux, qui se vendra partout jusqu'à 80 fr. l'hectolitre, ce qui donnera 2,400 fr. ; tandis que le second pourra bien donner 60 hectolitres qui, vendus à 20 fr. l'un, ne formeront que la somme de 1,200 fr. On voit donc combien il est essentiel de bien étudier la nature du sol, son exposition et le milieu économique dans lequel on se trouve placé, avant de se décider pour les plants fins ou pour les plants abondants; et combien il faut réfléchir, avant d'adopter un système unique à l'exclusion de tout autre.

A un autre point de vue, la consommation du vin tend chaque jour à s'accroître, et suit les progrès qu'a faits l'aisance dans presque toutes les classes de la société, pendant que les traités de commerce ont ouvert nos marchés à l'étranger, qui vient déjà s'y disputer nos produits. Aussi, devons-nous être prêts pour pouvoir suffire à la consommation tant intérieure qu'extérieure, et répandre certains plants qui, plus communs mais plus productifs que les pineaux, peuvent accroître l'abondance, sans nuire d'une façon trop sensible à la qualité. — Si l'on ne produisait que de grands vins, cotés 150 ou 200 fr. l'hectolitre, la consommation diminuerait, parce que les prix ne seraient plus en harmonie avec les ressources pécuniaires du consommateur; et ce serait là une voie qui aurait pour conséquence inévitable la ruine des vignobles.

Il faut des plants abondants pour maintenir la viticulture à la hauteur des besoins de notre époque; il faut des plants communs pour l'élever au rang qui lui est réservé par nos habitudes et par nos mœurs. Ainsi, faisons de grands vins pour l'exportation et les tables riches; faisons de bons vins, ordinaires ou autres, qui trouveront un débouché dans la classe moyenne, si florissante en France. Mais ayons aussi des vins communs et à bon marché pour cette classe nombreuse, dont les ressources sont dûes au travail. — Là est l'avenir de la viticulture qui, si elle marche résolûment dans cette voie, grandira et deviendra presque une institution sociale, puisqu'elle remplira une partie des obligations de la société envers tous.

Mais ces réserves faites en faveur de la classe moyenne et de la classe pauvre, on ne doit pas oublier que la prospérité, comme l'avenir commercial de la France, est tout entier dans le fin cépage et le terrain. — Pour le climat, il ne fait pas plus le vin que l'homme; et si les Grecs, qui ont ébloui un moment le monde, sont aujourd'hui tombés de l'élévation où l'antiquité les a placés; si les Perses, si lâches et si pusillanimes sous Alexandre, ont fait pâlir Rome sous le nom de Parthes, alors que les Romains conservaient encore leur liberté, et avec elle toute leur bravoure; les vins célèbres de l'antiquité, de la Grèce ou de l'Italie, ont disparu avec les poètes qui les avaient chantés; et des crus, justement renommés dans le passé, perdent chaque jour de leur réputation, devant le mercantilisme auquel les ont soumis d'avides propriétaires; ce qui fait la renommée de Tokay, des bords du Rhin, du Bordelais, de la Champagne et de la Bourgogne, c'est le cépage; lui seul peut édifier de grands noms et de grandes fortunes, quand on sait rechercher le terrain qui lui convient. — Sous tout climat favorable à la vigne, l'excellence du plant, la bonne nature du sol, élèvent considérablement la qualité des vins. La réputation des produits de Johannisberg est européenne, pendant que tout le monde ignore jusqu'au nom même du vin de Rudesheim, dont les coteaux avoisinent ceux qui produisent le Johannisberg. C'est que dans le premier vignoble on ne cultive que le fin cépage, et qu'il est planté sur un terrain de promission pour la vigne.

Si l'on recherche des vins ordinaires de bonne qualité moyenne, il sera bon d'associer aux plants fins très-riches en alcool, et donnant un arôme et un parfum qu'eux seuls possèdent, des cépages plus abondants mais plus grossiers, et produisant des vins plus faibles. C'est ainsi que la Bourgogne mêle ses pinauts aux gamets; que, dans le Bordelais, le carmenet, qui est un des plants les plus distingués et les plus fins, est associé au verdot, au merlot, à la grosse mérille qui sont plus communs et plus abondants. C'est ainsi encore, et tout le monde le sait, que le vin de l'Hermitage est le produit de la petite sirrah, plant délicat, fin et parfumé, mais produisant peu, et de la grosse sirrah, beaucoup plus productif, mais commun. Enfin, si l'on doit distiller les vins que l'on fera, il est bien évident que l'on doit donner la préférence aux plants les plus abondants, les plus productifs.

Aidés par le trouble que l'oïdium a jeté dans la viticulture, comme aussi par la progressive augmentation des besoins en France, des cépages de la qualité la plus infime ont remplacé insensiblement ceux qu'affectionnaient tant nos pères ; partout la qualité a cédé le pas à la quantité ; des crûs distingués sont devenus mauvais ; et les propriétaires, confiants dans la faveur que les vins communs ont accidentellement surprise, et ne voyant pas l'avilissement infaillible de leurs produits dans l'avenir, ont compromis des réputations et des bénéfices, qu'ils auraient été en droit d'attendre d'une viticulture plus patriotique.

Il est un fait aujourd'hui incontestable ; c'est l'influence du cépage sur la qualité des vins. Depuis Celse, Caton, Columelle, chez les anciens ; depuis Olivier de Serres et Rozier, chez les modernes, jusqu'au docteur Jules Guyot, tous considèrent le choix du cépage, comme devant être la considération importante, au moment de la plantation. — Sans doute, avec les meilleurs plants de Bourgogne, de Champagne

ou du Bordelais, portés sous un autre climat et dans
un autre sol, on ne fera pas des vins de Bourgogne,
de Champagne ou de Bordeaux; mais ces vins seront
de beaucoup supérieurs à ceux qui seraient produits
par des plants moins fins, même acclimatés depuis
des siècles dans ces contrées. Ainsi, c'est le pinaut de
Bourgogne qui, après avoir produit les excellents vins
de cette contrée, donne les grands vins mousseux de
la Champagne, et ceux de Joué dans la Touraine. C'est
encore le pinaut qui, transporté au cap de Bonne-
Espérance, donne le Constance. Voilà le principe aujourd'hui reconnu vrai, quoiqu'aient pu en dire Pline,
Dussieux, Chaptal et Bosc qui, tout en reconnaissant
l'avantage des fins cépages, attribuent une part trop
large, soit au climat, soit au terrain.

Et, c'est en vertu de ce principe que l'Empereur
Charles IV tira de la Bourgogne les plants qu'il intro-
duisit en Bohême, et qui y ont donné naissance aux
vins célèbres de ce pays; comme ce sont les plants
de l'île de Chypre qui, introduits dans celle de Madère,
ont produit les vins de ce nom, connus sur tous les
points du globe.

Les anciens pensaient, comme on le voit par tous
les documents qu'ils ont laissés, que du moment qu'un
sol avait les propriétés voulues par la vigne, il convenait également à la vigne blanche comme à la vigne
rouge; nous avons, en effet, en France, des vignobles
renommés qui donnent des vins supérieurs, blancs et
rouges; l'Hermitage, Tonnerre, Tavel, sont des exemples frappants; et dans nos contrées, Jurançon et Gan.

18

Cependant, il y a des vignobles qui donnent des vins blancs justement célèbres, comme le Sauterne, dans lesquels les vins rouges n'acquièrent ni réputation, ni qualité ; et dans les Palus et le Médoc, qui produisent les meilleurs vins rouges de France, on ne récolte des vins blancs, que d'une qualité tout-à-fait inférieure.

Sans entrer, à cet égard, dans un esprit de système, qui n'a aucune donnée certaine, on pourrait cependant avancer, qu'ordinairement les vins blancs sont meilleurs sur les coteaux argilo-calcaires, tandis que les vins rouges affectionnent les plaines caillouteuses, possédant aussi l'élément calcaire, ainsi que les coteaux moins escarpés.

Quelques auteurs anciens qui ont écrit sur la vigne, pensaient aussi que le mélange dans la cuve, d'une faible quantité de raisins blancs avec les raisins rouges, donnait de la qualité au vin. — Il y a une vingtaine d'années, cette opinion parut prendre une certaine autorité, puisque le docteur Morelot put avancer, que la supériorité du Volnay était principalement dûe au mélange dans la cuve, d'un dixième de raisins blancs fournis par le plant qu'on appelle noirien blanc, aux 9/10ᵉ de la vendange rouge. On pense également en Andalousie, que c'est en mêlant les produits d'un certain plant de ces contrées à la cuvée rouge, qu'on améliore la qualité, et qu'on donne aux vins, cette supériorité qui les fait rechercher dans le monde entier.

Il y a une question toujours pendante, sur laquelle
on a beaucoup discuté, sans que toutes ces discussions
aient pu conduire à un résultat. C'est celle de la mul-
tiplicité des espèces de raisins dans la composition des
vins.

Dans le midi, on regarde comme avantageux à la
qualité du vin, le mélange des raisins d'une grande
quantité de cépages ; on y avance que quelques-uns de
ces plants ont en trop certains principes, qui font
défaut aux autres, et que, dans la cuve, une juste
proportion s'établit ; que les uns portent l'élément fer-
mentiscible, les autres l'arôme, les autres le bouquet,
quelques-uns, enfin, le principe astringent ; dans ces
contrées, la pratique observe ces principes : car l'on
plante une infinité d'espèces dans le même vignoble,
sans savoir si l'époque de la maturité sera la même.
— Dans la Marne et la Cote-d'Or, à l'Hermitage, on
ne cultive dans les bons vignobles qu'un petit nombre
de variétés, dont le mérite est incontestable. Enfin,
sur les coteaux de la Loire, et dans vingt endroits de
France, des vins d'une grande qualité sont produits
par une seule espèce. Ce dernier principe est vrai ; et
en agissant de la sorte, on obtient dans les vins, certaines qualités acceptées généralement, quand il est
appliqué au pineau ou à des cépages de supériorité
incontestable. Mais on ne s'aurait le recommander pour
toutes les espèces ; car d'après ce que l'on rapporte,
le pape Paul III ne pouvait boire le vin qui n'était
fait qu'avec le muscat, tandis qu'il donnait la préférence sur tous les autres vins, à celui qui provenait

d'autres plants, aux produits desquels on avait mélangé un tiers de raisin de ce cépage.

Nous pensons qu'on ne doit pas accepter la manière de faire de ceux qui veulent dans la composition de leurs vins, les produits d'un grand nombre de cépages ; parce qu'il est impossible qu'ils arrivent tous en même temps à maturité, et que dans ce nombre, il ne se trouve pas quelques plants, qui enlèvent ou neutralisent les qualités des autres. — Il vaudra mieux marier ensemble dans la cuve les produits de trois ou quatre cépages, qu'on aura expérimentés et dont on connaîtra les qualités. Le mélange d'un dixième de raisins blancs dans la cuve doit être aussi essayé, et l'on peut arriver à des résultats qui peut-être accroîtront les qualités déjà si élevées de nos vins. — Un champ immense est ouvert à des expériences du plus grand intérêt, et dans certains pays surtout, où rien n'a été fait, la combinaison de deux ou trois variétés d'une nature différente et d'une maturité simultanée, pourraient conduire à de précieux résultats.

Tout ce que nous venons de dire a trait exclusivement à la confection des vins ; car on ne peut l'appliquer à la plantation d'un vignoble, dont chaque espèce de plant doit être séparée d'une autre, parce qu'il y en a beaucoup, parmi les plants fins, qui dépérissent dans le voisinage de certains plants plus rustiques. — Eloignés les uns des autres, il sera plus facile de leur donner les soins que leur nature réclame, les engrais qui conviennent le mieux à leurs produits, comme la taille qui doit aider à la fructification, tout en ménageant la vitalité de l'arbrisseau. Enfin, au point de vue économique, la vendange sera plus promptement, plus facilement, moins dispendieusement faite, et chaque espèce mûrissant à son époque, on pourra cueillir la récolte par une seule opération. « Les espèces, dit Olivier de Serres, seront plantées et distinguées par quarreaux traversant la vigne, accommodant le naturel de chaque espèce à la qualité de la terre et du soleil, selon les diversités qu'on remarque en tout lieu, afin que plus elles profitent et plus facilement soient gouvernées, que mieux on les aura appropriées, même au tailler où l'intérêt est très-grand, s'il n'est fait comme il faut. Pour ce que l'une doit être coupée tôt, l'autre tard, celle-ci court, celle-là long, chose difficile à faire quand la vigne est confusément plantée par l'ignorance des vignerons, qui, sans voir la feuille des vignes, n'en peuvent guère bien discerner les espèces. Le marrer ou houer, par ces divisions, est aussi rendu plus aisé, surtout si étant égales, les ouvriers y peuvent trouver leur besogne taillée. Cela revenant à l'utilité du maître qui, par ces petites portions, avec jugement et moins de crainte d'être trompé, peut faire travailler ses gens, que si les espèces de raisins y étaient confusément amoncelées. »

Enfin, il n'y a pas encore de principes certains sur les résultats obtenus par l'introduction d'un cépage d'un pays dans un autre; des plants portés du nord au midi ont produit d'excellents résultats, comme on a dû se louer de l'introduction de plants du midi dans le nord. Mais d'un autre côté, en agissant soit d'une façon soit d'une autre, combien de fois n'a-t-on pas recueilli des mécomptes, au lieu des bénéfices ou des avantages qu'on en espérait. Aussi, quand on veut introduire un nouveau cépage dans un pays, doit-on agir avec prudence, et ne le confier qu'à une petite étendue de terre, afin de pouvoir surveiller, avant de le propager, l'influence qu'auront sur lui les conditions climatériques et géologiques de la contrée.

Si l'on veut connaître la description des cépages qui croissent dans les vignobles les plus renommés, ainsi que les instructions qui se rapportent à chacun d'eux, on ne saurait mieux faire que de recourir à l'ouvrage si remarquable du comte Odart, à son ampélographie, le seul traité des cépages qui ait jeté de vives lumières dans les ténèbres qui ont de tout temps entouré la vigne. Avec son aide, le vigneron peut marcher résolûment dans une voie de progrès, avec l'espoir d'atteindre le but qu'il se proposera.

Nous allons donner, d'après M. Du Breuil, l'énumération des espèces qui jouent le principal rôle dans la fabrication des grands vins de France.

En Bourgogne, les crûs de Romanée-Conti, Chambertin, Richebourg, St-Georges, Corton, Clos-Vougeot, Volnay, Pomard, Nuits, donnent des vins rouges qui sont presque exclusivement fournis par le pinaut noir.

Les vins blancs de la Bourgogne, Montrachet, Meursault, Chablis, ont pour base le pinaut blanc.

Dans le Bordelais, les cépages de carmenet, massoutet, malbeck, merlot, verdot donnent presque exclusivement les vins rouges de Château-Margaux, Château-

Laffitte, Château-Latour, Haut-Brion, Saint-Julien, Saint-Estèphe, Talence, Saint-Émilion.

Et les vins blancs du Bordelais, les Sauterne, Barsac, Château-Carbonnieux sont produits par le sémillion, le rochalin, la blanquette, le sauvignon.

Dans la Champagne, les crûs d'Ay, de Sillery, d'Epernay, de Versenay, de Pierry, d'Avize sont alimentés par le pinaut gris, plant vert-doré, muscat blanc, muscat noir.

Les crûs de Côte-Rôtie et de Condrieux sont exclusivement plantés en serine noire et vionnier blanc.

Le vin de l'Hermitage rouge est fourni par la petite et la grosse sirrah; et les cépages de roussane et de marsanne en donnent le vin blanc.

Les vins de Lunel et de Frontignan sont fournis par le muscat blanc, le picardan et le plant de Calabre; tandis que les vins du Rhin et surtout le Johannisberg, sont le produit du gros et du petit riesling.

Les vins connus sous le nom d'Alicante, de Grenache, de Collioure sont faits avec le grenache rouge, l'alicante, le grignane; le vin de Rivesaltes est produit par le muscat blanc, le muscat alexandrin, le muscat de St-Jacques.

Le vin de Saint-Peray est produit par la grosse et la petite roussette.

Le vin de Pouilly appartient au pinaut blanc.

Dans le Jura, les vins blancs de Château-Châlons, les vins jaunes et liquoreux d'Arbois, connus sous le nom de vins de paille, sont produits par le plant sauvagni.

Enfin, les vins de Jurançon sont en partie produits :

les vins rouges, par le bouchy, l'arrouya, le tannat, le menseng noir, le mourac; et les vins blancs, par le menseng blanc, le sauvignon, le courbut, le crouchen, le claveria, le dourec, le réfiat.

CHAPITRE QUATRIÈME

LES ENGRAIS

---

§ I.

LES ENGRAIS DE LA VIGNE

Les engrais et les amendements ont pour objet la réparation du sol appauvri par l'acte de la végétation, et sa préparation à une végétation nouvelle. Leur application est fort délicate, et réclame une connaissance raisonnée de la nature du sol, de leur composition et de la convenance de leur emploi.

L'engrais est toute substance qui, donnée à la terre, aide à sa production, en apportant les éléments nécessaires à l'assimilation des plantes. L'amendement, au contraire, vient favoriser cette assimilation, en modifiant la constitution du sol, ou en exerçant une action sur les engrais.

Les engrais et les amendements, tels sont les grands producteurs des richesses; leur emploi rapproché porte le sol à sa plus haute fertilité; et dans toutes les provinces qui ont compris les services que leur union peut rendre, la fertilité s'est accrue, et la terre est devenue un réservoir de richesses, une caisse d'épargne pour les générations actuelles, comme pour les générations futures.

Les engrais sont absorbés par la vigne sous deux états différents. Rendus solubles par la fermentation putride, ils sont aspirés par les racines et jetés par elles dans l'économie végétale. En second lieu, réduits à l'état gazeux par leur décomposition, ils sont absorbés et assimilés en tout ou en partie par les feuilles et les parties vertes de la plante.

Les engrais sont-ils favorables aux produits de la vigne, ou nuisent-ils à la qualité du vin? Deux systèmes sont en présence. Chacun a des principes rigoureux qu'il applique : l'un veut des excès de fumure; l'autre n'en veut à aucun prix. Nous pensons que là, comme partout, il ne faut pas être absolu, et que la vérité se trouve entre ces deux exagérations. — Voici, d'après nous, quels sont les principes qui doivent dicter la solution de cette question.

Au moyen de fumures trop abondantes, on obtient beaucoup de vin, mais du vin plat et commun, qui rappelle par son bouquet les substances qui l'ont fait naître et alimenté. Un excès de fumier est donc un mal parce qu'il y a désavantage à tous les points de vue, surtout au point de vue économique, à obtenir des récoltes très-abondantes, dont le prix de vente, en fin de compte, est inférieur d'au moins un cinquième au prix de vente de celles qui auraient été obtenues par des fumures modérées. Cette infériorité de qualité dans le vin se comprend, si l'on pense qu'un excès de fumier donne à la plante un excès de nourriture; que cette alimentation trop riche et surabondante, sollicitant sans cesse les racines et les parties vertes, pénètre en trop forte quantité dans les canaux séveux, et y circule en les élargissant; et que plus la sève est abondante, et les canaux qui la reçoivent dilatés, moins elle est élaborée; et, par suite, les fruits qu'elle produit sont sans arôme, sans saveur et dépourvus d'alcool.

Cette règle est écrite par la nature dans les vaisseaux conducteurs de la sève des différents plants; car une observation attentive nous montre que, dans tout ce qu'on nomme les plants fins, c'est-à-dire dans les plants qui produisent les grands vins, les canaux séveux sont étroits, minces et resserrés; tandis qu'ils sont larges et distendus dans tous les plants communs; et que, dans une terre non fumée, les plants grossiers vivent moins longtemps que les plants fins, parce qu'ils absorbent, plus rapidement que ceux-ci, les principes nutritifs que renferme le terrain qui les supporte.

Le principe qui donne l'alcool au vin, l'arôme et le parfum qui nous le font aimer, résultent donc d'une élaboration suffisante des éléments séveux. — Si la

vigne a trop de force, les fluides nutritifs, arrivant en
trop grande quantité, ne pourront être bien élaborés,
et les fruits n'auront plus les qualités qui constituent
leur excellence. Ces principes sont acceptés par tous
aujourd'hui ; et chacun sait que les produits d'un vieil
arbre qui se développe faiblement, sont toujours supérieurs en qualité à ceux d'un arbre jeune et vigoureux.

Une autre conséquence de la trop grande vigueur des
vignes, c'est que le raisin mûrit plus tardivement ; et
ce retard a lieu, parce que les phénomènes qui hâtent
la maturité des fruits, ne commencent à se produire
que lorsque la végétation est presque arrêtée. Or, l'exhubérance de force ayant pour résultat de prolonger la
végétation, doit nécessairement, par application du
principe qui précède, retarder la maturité des produits.
C'est encore ainsi que les fruits des vignes débiles sont
toujours plus hâtifs que ceux des vignes vigoureuses.
Enfin, des fumures excessives qui s'interrompent, peuvent conduire à des récoltes passagères ; parce que les
ceps, ne recevant plus la nourriture substantielle à
laquelle ils sont faits, souffrent de cette privation, et
ne fournissent plus que des produits étiolés et languissants.

D'après ce qui vient d'être dit, la trop grande vigueur des ceps nuirait à la qualité des produits. Or,
comme les engrais n'ont d'autre but que d'accroître
cette vigueur, il paraîtrait rationnel de forcer la vigne
à vivre des éléments que peut lui fournir le sol qui
la supporte ; et cela doit être, lorsque la terre possède

assez de richesse pour alimenter de forts produits.
Dans ce cas, mais dans ce cas seulement, tout engrais
doit en être éloigné. —Mais on doit, au contraire, lui en
donner, lorsque la vigne ne présente que des récoltes
peu rémunératrices ; qu'elle est presque infertile ; ou
enfin, et c'est le cas le plus général, lorsque les terrains sur lesquels elle est plantée, ne sont pas de nature
à favoriser ses abondantes productions.

Eu principe, les engrais sont contraires à la qualité
des vins. Mais, comme le sol s'épuise par les productions de la vigne, on doit les employer comme moyen
de réparer ses pertes.

La vigne, comme toutes les plantes, a besoin de
trouver dans le sol une certaine quantité d'éléments
fertilisants nécessaires à son développement ; presque
tous les terrains renferment dans une certaine proportion les matières qui peuvent alimenter une certaine
production ; les eaux pluviales, les neiges et les fluides
nutritifs de l'atmosphère en fournissent, de façon à
remplacer en partie ce qui a été détruit; et c'est ainsi
que les vignobles peuvent produire quelques maigres
récoltes sans recevoir d'engrais ; la vigne pourra bien
vivre et végéter ; mais elle ne sera plus l'arbrisseau
industriel, qui doit faire la fortune de son propriétaire
et du pays qui la cultive. Il lui faut, pour atteindre ce
but, ou une terre suffisamment riche ou des engrais
qui fertiliseront cette terre. —Au point de vue économique, convient-il d'augmenter le rendement par les
engrais, et le travail ainsi que cet engrais est-il suffisamment rétribué par le produit ?

D'après M. de Gasparin, 1,000 kilog. de fumier valant 10 francs, font rendre à la vigne 500 litres de vins. D'après le docteur Jules Guyot, un kilog. de fumier rend un kilog. de raisin, ou sur un hectare renfermant 10,000 pieds, 80 hectolitres de vin. — Les données que nous rappelons, sont le résultat et la réponse de la pratique alliée à la science. On voit donc, sans insister davantage, combien il est utile de fumer la vigne, et combien le fumier est largement payé quand il s'applique à cette culture.

D'un autre côté, d'après les analyses de M. de Gasparin, on trouve qu'il entre assez peu d'azote dans la fructification de la vigne, mais que proportionnellement, il y entre beaucoup de potasse ; tandis que l'azote se trouve en plus grande quantité dans les sarments et surtout dans les feuilles ; il paraît donc certain que les engrais très-azotés pousseront à la production du bois, tandis que les sels de potasse aideront puissamment à la fructification. Ce principe vient aussi fortifier la pratique qui, au point de vue économique, pourra augmenter la vigueur de l'arbrisseau ou accroître sa production.

Les engrais très-azotés sont : les fumiers de ferme bien préparés, la gadoue, les dépôts de voirie, les os concassés, les débris de corne, les chiffons de laine, les composts, les terreaux, les vases d'étangs, de rivière, de mer, les végétaux herbacés, les lupins, les farouchs, les féverolles.

Les engrais riches en potasse, sont : les marcs de raisin, les cendres de bois, les végétaux ligneux, tels que les bruyères, les ajoncs, le bois, les ton tures de haies, le genevrier, et surtout les sarments. Ces engrais ne peuvent jamais remplacer les engrais azotés, qui seuls développent la charpente. Sans ces derniers, le vignoble appauvri ne produirait que des pampres maigres et affaiblis.

La nécessité des fumures se trouve aussi établie, par les relations qui existent entre la vigne et le sol qui la supporte ; car chaque cep enlève tous les ans à ce sol, une certaine quantité de principes minéraux et nutritifs, et il affaiblit ainsi progressivement son aptitude à produire des récoltes rémunératrices.

Enfin, on a observé souvent, que sur une vigne dont la moitié était fumée et l'autre non, la moitié fumée conservait ses fruits, tandis que la moitié qui ne l'avait pas été, était complètement gelée.

On ne saurait donc trop porter de soins à la richesse comme à la conservation des engrais. Car, perdre l'engrais, c'est renoncer à la récolte qui devait en provenir; c'est tarir la source qui alimente tous les besoins, toutes les nécessités de la vie ; c'est détruire le capital alimentaire.

Enfin, malgré son aptitude à une longévité plus que centenaire, il y a une époque critique chez la vigne, où sa vigueur décroît sensiblement. C'est ce moment qui doit être choisi pour lui donner une abondante et riche fumure, et lui administrer une taille raisonnable et ménagée ; qu'une culture rationnelle se joigne à ce moyen, et l'on verra bientôt l'arbrisseau prendre comme une nouvelle vigueur, et donner au vigneron des récoltes d'une moindre quantité sans doute, mais d'une qualité de beaucoup supérieure à celles qu'il donnait dans sa jeunesse.

Outre la question économique qui est évidemment favorable à la fumure des vignes, n'y a-t-il pas une particularité qui intéresse la zone pyrénéenne, et qui doit la pousser à cette pratique? Les vins que cette contrée produit n'ont pas assez de corps, et perdent trop facilement et trop vite, les avantages que présentent les vins de Bordeaux, par exemple. Dès l'âge de 5 à 6 ans, ils surexcitent en nourrissant peu, et la partie alcoolique y domine en trop grande proportion. Des essais ont été faits qui ont eu pour résultat de donner au moyen de fumures dans les vignes, de la tonicité et du corps aux vins qu'elles produisaient.

Le fait de l'affaiblissement alcoolique et de la création des qualités nutritives du vin par l'engrais, est tellement évident, que dans bien de localités où l'on ne fumait pas les vignes, le vin, quoique peu nutritif, avait une durée presque illimitée, tandis que, devenu plus nourrissant depuis les fortes fumures données aux vignes, il ne résiste pas à une période de plus de dix ans. Aussi, croyons-nous fermement, que des habitudes de fumures dans le sud-ouest, tout en procurant plus d'abondance, corrigeraient cet excès de force des vins de ces contrées, excès qui devient souvent un défaut.

Enfin, il y a des engrais qui n'ont pas sur la vigne l'action nuisible qu'on leur attribue généralement, qui augmentent sensiblement la quantité sans nuire à la qualité, qui même améliorent cette dernière. — Aussi, est-ce la nature des engrais, et leur qualité proportionnelle aux besoins de la terre, qui doivent nous servir de guides. Des végétaux décomposés, des composts, des fumiers mélangés de terre, seront préférables pour la vigne, à ces engrais trop chauds, qui, activant trop énergiquement la végétation, poussent à une exhubérance de fruits, qui trop souvent est l'avant-coureur de la mort Comme aussi ces engrais ne devront être répandus, qu'en quantité suffisante pour suppléer à la maigreur de la terre, à son peu de fertilité, ou à son épuisement.

Le choix du fumier mérite donc toute l'attention du vigneron. Le fumier d'étable sera réservé pour les terres légères et chaudes, et celui de chevaux et de moutons, pour les terres fortes et froides. Cette règle sera appliquée toutes les fois, qu'en même temps que ces diverses natures de terre, on possède de ces diverses espèces d'engrais. Mais en général, quelque soit le fumier, il convient aux vignes, pourvu qu'il ne soit pas employé en trop grande quantité, et qu'il soit suffisamment décomposé, quand on l'applique aux terres.

Les engrais ou amendements qui sont les plus propres à la fumure des vignobles, et dont nous allons parler, ont été tous ou presque tous expérimentés sur les coteaux de Jurançon. Toutefois, nous ne présentons pas ce que nous allons en dire comme des vérités agricoles irréfutables ; parce que nous pensons que, pour prendre ce caractère, un fait a besoin de la sanction de l'expérience et du temps, et qu'il doit produire les mêmes résultats sous les climats, dans les saisons, et sur les sols les plus variés.

19

On doit se laisser guider dans le choix que l'on fait des engrais et des amendements par la nature des terrains et le genre des cultures ; et si le sol qui doit supporter une vigne, présente dans ses éléments constitutifs quelque défaut qui rende sa culture difficile et peu fructueuse, on trouvera dans les amendements le remède améliorateur.

Les marnes produisent d'excellents effets sur les terrains qui sont trop argileux. L'argile rend moins perméable à l'eau ceux qui sont trop calcaires ou trop siliceux. La chaux ajoutée aux engrais dans de certaines proportions, allège le terrain trop lourd, en même temps qu'elle exerce une action efficace sur ces mêmes engrais. Le noir animal, comme la chaux, est un agent d'amendement pour les défrichements ; et à ce dernier point de vue surtout, ils rendent solubles les matières organiques que les sols peuvent renfermer.

Les cendres de bois, par la potasse qu'elles renferment, doivent se comporter comme la chaux.

Lorsqu'une terre qui possède toutes les autres qualités, est trop forte, qu'elle devient compacte à la moindre humidité ; que, par suite, elle est pénible à travailler, et reste imperméable aux influences si bienfaisantes de l'aération et de l'insolation, le meilleur moyen de modifier chez elle ce vice, consiste à la couvrir de terre légère et siliceuse, de terre calcaire, ou surtout de marne calcaire. Quand on entre dans cette voie, le meilleur procédé à suivre pour obtenir tout l'effet qu'elles peuvent produire, est de les stratifier, pendant quelques mois avant de les répandre, avec

des couches alternatives de fumier, et de les bien
mêler ensemble à la bêche au moment de l'épandage.
Ce procédé très-économique fournit en même temps à
la vigne un amendement et un engrais, et produit des
effets merveilleux. Toute terre un peu riche, ou bien
les curures de fossés, les terres qui sont le long des
haies, et celles qui sont formées dans les bois par les
détritus végétaux, peuvent avantageusement remplacer
les marnes ; mais dans ce cas, il faut joindre au mélange de terres et de fumier, de la chaux ; on obtient
ainsi un des engrais les plus efficaces qui puissent être
appliqués à la vigne. Dans les terrains froids, que l'on
désigne ainsi, parce que le cercle de la végétation annuelle y est moins rapidement parcouru que dans les
autres, la terre sableuse, les graviers, les sables seront
d'un grand effet. Toutefois, ces amendements n'em-
mèneront avec eux l'avantage poursuivi que, si, dans
cette terre, se trouve déjà l'élément calcaire. Sans lui,
le sable ne corrigera pas ses défauts ; loin de diviser
l'argile, il se liera à elle, et finira par faire corps avec
elle. Cette opinion est souvent contredite, quoique
essentiellement vraie, par des auteurs qui ont écrit
que le meilleur amendement des terrains argileux,
était toujours les terres siliceuses et les gros sables. Ils
ont cru pouvoir généraliser un principe qui, dans les
conditions autres que celles que nous indiquons, pourrait avoir de funestes conséquences.

L'application de l'argile à un sol léger, sableux ou
graveleux est aussi d'un excellent effet. La quantité à
employer doit être au moins de deux cents à trois

cents hectolitres par hectare ; et quoique cet amendement soit d'une longue durée et d'une grande puissance, il nous paraît difficile que les dépenses qu'il
entraîne, ne soient un fâcheux palliatif aux avantages
qu'il procure ; il ne peut être économiquement employé que dans certaines circonstances particulières
assez rares.

§ II.

ENGRAIS MINÉRAUX.

Marne. — On croit généralement que la marne, qui est
un des meilleurs amendements qu'on puisse donner à la
vigne, augmente et améliore ses produits, en même
temps qu'elle hâte la maturité du fruit.

On trouve que l'emploi de la marne a été pratiqué
de toute antiquité dans la Gaule, puisque Varron le
Géoponique dit que les habitants de ces contrées fu-
maient leurs terres avec une craie blanche fossile, et
que Pline nous apprend qu'à l'époque de la conquête
de César, cette pratique y était très anciennement établie. Il y a plus de trois siècles, Bernard Palissy,
cet homme de génie qui avait le fanatisme du bien,
nous montre les marnages comme le résultat d'un usage
habituel et ancien ; et La Bruyère lui-même ne nous
parle-t-il pas du vieillard qui, marnant sa terre, *n'aura*
de quinze ans besoin de fumier.

Le meilleur procédé connu d'employer la marne, est de la stratifier par couches alternatives avec du fumier, et de bien mélanger le tout avant de le répandre sur le sol. En agissant ainsi, on donne à la vigne un amendement et un engrais.

La marne a surtout une grande puissance d'absorption sur l'atmosphère, et conduit, comme conséquence, à des résultats supérieurs de production avec une égale quantité d'engrais.

La marne comme la chaux, comme tous les amendements de même nature, ne peut être utilement et économiquement employée que sur des sols qui ne renferment pas de calcaire, ou qui n'en contiennent que de très faibles parties ; conditions assez générales dans le sud-ouest.

Elle peut donc jouer un grand rôle dans la végétation, et, à ce point de vue, elle est un des agents de fécondité les plus puissants qui aient été donnés à l'homme.... Mais pour elle, comme pour tout ce qui existe, il est des limites qu'on ne doit pas dépasser, des lois qu'on ne peut pas enfreindre.

Il n'est peut-être pas inutile de citer un exemple récent qui a eu un certain retentissement en France. Comme on le sait, l'agriculture est à la mode, et de grandes familles ne dédaignent plus d'envoyer leurs enfants aux écoles impériales d'agriculture. Un agronome distingué, qui dirige l'une d'elles, avait, sous son intelligent professorat, quelques jeunes gens titrés et riches de la Champagne. Peu attentifs aux leçons orales du maître, mais voyant qu'il arrrivait à des rendements

considérables, par l'addition d'une forte proportion de
chaux dans ses fumiers, ils crurent avoir trouvé en elle
la panacée générale agricole ; et de retour dans leur famille, ils n'eurent d'autre souci que de chauler tous les
terrains. Cependant, leur terre n'avait qu'un défaut,
une surabondance de calcaire, et par le traitement
qu'ils lui firent subir, ils la rendirent improductive et
stérile pour longtemps.

Chaux. — La chaux enlève au sol son humidité surabondante ; elle fait mourir les plantes produites par la
terre abreuvée d'eau, pour leur substituer celles qui naissent dans les lieux sains ; elle change la consistance du
sol ; elle l'ouvre aux influences atmosphériques, et elle
l'assainit.

Outre les combinaisons que la chaux et tous les
amendements calcaires font naître dans le sol, ils procurent encore le carbone, l'oxigène et l'azote ; car les
terrains amendés agissent sur l'atmosphère plus acti-
vement même que les terrains fumés, et aident par suite
à toucher le but que toute bonne agriculture doit se
proposer d'atteindre : celui d'emprunter beaucoup à
l'atmosphère et peu au sol.

La chaux, avec tous les composés calcaires, doit
surtout corriger les défauts du sol siliceux, en lui donnant la fécondité, et en apportant la salubrité dans des
lieux trop souvent nuisibles à la santé.

Introduite dans des terrains stériles, en proportions
même faibles, la chaux les rend d'une fertilité soutenue ;
elle les ameublit, paralyse les défauts qui faisaient leur
culture difficile ; en un mot, elle leur donne les carac-

tères des bons sols calcaires, si éminemment propres
à la culture de la vigne, et à la qualité de ses produits. Pline nous apprend qu'à son époque, on recon-
naissait depuis longtemps les avantages précieux, que
le vigneron pouvait retirer de cet amendement, et il
nous dit que la chaux hâte la maturité des raisins, et
accroît leur qualité.

Enfin, en viticulture, on est toujours certain d'un
succès complet avec tous les amendements calcaires,
composts de chaux, de marnes, de cendres de four à
chaux, de décombres provenant de vieux murs où il
était entré de la chaux. Mais tout ce que nous venons
de dire, tout ce qui sera dit plus tard, ne peut se
détacher de la nécessité de fumer les sols que l'on
chaule ; car les amendements, s'ils étaient appliqués sans
le secours de l'engrais, pourraient épuiser le sol ; les
engrais constituent à eux seuls, la richesse et la fécondité d'une terre ; en un mot, et pour employer l'expression de Puvis : « l'engrais serait, en quelque sorte,
un mobile créateur de la fécondité ; et l'amendement, en
apportant au sol un composant essentiel qu'il ne contient
pas, ou qu'il renferme en trop faibles proportions, serait
un moteur qui accélèrerait son mouvement, et lui donnerait plus d'énergie. »

Aussi, ne saurait-on trop répéter, que la chaux
mêlée en faibles quantités à des terres végétales, à des
curures de fossé, à des fumiers par couches alternatives, mélangée par plusieurs remaniements, est le
souverain engrais pour toute espèce de vignobles. Elle
sanifie la terre et active l'action du fumier ; sa bien-

faisante influence se fait sentir dès la première année sur les fruits, soit comme quantité et qualité, soit comme maturation; l'action de ce compost, bon partout, est surtout efficace sur les terres compactes, ou argileuses, qui composent la grande partie des terres du sud-ouest.

Plâtras. — Les effets des plâtras ou débris de démolition sont supérieurs à ceux produits par la marne et par la chaux; et de plus, cet engrais-amendement convient presque à tous les terrains; on trouve dans ces débris, de la chaux carbonatée, de la chaux à l'état caustique, des nitrates, des sels de potasse et de magnésie, et aussi des matières organiques. Or, tous ces éléments sont très-utiles à la vigne. — Tous ces débris de démolition ne sont pas de même valeur; et ceux qui sont les plus estimés sont ceux qui sont les plus rapprochés de la terre et de l'humidité qui s'en dégage. Ainsi, des plâtras de caves ou de rez-de-chaussée sont plus appréciés que ceux des étages supérieurs, parce que l'humidité à laquelle ils ont été soumis, donne naissance à des composés salins qui activent énergiquement la végétation.

Les débris de démolition ont une grand influence sur la végétation de la vigne, et sont un des meilleurs engrais qu'on puisse employer pour la plantation; mélangés avec de la bonne terre et du fumier, ils ont produit un effet surprenant sur les coteaux de Jurançon.

Cendres de bois. — Les éléments calcaires tiennent une grande place dans les cendres de bois, qui ne sont que le résidu de l'incinération des matières ligneuses; elles renferment une grande quantité de potasse, et nous savons déjà pour quelle immense part, cet élément entre dans la formation du raisin.

Les cendres présentent cet avantage, qu'elles ameublissent les terres fortes, tandis qu'elles donnent plus de consistance aux terres légères ; elles s'emploient utilement sur les sols tourbeux ou chargés de débris organiques, sur les défrichements, enfin, sur tout terrain qui renferme des principes acides que les cendres parviennent à neutraliser. Le meilleur moyen de retirer des cendres toute leur valeur, c'est de les stratifier avec du fumier d'étable. Ce mélange double en quelque sorte l'action de chacun de ces engrais ; et l'expérience a toujours confirmé cette règle.

Charrées. — Les charrées ou cendres lessivées, sont d'un emploi journalier dans nos contrées ; riches surtout en sels de potasse, elles sont excellentes pour la vigne ; elles donnent des résultats plus rémunérateurs sur les terres argileuses que sur les terres légères. Toutefois, il ne faut pas que le fond sur lequel on les répand, conserve une humidité stagnante ; car, dans ce cas, leur effet devient nul. Il est aujourd'hui reconnu que dans tous les sols à réaction acide, tels que les bruyères et les landes, 10 mètres cubes de charrées produisent autant d'effet que 20 mètres cubes de cendres neuves.

Les pierrailles sont un amendement excellent, dont nous avons déjà parlé au paragraphe des terrains.

Les boues de route, qui ne sont que des débris de pierres mélangés à des détritus végétaux et animaux, sont aussi d'un très bon effet sur les terrains argileux,

surtout quand elles ont été stratifiées pendant trois
mois avec un peu de fumier.

Chaux animalisée. — - La chaux animalisée a produit à
Jurançon d'excellents résultats, et les jeunes pampres
ont toujours offert une vigueur de ton, et une augmentation de fruits remarquables; mais la saveur de ces
fruits n'était peut-être pas aussi pure que celle de fruits
d'autres vignes, qui avaient reçu des fumiers d'étable
chaulés.

Fumier plâtré. — Le fumier plâtré, d'après certaines
expériences rapportées par Puvis, et qui ont été faites
avec soin par M. Didieux, accroît d'une façon notable le
rendement. Cet agronome distingué en jeta dans une vigne, et dans le mois qui suivit cette fumure, la plante se
fortifia, verdit, et le bois poussa plus vigoureux que dans
la partie qui avait reçu la même fumure non plâtrée.
La maturité du raisin y fut aussi plus hâtive et plus
complète. En un mot, M. Didieux affirme que le fumier
plâtré a doublé sa production ; et que ce n'est pas seulement la quantité qui a été améliorée ; que cette amélioration a été très sensible au point de vue de la
qualité des produits. — Le plâtre stratifié avec le
fumier, et resté deux mois sans emploi, agit avec une
grande force sur les vieilles vignes qu'il revivifie, et
auxquelles il donne une nouvelle vigueur.

Sulfate de fer. — Le sulfate de fer peut être employé
avec succès sur les plantes frappées d'étiolement ; et toutes les fois que l'état de souffrance de la vigne se trahit
par la pâleur de ses feuilles, il est reconnu aujourd'hui
que le sulfate de fer est un puissant remède qui rend,

avec la santé, la couleur verte des feuilles. —MM. Gris,
père et fils, ont fait des expériences répétéessur le sulfate
de fer, expériences qui ont toujours donné un résultat
heureux. Aussi, est-ce devenu d'une bonne pratique, de
semer dans les vignes chaque année une certaine quantité de sulfate de fer aussi concassé que possible. —
L'idée de M. Gris Eusèbe est une idée d'analogie, puisée
dans le traitement des maladies chlorotiques par le fer.

Argile calcinée. — « *Heureux le pays qui brûle sa mère* ».
C'est là un proverbe qui a pris naissance dans les contrées, où l'on connaît tout l'avantage que l'agriculture
peut retirer, des cendres de houille et de tourbe, et surtout de l'argile calcinée.

L'argile calcinée a, par l'action du feu, pris de nouveaux caractères, et a abandonné ceux qu'elle possédait avant; elle ne garde plus l'humidité et ne fait
plus corps avec elle; elle rompt, divise, ameublit, rend
perméables les terres lourdes et compactes. Ainsi
traitée, elle compose un des meilleurs amendements
pour les terres fortement argileuses. Par sa calcina-
tion, l'argile devient éminemment poreuse; et, à ce
titre, elle a la propriété de s'emparer des éléments
gazeux fertilisants que renferme l'atmosphère, comme
aussi d'empêcher l'évaporation de ceux que la terre
renferme. Elle donne donc à la terre les éléments
qu'elle puise dans l'air, et lui garde ceux que leur
constitution forcerait à s'évaporer.

Cette propriété qu'a l'argile brûlée, de conserver les
principes volatils fertilisants, n'est pas utilisée comme
elle devrait l'être, dans le sud-ouest. Ne serait-il pas

facile, par exemple, de traiter les fumiers de façon à ce que, par leur mélange avec l'argile brûlée, ils perdissent le moins possible des substances nutritives qu'ils renferment? Comme aussi, ne pourrait-on employer l'argile calcinée à l'absorption des purins, qui formeraient avec elle un des meilleurs engrais connus? — Enfin, sous l'action du feu, l'argile subit des modifications profondes dans sa constitution ; elle renferme alors plus de parties solubles que le feu a dégagées, et qui se trouvent à la disposition des végétaux.

L'écobuage peut être appliqué, aux terres de landes ordinairement chargées de nombreux débris végétaux. On l'emploie avec succès dans le défrichement des vieilles prairies ou des bois ; et l'on a remarqué que les cendres dues à l'écobuage, comme l'argile calcinée, augmentent la spirituosité des vins.

Les lignites, cendres pyriteuses, cendres noires ou rouges de Picardie, exercent aussi une action salutaire sur la végétation de la vigne. Elles sont appelées cendres noires ou rouges, selon qu'elles ont subi ou n'ont pas subi une fermentation quelconque. Des essais ont été faits avec des débris de lignites qui sont communs sur les coteaux de Jurançon, et l'on a pu se convaincre que leur emploi modéré et rationnel était un puissant secours pour le vigneron. Mêlées avec de la terre et de la chaux, elles servent à former un excellent compost.

Quant à la quantité d'engrais de la nature que nous venons d'étudier, qu'il convient de répandre, il faut toujours tenir compte des matières minérales fournies par les pluies et les neiges, comme aussi de la quantité de substances rendues solubles, par la décomposition des roches désagrégées qui constituent le sol.

Sans adopter à cet égard d'une façon trop absolue, le système émis par quelques praticiens qui nient les bons résultats de l'application de la science à la viticulture ; et sans vouloir d'un autre côté lui réserver une place trop large, et transformer les vignobles en laboratoires, nous devons lui emprunter les principes certains qu'elle nous fournit, et surtout ne pas la proscrire systématiquement. N'imitons pas en cela cet écrivain qui s'exprime ainsi quelque part : « J'ai entendu dire par un savant professeur, que si le cultivateur était plus versé qu'il ne l'est dans la science chimique, il quadruplerait facilement ses revenus. Je n'osai le contredire ; il m'eût écrasé sous la masse énorme de sels fertilisants qu'il avait peut-être dans son laboratoire. Je me contentai de remercier tout bas la providence, de ce qu'ayant refusé un seul hectare de terre à ce digne professeur, elle l'avait sauvé d'une ruine certaine. »

Enfin, le terrage, c'est-à-dire le transport d'une terre nouvelle dans la vigne, est préférable à tout autre amendement.

Toutefois, dans les bons crûs, il faut être attentif à ne donner qu'une terre analogue à celle du sol même que l'on veut amender.

§ III.

ENGRAIS VÉGÉTAUX.

Comme nous le savons déjà, les plantes ne vivent pas exclusivement aux dépens du sol ; elles puisent dans l'atmosphère la majeure partie des éléments qui les composent. Il en est parmi elles qui ont cette aptitude plus développée que les autres, qui sont douées d'une plus grande énergie d'aspiration, et qui par suite arrivent à un développement considérable, quoique n'ayant emprunté que fort peu au sol qui alimente leurs racines. On voit déjà l'importance de ces plantes, au point de vue qui nous occupe, puisqu'elles nous aident, avec un peu de travail pour leur enfouissement, à accroître la fécondité de nos terres, en leur donnant, non pas seulement les éléments que les racines des végétaux enfouis y ont puisé, mais encore tout ce qui a été pris à l'air par leur appareil foliacé.

De tout temps, on a eu recours à ce moyen économique d'enrichir le sol, et tous les anciens auteurs, depuis Caton et Varron, vantent ce procédé.

Cette pratique d'enfouir des végétaux par un labour est surtout excellente pour les pays méridionaux, dans le sud-ouest, par exemple, parce que dans cette masse enfouie se trouve une certaine dose d'humidité, qui nuirait peut-être à des terrains plus au nord, dont le défaut est souvent une trop grande saturation d'eau. Il sera donc facile à chacun d'apprécier, par l'exposition de la vigne et la nature du terrain, l'opportunité d'une semblable méthode.

On comprend aussi que l'amélioration par une fumure verte, sera d'autant plus grande que le terrain sera plus riche; car, dans ce cas, l'appareil foliacé aura pris un plus grand développement, et aura par suite emprunté davantage à l'atmosphère; et par l'enfouissement, il sera donc donné à la terre une plus grande somme de prin-cipes utiles. Enfin, on ne doit jamais oublier, que si l'en-fouissement des végétaux herbacés est un amendemetn de moindre durée que les autres, il est d'un effet cer-tain sur la culture de la vigne dont il n'altère jamais les produits, et qu'il est le plus économique de tous les amendements.

Un des meilleurs engrais qu'on puisse fournir aux vignes, se trouve dans l'enfouissement des végétaux ligneux, parmi lesquels on doit surtout préférer ceux qui gardent leurs feuilles. Quand on songe que de tout temps on a vanté ce mode de fumure, comme étant très-puissant et ne gâtant jamais les produits de la vigne, on est surpris qu'il ne soit pas plus généralisé, ne fùsse qu'à cause de l'économie des frais qu'il nécessite. Les roseaux, les rameaux de buis ou de toute espèce d'arbres, les ajoncs épineux, les bruyères, les mousses même, les branches de génevrier, les éla-gures de jeunes pins, les bourrées d'épine, les églan-tiers, les ronces, tout végétal ligneux enfin, broyé dans les chemins et les cours pendant l'hiver, et ayant reçu un commencement de décomposition ; tout cela fournit le meilleur et le plus économique des engrais à la vigne. Ces branches ligneuses, en se mêlant par leur lente décomposition à la terre qui supporte la vigne, fournissent un élément fécondant aux racines de cette plante, en même temps qu'elles divisent le sol, et le rendent par suite plus perméable aux influences atmosphériques : de plus, les parfums balsamiques produits par leur décomposition, aromatisent les fruits de la vigne, et ne leur donnent pas ce goût détestable qu'on peut justement reprocher aux vins produits par les varechs, comme par les immondices et par les boues fétides des villes.

Dans l'Armagnac, on mêle de la feuille, des herbes, de l'ajonc avec de la marne ou de la chaux, ce qui produit un excellent amendement pour la vigne.

Dans le Midi, on enfouit les plantes aquatiques que fournissent les marais d'Arles ; on les enterre dans des fosses profondes, et cet amendement fait ressortir ses effets salutaires pendant plus de 10 ans. — Dans d'autres contrées du Midi, l'on enfouit par les cultures qu'on donne à la vigne, des végétaux coupés par tronçons, et cette pratique a toujours emmené des résultats certains.

Rien ne convient mieux à la vigne que la terre végétale proprement dite ou que l'engrais végétal : les mousses, les feuilles, les gazons, les végétaux piétinés ou broyés dans les cours ou les chemins, le tout mêlé ensemble, forment l'engrais par excellence.

Tous les déchets de récoltes, tous les débris de plantes recueillis avec soin, augmentent et enrichissent les fumiers; tous ces produits de la terre rendus à la terre, accroissent sa fécondité, et devraient toujours recevoir cette destination, quand surtout ils ne peuvent devenir un objet ni de vente ni de consommation. Ainsi, partout où l'on fait des lins ou des chanvres, partout où l'on exploite les bois, soit les chevenottes, soit les sciures, doivent être mêlées aux composts avec de la chaux, et peuvent ainsi fournir à la vigne un bon engrais. Les fanes de pommes de terre, les feuilles de betteraves, de carotes, etc., doivent être traitées de la même manière, et données à la terre après une première fermentation. — Les feuilles de tous les végétaux, qui ont subi un commencement de décomposition au moyen d'une matière minérale quelconque, doivent recevoir la même destination.

Toutefois, il ne faudrait pas se faire illusion sur la valeur des fumures vertes, et croire qu'elles peuvent remplacer le fumier; ce serait là une erreur dont les conséquences pourraient avoir une grande gravité. Rien ne peut remplacer le fumier de ferme. Mais dans certaines circonstances données, les engrais verts peuvent être d'un grand secours. — Ainsi, quand on se trouve en présence de terres pauvres ou épuisées, qu'on n'a pas, ou qu'on ne peut se procurer d'engrais; quand il s'agit d'amender des terres éloignées du centre de l'exploitation, ou d'un accès difficile; dans le cas où les chemins sont mauvais ou impraticables : dans toutes ces circonstances, comme dans bien d'autres qui

20

se présenteront à l'esprit de chacun, les enfouissements herbacés peuvent rendre de très-grands services.

Il est des plantes qui réussissent dans les terres calcaires, d'autres qui viennent bien dans des sables, d'autres enfin qui affectionnent les terres argileuses; il faut en quelque sorte consulter le goût du végétal pour en obtenir tout le bien qu'il peut faire.

Dans les terrains fortement argileux, si l'on désire faire des enfouissements herbacés, il vaut mieux choisir des plantes ligneuses, parce qu'en même temps qu'elles engraissent le sol, elles agissent mécaniquement, divisent et assainissent la couche arable.

Spergule. — La spergule est une plante dont l'accroissement rapide permet deux et trois enfouissements dans l'année; elle se plaît surtout dans les terres sablonneuses et pauvres, et peut devenir à ce titre, une ressource précieuse pour la vigne; car, semée sur le premier labour, elle peut être enfouie par le second; elle ne réclame donc pas pour elle un travail quelconque, et ne coûte presque que la semence.

Sarrazin. — Plus exigeant que la spergule, le sarrasin croît également dans les terres sablonneuses; confié à un sol qui lui convient, il développe promptement un grand appareil foliacé, qui lui permet d'emprunter beaucoup à l'atmosphère, et d'enrichir par son enfouissement la terre sur laquelle il est semé.

Fève. — La fève ne réussit bien que sur les terrains argileux, compactes et un peu humides. Comme cette plante puise beaucoup dans l'atmosphère, et que d'un autre côté ses tiges sont suffisamment grosses et ligneuses, on comprend qu'enterrée, quand la floraison disparaît, elle devienne un engrais précieux pour le sol argileux qui la porte.

Lupin. — Le lupin est une des plantes les plus précieuses que la nature offre pour les enfouissements en vert. Ses diverses espèces croissent avec vigueur sur les terres pauvres, sablonneuses, sèches et complètement dépourvues de calcaire. Il agit sur les mauvais terrains par ses fortes racines qui s'étendent dans tous les sens, et surtout par l'enfouissement de ses feuilles qui, restant très longtemps vertes, puisent dans l'atmosphère et s'assimilent une grande quantité d'éléments nutritifs. Les anciens auteurs vantent beaucoup les avantages de cette plante, et voici comment s'exprime Columelle à son égard : « Quant à moi, dit-il, je suis convaincu que lorsqu'un cultivateur manque de fumier, il a toujours une excellente ressource dans les lupins qui, semés dans un champ stérile vers les ides de septembre, coupés et retournés en temps convenable à la charrue ou à la houe, produiront l'effet des meilleurs engrais. Or, il n'y a pas de temps plus convenable pour couper le lupin dans les lieux sablonneux, que le moment de la seconde fleur, et de la troisième dans les terres rouges. Dans le premier cas, on l'enterre lorsqu'il est encore tendre, afin qu'il pourrisse plus aisément et se mêle avec le sol franc. Dans le second, on laisse durcir, pour qu'il puisse supporter plus longtemps le poids des mottes, et les tenir en quelque sorte suspendues, jusqu'à ce que, pénétrées et dissoutes par les chaleurs de l'été, elles soient réduites en poussière. »

— L'Allemagne emploie depuis longtemps le lupin comme fumure verte. Au lupin blanc, elle a substitué le bleu et le jaune, et cette culture paraît avoir produit une véritable révolution dans les terres pauvres et siliceuses. Le lupin se plaît aussi dans les sols argilo-ferrugineux qui ne conviennent pas à d'autres plantes. Dans notre pays, et sur les terrains un peu riches, on peut lui associer avec avantage le trèfle incarnat ou farouch. Dans la Provence, et sur les terrains les plus stériles, le lupin bleu réussit très bien. Cette plante redoute l'humidité ; elle n'aime pas non plus les terrains trop calcaires. C'est donc là la plante par excellence pour notre pays, et l'on ne saurait trop la recommander. — Le lupin, qui fleurit à l'époque des premiers labours, est enfoui par eux au pied de la vigne, et forme ainsi, sans frais de transport, un engrais dont l'utilité se prouve par l'abondance des raisins et la fertilité des terres.

Les marcs de fruits, ou ce qui reste après l'extraction des jus par la pression, sont un excellent engrais qui contient une grande force sous un faible volume.

Les marcs de raisin renferment les éléments les plus précieux de fertilité qu'on puisse donner aux vignes, surtout lorsqu'avant leur épandage, on les a mis en tas pendant quelque temps et livrés à eux-mêmes ; dans cette position, ils ne tardent pas à éprouver une fermentation qui augmente considérablement leurs propriétés fertilisantes.

Les marcs de pommes et de poires, qui ne sont autres que les résidus des cidres, peuvent être utilisés immédiatement après leur pression, sur les terres calcaires. Quand les sols ne jouissent pas de cette propriété, et pour neutraliser les substances acides que ces marcs renferment, il est bon de les stratifier avec du fumier ou de la chaux, et d'attendre leur fermentation avant de les répandre. Par ce mélange avec les fumiers, on n'accroît en rien les frais, et on augmente la quantité et la qualité de l'engrais.

Les fagots de tonture de haies, de genêts et d'autres arbustes, sont précieux comme fumure pour la vigne. Nous avons employé avec succès des bourrées d'épine noire ou blanche, d'églantier, de ronces en ayant le soin de les enfouir le plus profondément possible.

Le buis est très estimé pour cet usage. Pendant sa décomposition, il dégage un arôme qui accroît les qualités du fruit.

Le jeune pin est excellent à cause de la lenteur de sa décomposition. Enfin, le génevrier est un des meilleurs végétaux qu'on puisse enfouir dans la terre qui supporte une vigne ; et soit qu'il s'insinue dans la plante par les racines, soit qu'il soit pris après son dégagement par ses parties vertes, son arôme accroît sensiblement la qualité des vins.

Les auteurs les plus anciens comme les plus modernes vantent l'emploi des sarments comme engrais. Voici comment s'exprime M. Kreebs à cet égard : « Rien n'est plus utile pour l'engrais d'un vignoble que les sarments retranchés de la vigne elle-même. Mon clos a été traité de cette manière pendant huit années sans recevoir aucune autre espèce d'amendement, et l'on pourrait difficilement montrer des vignes plus belles et chargées d'un plus riche produit. Quand je vois les ouvriers se fatiguer à aller chercher au loin du fumier, les hommes et les chevaux gravir péniblement les coteaux pour y apporter des engrais dont on pourrait se passer, je me sens prêt à leur dire : Venez donc à mon clos, et voyez comment un créateur plein de bonté a pourvu à ce que les vignes puissent s'entretenir d'elles-mêmes comme les arbres de la forêt. Et encore leur feuillage ne tombe que lorsqu'il est flétri et privé d'une partie de ses éléments, et il reste sur le sol bien longtemps avant de se consumer, tandis que les rameaux de la vigne, encore tendres et frais, sont pourvus de la totalité de leurs principes. Si, alors, on les coupe à petits fragments et qu'on les mêle avec de la terre, ils entrent promptement en putréfaction, et se décomposent si complètement qu'au bout d'un mois il est difficile d'en trouver la moindre trace. » Cette manière de fumer la vigne par les sarments a été connue et usitée de tout temps ; Albert-le-Grand, dans son traité des végétaux, disait, d'après Palladius, que le meilleur fumier pour la vigne se faisait avec ses sarments et ses feuilles, mêlés à de la terre. Pline avait déjà dit : « Lorsqu'une vigne est maigre, on l'amende avec de la cendre de sarments. » Il avait emprunté son précepte aux Géoponiques qui l'avaient conseillé avant lui; et Caton, dans son traité d'économie rurale, avait écrit au chapitre 37 *De re rustica* : « Quand une vigne est maigre, coupez ses sarments en petits morceaux et enterrez-les dans la vigne maigre par un labour. »

Les sarments, en effet, par leur décomposition, fournissent à la vigne tous les éléments propres à une
rapide végétation, puisqu'ils possèdent tous les principes constitutifs de cette plante, qu'ils ne sont eux-
mêmes que la partie la plus riche de cette plante. On
ne saurait donc trop demander, qu'on rende à la vigne
ces sarments qu'on leur enlève chaque année par la
taille, sans réparation aucune pour les pertes qu'on lui
fait subir.

§ IV.

ENGRAIS ANIMAUX.

Noir animal. — Parmi les engrais animaux, le noir
animal s'emploie avec succès sur les sols argilo-siliceux
nouvellement défrichés; et on reconnait aujourd'hui
que l'élément qui donne à ces sols nouveaux la fertilité
que le noir leur procure, est le phosphate de chaux
des os. Sur ces terrains nouvellement défrichés, les
engrais azotés restent presque sans action, parce qu'ils
sont en quelque sorte amortis par les éléments astrin-
gents qu'ils renferment, éléments qui sont au contraire
décomposés par les phosphates qui les font servir à la
production. —Mais partout où l'on est éloigné des raffi-
neries de sucre, et partout où l'on ne peut se procu-

rer le noir animal qu'à grands frais, il est au moins facile d'employer pour le même usage, les os qui peuvent être pulvérisés d'une façon peu coûteuse.

Os. — Les os, fournissant un élément minéral aussi nécessaire aux plantes qu'aux animaux, doivent surtout être employés pour les défrichements de terrains. Dans toute autre circonstance, ils doivent être répandus simultanément ou alternativement avec des fumiers; et ce précepte est consacré par les succès de toute l'Angleterre. Enfin, ils doivent être répandus sur des terrains perméables, de consistance moyenne, et qui soient privés de l'élément calcaire.

Il n'y a pas longtemps qu'un journal Allemand a signalé pour désagréger les os, une pratique, qui aurait d'immenses avantages économiques, puisqu'elle permettrait leur emploi sans broyage préalable. Voici le procédé tel qu'il est décrit : « Le hasard voulut que récemment un anglais, en vidant son écurie, remarquât dans le fumier une substance pulvérulente blanche, qu'il reconnût, après examen, pour être des os, sans pouvoir toutefois s'expliquer par le secours de quel agent, ils pouvaient s'être transformés dans cet état. Après beaucoup de vaines réflexions, il lui vint en idée que ce devait être uniquement le fumier de cheval qui avait produit ce résultat. Pour s'en assurer, il fit faire, dans son verger, un tas composé d'os de cuisine frais et de fumier de cheval, et il recueillit ainsi, dans le cours de l'année, une quantité notable de substance d'os, qui parût finement pulvérisée quand, au printemps, on la transporta dans les champs; les os employés étaient tous frais, mais on peut s'attendre à ce que les os vieux se laissent également dissoudre par le fumier de cheval, lorsque ce fumier est mélangé *frais* avec les *os*. »

L'Angleterre nous a appris le moyen de traiter les os par l'acide sulfurique, tout en conservant leur valeur fertilisante ; à l'aide de ce procédé, on hâte leur dissolution, en facilitant leur assimilation ; et toute la partie animale est conservée. On donne dans le commerce aux os traités par l'acide sulfurique le nom de super-phosphate. — Le procédé à employer est des plus simples ; on mêle les os brisés par les machines ou le marteau en petits morceaux avec la moitié de leur poids d'eau ; puis on verse doucement une quantité d'acide sulfurique de commerce, égale au quart environ du poids des os. On agite toujours le mélange, jusqu'à ce qu'il ait acquis la consistance d'une pâte épaisse ; on le dessèche au bout de quelques jours avec de la terre, du charbon ou de la sciure de bois. — Quatre hectolitres d'os traités ainsi, constituent une forte fumure pour un hectare.

Les cornes, les sabots, les onglons offrent une grande analogie avec les os, et il nous suffira ici de les mentionner, comme étant un des engrais les plus riches qu'on puisse donner à la terre qui doit supporter une vigne. Ces engrais, ainsi que les os, sont excellents à cause des éléments qu'ils renferment, et de leur lente décomposition ; employés en quantité suffisante, ils ont sans doute une grande action sur la plante qui nous occupe. Toutefois, quelques auteurs mentionnent le mauvais goût donné aux raisins, et par suite aux vins,

par leur emploi quand la vigne est en pleine production. Aussi pensons-nous avec eux, que ces engrais
doivent être réservés pour les terres arables; et qu'il ne
faut les employer que sur des défrichements de terrains
qui doivent supporter la vigne, ou sur les jeunes
vignes elles-mêmes, mais avant l'époque de leur production.

Les crins, les plumes, les poils, les cheveux offrent
un engrais dont on peut tirer un excellent parti pour
la vigne, parce que par leur décomposition lente et
graduelle, ils peuvent satisfaire aux exigences d'une
longue végétation. — De même que ces matières, les
chiffons de laine, les rognures de cuir, qui eux aussi,
ne se décomposent que lentement, peuvent avoir comme
fumure une influence heureuse sur la vigne.

Nous ne parlerons pas de ces nombreux engrais du
commerce, qui sont offerts de toute part par la spéculation. Ce sont toujours, avec les mêmes exagérations
de langage, les mêmes promesses de récoltes luxuriantes,
les mêmes engagements de richesses sans travail. Sans
doute, quelques-uns de ces engrais ont une puissance
réelle; mais pour la plupart, ils n'ont d'autre effet
que d'exciter la terre un moment, pour la laisser plus
pauvre ensuite.—On ne doit plus se fier à ces inventions,
qui offrent le moyen d'échapper à la sentence qui condamne l'homme au travail; et, si l'on parvenait à
atteindre le but poursuivi depuis longtemps, si l'on
trouvait enfin cette pierre philosophale agricole, ne
serait-ce pas un malheur plutôt qu'un bienfait? Le
travail n'est-il pas un élément essentiel de l'ordre social,

sans lequel les sociétés humaines seraient sans cesse agitées, et secouées, jusqu'à ce que l'une des secousses emportât avec elle la civilisation? Car de petites doses d'engrais factices, procurant la richesse et l'abondance sans travail, les populations grossies, inactives et paresseuses, ne vivraient plus, devant l'avilissement absolu des denrées de première nécessité, que pour le trouble, les séditions et toutes les tempêtes d'une société sans liens et sans besoins.

Le premier, le meilleur de tous les engrais, pour la vigne comme pour toutes les cultures, c'est le fumier de ferme. Car il introduit en quantités suffisamment appréciables, l'azote, les matières salines, toutes les substances enfin qui sont nécessaires à l'accroissement, au développement, à la fructification de la plante. Il vaut mieux employer les fumiers desséchés et décomposés plutôt que frais; et, mélangés avec de la terre et de la chaux, ils forment pour la vigne, l'engrais par excellence, celui que tout bon vigneron doit employer, avant tout autre. Car, ainsi composé, il amène avec lui le meilleur engrais, en même temps que le meilleur amendement.

L'engrais de poule et de pigeon ou de tout espèce d'oiseaux de basse-cour doit être rejeté des vignes comme donnant un mauvais goût à ses produits; pour le même motif, on doit en agir de même, à l'égard des déjections naturelles de l'homme, quoiqu'elles aient été vantées et recommandées pour la vigne par Olivier de Serres. — Il faut toutefois faire une exception en faveur de l'urine, étendue de ux fois son volume d'eau, qui est excellente pour la vigne, et donne de bons résultats. M. le comte Odart, qui l'a expérimentée pendant vingt ans, s'en est toujours loué; et cette pratique qui lui était recommandée par Collumelle, a eu chez lui les plus[heureux effets.

Enfin, la lie du vin, les vinasses rendent au sol une majeure partie des matières minérales qui lui avaient été enlevées.

Nous devons dire que le fumier frais ne doit jamais être employé, parce qu'il cache un grand nombre d'insectes, et renferme, plus ou moins, des graines de mauvaises herbes, qui nuiront à la végétation de la vigne par leur développement, et surtout parce qu'elles donnent un mauvais goût au vin récolté.

Quant à la quantité des fumiers à employer, on doit tenir compte de la nature du sol, de son humidité habituelle, de la température plus ou moins élevée, circonstances qui ont une action directe sur les engrais et sur les effets qu'ils produisent; voici quelques indications qui pourront guider la marche des vignerons, quant à la quantité d'engrais à employer : Dans le Gard, on répand tous les quatre ans 36,000 kilog. ou 9,000 kilog. par an, et l'on obtient en moyenne 90 hectolitres à l'hectare. Dans le canton de Vaud (Suisse), on met environ 20,000 kilog. de fumier par an, et l'on obtient en moyenne jusqu'à 120 hectolitres. Enfin, dans le Languedoc, on fume à 9,000 kilog. par an, et l'on obtient 80 hectolitres. Dans les palus de Bordeaux, on emploie 27,000 kilog. et dans le Beaujolais 30,000 kilog. tous les trois ans. De ces faits, on pourrait presque conclure, que la production est toujours en raison directe de l'importance et de la richesse de la fumure. Pour nous, nous pensons que dans les contrées du sud-ouest, en fumant tous les trois ans les vignes avec un compost de fumier, terres et chaux, à raison de 30,000 kilog. ou 10,000 kilog. par an, on obtiendrait des résultats rémunérateurs qui porteraient la production jusqu'à 60 hectolitres, et cela, sans avoir nui à la qualité des vins, en ayant même accru cette qualité d'une façon notable.

La fin de l'automne ou le commencement de l'hiver, est le temps le plus propice à l'enfouissement des engrais; à cette époque, il y a quelques loisirs, et les mauvaises émanations ne peuvent avoir d'action sur les raisins de l'année suivante; on étend le fumier sur la terre, et l'on le recouvre par un labour.

Le système qui consiste à enfouir le fumier au pied du cep, qui est le seul à appliquer dans une plantation en foule, présente certains dangers — Il est long et coûteux, parce qu'il faut déchausser et rechausser chaque cep ; les engrais doivent être placés, pour produire tout leur effet, à l'extrémité des racines, puisqu'ils doivent être absorbés par leurs spongioles. Or, c'est là une assez grande difficulté à vaincre à cause de l'étendue de ces mêmes racines. De plus, ce mode de procéder fait naître au collet de la plante un grand nombre de radicelles qui doivent être détruites ou par la sécheresse ou par les instruments de travail; sans cela, elles nuiraient aux fonctions des racines principales. Ce mode est donc vicieux et présente de grandes difficultés dans son application. — L'ouverture d'une rigole qu'on fait à égale distance des deux rangées de vigne, et dans laquelle on enfouit l'engrais, est le meilleur procédé et le plus économique. D'abord, les petites racines qui portent la nourriture aux ceps, sont toujours assez éloignées de la souche, et profiteront mieux de la fumure ; ensuite, la rigole peut être faite facilement dans les vignobles peu déclives avec un buttoir ou une petite charrue ; exécuté à la main, c'est un travail qui a une influence sensible sur la prospérité de la vigne ; et lorsque les engrais sont répandus dans les sillons, on les recouvre facilement avec la terre qu'on en avait extraite. — Quand les vignes sont à un mètre de distance dans les lignes, si l'on veut fumer par les méthodes ordinaires, l'engrais peut être porté avec la brouette, et même avec une voiture ; on n'a qu'à adapter à un tombereau un essieu, qui tient les roues écartées à deux mètres les unes des autres, en sorte qu'un cheval, marchant au milieu d'une ligne, les roues ont chacune pour se mouvoir un espace de un mètre dans les deux lignes de droite et de gauche, sans qu'il en résulte le moindre dommage pour les ceps.

CHAPITRE CINQUIÈME

LA PLANTATION.

---

§ I.

TRAVAUX PRÉPARATOIRES.

Au sujet de la plantation et pour toutes les cultures qui suivront cette opération, deux dangers doivent être signalés, dangers d'autant plus graves qu'ils prennent leur origine chez des hommes qui sont animés des meilleures intentions. — Certaines personnes, aimant la campagne où ils exploitent la vigne avec plus ou moins de succès, ont édifié, d'après des circonstances toutes locales et souvent exceptionnelles, un système qu'ils vantent, et qu'ils conseillent à tous d'appliquer. Un principe scientifique, un fait de pratique s'élèvent-ils contre les idées qu'ils préconisent? ils les écartent ou les rejettent; ils ne sont retenus, ni par les expériences de leurs devanciers qu'ils ignorent, ni par les progrès d'une science qu'ils jugent inutile; bientôt leurs rêves devenant pour eux des réalités, ils n'essaient plus de résister à leur propre entraînement, et donnent, comme vérités acquises, les mensonges de leur imagination. Leurs théories sont facilement acceptées par des esprits sans défense; et, plus tard, les erreurs qu'ils ont répandues, se dressent comme un obstacle infranchissable en face de la vérité, et ont pour conséquence, ou de faire naître ou de perpétuer des pratiques vicieuses.

D'autres qui ont écrit sur la vigne, après avoir indiqué des méthodes excellentes pour les contrées qu'ils avaient pour but de féconder, et après avoir atteint ce but, se sont laissés égarer par ce premier succès, ont voulu l'étendre et le généraliser, et ont conseillé ces mêmes méthodes, pour des contrées où elles sont souvent inapplicables ou pernicieuses; oubliant que tel système excellent sous tel climat et avec tel plant, pouvait être défectueux et dangereux dans d'autres circonstances, ils ont usé de l'autorité d'un nom justement estimé, pour répandre des principes qui, dans d'autres conditions que celles où ils ont produit des résultats heureux, peuvent devenir des causes de ruine. Comme si la viticulture n'était pas une science difficile et profonde, dont les principes doivent se diversifier à l'infini selon les climats, les terrains et les plants; comme si, en persistant dans cette voie, on ne la poussait pas à l'empirisme qui l'a dominée jusqu'à ce jour. — Ce sont ces deux écueils que nous venons de signaler, que nous nous efforcerons d'éviter dans la suite de ce travail.

Assainissement. — La vigne ne peut prospérer, s'il y a une humidité surabondante dans le sol qui la supporte. Toutes les fois qu'elles se trouvent en contact avec elle, ses racines se décomposent et pourrissent; ses produits peu abondants, sont de qualité inférieure; son fruit ne mûrit pas ou mûrit tardivement; enfin, sa durée est si limitée, qu'il faut, dans un temps assez rapproché de celui de la plantation, replanter de nouveau, ou donner une autre destination au terrain. Aussi, est-il indispensable d'assainir le sol sur lequel on veut planter une vigne, et de lui enlever par le drainage cette humidité stagnante, dont l'influence est si funeste.

La nécessité d'assainir certaines natures de terre est si peu comprise dans la zône pyrénéenne, et cet assainissement, quand il a lieu, est si mal exécuté, qu'il ne nous paraît pas hors de propos de présenter les motifs qui établissent l'indispensabilité de ce travail, et d'expliquer les procédés les plus simples pour le pratiquer. La connaissance de ces principes est surtout nécessaire dans ce pays, où la nature argileuse des terres, la disposition qu'elles ont à absorber et à retenir l'humidité, et surtout la difficulté que présente leur culture dans certaines saisons, rendent souvent indispensable le drainage, ou tout autre moyen d'assainissement.

Tout terrain qui, soit par sa position, soit par ses

21

éléments constitutifs, est imperméable, c'est-à-dire se trouve dans des conditions telles, que l'eau ne peut s'en écouler naturellement, doit être assaini. Il en est ainsi des sols glaiseux ou argileux qui gardent fortement l'humidité, et ne la rendent que très difficilement; comme aussi, des terres qui, sans être imperméables par nature, le deviennent par leur position; par exemple celles qui n'ont pas d'inclinaison, ou qui reposent sur un sous-sol impénétrable et compact.

La terre qui a l'un de ses défauts, serait donc un malade qui ne peut être guéri que par l'assainissement. La maladie aurait pour effet de produire un état d'infertilité et d'inertie dû à une trog grande stagnation de l'eau, ou à une certaine nature de sol qui ne lui permettrait pas de s'écouler; le remède donnerait un écoulement à cette eau, et rendrait ainsi à la terre toute son activité fécondante.

Le rôle que joue l'eau dans la végétation de la vigne est immense. En pénétrant la terre, elle attendrit, gonfle les tissus des racines, et aide à tous leurs mouvements; elle humecte et sépare les diverses molécules terreuses, dont la cohésion pourrait être un obstacle aux évolutions de ces racines; elle dissout tous les éléments fertilisants qui sont dans le sol, se charge de leurs parties nutritives qu'elle fait pénétrer avec elle dans toute la vigne; elle se décompose elle-même, pour fournir à la plante les éléments essentiels qui la constituent; enfin, quand elle tombe en pluie, en rosée ou en neige, elle jette sur la terre qui en est fertilisée, tous les gaz qu'elle a ravis à l'atmosphère en la traversant.

La quantité d'eau nécessaire pour atteindre ces divers effets, varie selon le but poursuivi, selon l'élévation de la chaleur normale, selon la nature du sol.

Ainsi, pour la vigne, le but poursuivi étant le fruit, lorsque le raisin est formé, l'eau n'est presque pas nécessaire, parce qu'elle se trouve en suffisante quantité dans la sève qui doit conduire le grain à maturité. Un excès d'humidité n'aurait d'autre résultat, que de nuire à la parfaite constitution du fruit et d'en altérer la qualité.

Ainsi, le climat demandera plus ou moins d'eau, selon que sa chaleur sera plus ou moins élevée, à cause de l'évaporation qui y sera toujours proportionnelle à l'intensité de cette chaleur.

Ainsi, le terrain étant trop perméable, l'eau le traverse rapidement pendant que l'évaporation y est très-grande; et les jeunes racines ne peuvent en prendre la quantité nécessaire aux besoins de la vigne. Comme, s'il est trop compact, l'eau y croupit et s'y accumule, de façon à décomposer et noyer ces mêmes racines, qu'elle devait alimenter.

En un mot, il faudrait que l'eau traversât doucement la terre; qu'elle y stationnât assez, pour y jouer son rôle si essentiel; qu'elle s'écoulât, ensuite, en laissant dans le sol une chaude humidité. — Et cet excellent effet est produit pour la vigne par l'assainissement.

Dans les terrains fortement argileux, qui composent la presque totalité des sols qui devraient être consacrés à la vigne, l'assainissement doit toujours précéder toute plantation, parce que, sans lui, cette culture doit se trouver soumise à des inconvénients graves que lui seul peut conjurer. — La vigne y mûrit plus tardivement ses fruits, que dans un sol qui serait moins compact ou plus léger. — La cohésion du sol augmentant en raison de la plus grande quantité d'eau que cette nature de terre peut absorber, les racines de la vigne sont paralysées et ne peuvent s'y développer, parce que la ténacité du terrain, tout en arrêtant l'accès de l'air à une certaine profondeur, les empêche de s'étendre dans tous les sens. — Sous l'action de la sécheresse, les terres compactes se fendent et s'entr'ouvrent, de façon à briser ou tordre les racines, et à emmener ainsi la mort du végétal. — Pendant l'hiver, une surabondance d'eau gonfle et épaissit ces terrains, effet qui aide au déplacement des racines qui se trouvent souvent à fleur de terre ou à nu, quand une température plus élevée assèche ces terres, et leur enlève une partie de leur humidité. — Cette première chaleur a pour résultat de lier en croute la couche superficielle du sol, pendant que ses parties inférieures sont soumises à une humidité froide ; ce qui constitue entre le système radiculaire de la vigne et son système aérien, une disproportion de température, essentiellement contraire à sa vigoureuse végétation. — Enfin, pendant que le travail de ces terres est pénible et coûteux, les engrais qui ont besoin pour se décomposer et jouer leur rôle providentiel, de l'action combinée de la chaleur, de l'eau et surtout de l'air, n'ont qu'une fermentation lente et incomplète, et ne peuvent par suite fournir à la plante les substances indispensables à son complet développement.

Ces effets désastreux d'une trop grande cohésion dans le sol disparaissent devant le drainage. — Par lui, l'influence combinée de la chaleur, de l'air et de l'eau maintient le sol dans un état de fraîcheur qui favorise la végétation ; sa température devient plus égale ; elle est plus chaude en hiver et plus froide en été ; elle emmène comme résultat, des récoltes plus hâtives, une maturité plus complète ; on dirait que cette influence améliore sensiblement le climat.

Une conséquence de l'assainissement est aussi l'ameublissement qu'il produit dans le sol, qui, n'étant plus lié en pâte, permet aux racines de le pénétrer plus profondément.

Enfin, il réduit les frais de culture, parce que sous son action les mottes d'argile tenace se sont fondues, et ont été remplacées par une terre plus légère, plus douce, que les instruments retournent en tous sens avec plus de facilité ; il aide puissamment à la prompte décomposition de l'engrais, et met ainsi à la disposition de la vigne les éléments essentiels à sa bonne constitution.

Tout en reconnaissant les immenses avantages de l'assèchement du sol, quelques publicistes paraissent redouter pour les racines des vignes les effets du drainage ; comme si ces racines n'étaient pas essentiellement traçantes ; comme si elles végétaient à plus de 0,40 ou 0,50 du sol, tandis que la profondeur des tranchées du drainage est au moins de 1 mètre ; ce qui rend impossible la rencontre des racines et des drains. De plus, ces racines, redoutant par dessus tout l'excès d'humidité, fuient devant elle, et ne se mettent jamais en contact avec l'eau qui coule dans les drains ; aussi, ne pénétrant pas dans ceux-ci, on ne peut craindre qu'elles encombrent les tuyaux. C'est là un résultat incontestable, établi aujourd'hui par l'expérience. C'est également l'expérience qui nous apprend, que de vieilles vignes ont repris une nouvelle jeunesse par un assainissement bien fait qui leur a été appliqué. Enfin, on a publié souvent que, lorsque des fumures même très-abondantes étaient impuissantes, pour donner de la vigueur à des vignes plantées dans un terrain trop compact, ces mêmes vignes s'étaient ranimées sous l'action d'un drainage qui, en enlevant à ces plantes l'humidité, leur avait procuré l'aération. — Le drainage est donc une des meilleures pratiques qu'on puisse appliquer à la vigne.

Nous n'avons pas à nous occuper ici des règles qui doivent diriger un drainage bien fait; nous renverrons ceux qui désirent appliquer cette excellente pratique à leurs vignobles, aux ouvrages qui ont traité cette matière, et spécialement à l'œuvre si remarquable à tous égards de M. Barral. — Cependant, nous mentionnerons une sorte de drainage qui a été appliqué assez en grand sur les coteaux de Jurançon, et qui pourra être utilement pratiqué par ceux qui se trouveront dans des conditions identiques. Le terrain sur lequel on opérait, assez commun sur ces collines, était de nature argilo-siliceuse, avec sous-sol de craie imperméable. Depuis des siècles, les pluies et les orages avaient raviné ce coteau, et emporté à sa base ou dans le ruisseau qui le longe les bonnes terres de sa surface ; des quantités considérables de pierres d'une certaine grosseur reposaient sur le sol ainsi dénudé, au milieu de ronces et de broussailles qui avaient pris avec le temps de grands développements ; toute culture y paraissait impossible. Avant le défoncement, on fit creuser dans le sens de la pente, de profonds et larges fossés, dont la base fût garnie de toutes les parties fortement ligneuses des ronces et autres végétaux qui croissaient sur ces terrains ; au-dessus de ces fagots foulés avec force, on fit entasser les grosses pierres jusqu'à 0,50 de la superficie du sol, et l'on recouvrit avec les terres du fossé même. Ainsi assaini, ce terrain a été défoncé à 0,50 centimètres par deux charrues qui se suivaient, et par des ouvriers qui, remuant au pic après elles le fond de la raie, atteignaient la profondeur voulue. Ce sol, jusqu'alors impropre à toute culture, supporte aujourd'hui une vigne dont les pousses à deux ans de plantation en boutures, avaient 1 mètre 50 de longueur.

Clôtures. — L'emplacement du vignoble choisi et assaini, il y a encore quelques travaux préparatoires auxquels il faut procéder avant de faire la plantation. — Tous les vignobles devraient être entourés de clôtures qui les garantiraient des déprédations et des atteintes des maraudeurs, et de la divagation des animaux.

Pour bien comprendre les avantages des clôtures, il faut les avoir vues et étudiées soi-même : il faut avoir observé leur heureuse influence sur la végétation, par la concentration de la chaleur, par l'abri qu'elles

procurent contre les vents desséchants. — Les clôtures
garantissent de toute perturbation, et font régner l'ordre
dans un vignoble. Elles provoquent la culture du moindre lopin de terrain, elles resserrent les chemins dans
leurs étroites limites, elles défendent les produits de
l'atteinte des hommes ou des animaux, et, si l'on songe
à tous les services qu'elles rendent, on comprendra
comment les Anglais tiennent tant à elles, et combien
les avantages qui en résultent l'emportent sur les inconvénients qu'on leur reproche.

Toutes les clôtures ne conviennent pas également
au vignoble ; les haies vives plantées sur le terrain
nivelé, et qui sont si favorables aux prairies, gardent
une humidité qui attire la gelée, et empêchent souvent
la complète maturité des raisins qui les avoisinent ;
les racines des divers arbustes qui les composent,
courant sous le terrain occupé par la vigne sur une
étendue assez grande, enlèvent à notre arbrisseau une
nourriture nécessaire ; l'étude attentive des haies vives
si communes dans l'ouest, nous a prouvé qu'on ob-
tenait par elles un résultat opposé à celui qu'on en
attendait. — Les fruitiers, dont quelques vignerons
encombrent leurs vignes, s'étendent comme un réseau
sous la surface du vignoble, et en appauvrissent les
récoltes annuelles. — Les arbres sont généralement
nuisibles à la vigne, et, comme les animaux, il faut
les bannir des vignobles. Toutefois, dans le midi et
l'ouest, où la chaleur est toujours suffisante, on peut
être moins sévère, et le pêcher ajouterait au revenu
des terres, sans occasionner une perte bien sensible

en vin ; c'est là un arbre dont on peut toujours par
la taille modérer la vigueur et l'ombrage, et s'il est
planté sur le côté méridional des chemins, de façon
à ce que son ombre se projette sur eux, il devient
presque inoffensif.

Les murs en maçonnerie doivent être préférés à tout
autre mode de clôture, quand il s'agit de garantir des
produits de grande valeur, d'autant qu'on peut élever
contr'eux des treilles qui indemniseront largement des
frais qu'ils auront occasionnés. Mais souvent par la
position qu'occupent les vignobles, par les transports
et la main-d'œuvre que nécessitent ces clôtures pour
leur édification, elles entraînent avec elles de trop grandes
dépenses. — Les murs en pierres sèches que le défoncement produira, sont toujours les meilleures clôtures et
les plus économiques ; nous en parlerons plus longuement à propos du défoncement. Enfin, il ne faut pas
croire que tout ce qui est ancien est vicieux, et qu'il
ne faut, pour bien faire, que tout renverser et tout
détruire ; la science agricole est vieille comme le monde,
et nos pères étaient, comme nous, doués du talent de
l'observation. Aussi, le fossé à ciel ouvert tel qu'il
est conseillé par les anciens, peut avoir de grands avantages, parce qu'il devient le collecteur de toutes les
eaux, et les conduit rapidement hors du vignoble, surtout quand celui-ci est assis sur un terrain incliné.
Dans certaines circonstances données, c'est là le meilleur procédé à employer pour l'assainissement comme
pour la fermeture des vignobles.

A l'occasion des clôtures, nous ne nous étendrons

pas sur le ban des vendanges, qui fort heureusement n'existe pas dans la zône pyrénéenne ; comme on le sait, cet usage barbare entraine comme conséquence forcée l'impossibilité absolue de réaliser une amélioration quelconque dans les vignobles. Ainsi, on n'y peut introduire un cépage à maturité hâtive, puisqu'il faut attendre la publication du ban des vendanges pour en cueillir les fruits ; ainsi, avec le ban des vendanges, dans l'ignorance où l'on est de l'époque où il sera publié, on ne peut rationnellement exécuter aucune des pratiques qui ont pour but d'aérer les ceps, et par suite de permettre aux raisins, en restant plus longtemps dehors sans danger, d'atteindre un degré de maturité qui garantira l'excellence du vin produit ; ainsi, le ban des vendanges oblige à récolter à la fois tous les raisins, qu'ils aient atteint ou non un degré suffisant de maturité, que le vignoble soit ou non composé de cépages différents, mûrissant leurs produits à diverses époques. — Quant aux pays qui subissent encore les effets désastreux de cette coutume féodale, ils doivent se rappeler que, par la loi du 28 septembre 6 octobre 1791, les clôtures enlèvent le droit de parcours, si mortel pour l'agriculture, qu'elles dispensent le propriétaire de s'assujettir au ban des vendanges, et facilitent ainsi toute amélioration : qu'en un mot, elles complètent la propriété.

Chemins. — Tout ce qui diminue les frais de production, et procure ainsi au consommateur un bénéfice qui ne coûte rien au producteur, est un bienfait pour tous. En effet, dans ce cas, le producteur baisse son prix, sans perte, parce que s'il fait payer moins cher, c'est qu'il a moins dépensé. Les chemins d'exploitation et les voies de communication, favorisent la production et abaissent son prix de la façon la plus sensible. Aussi, un des premiers et des plus utiles travaux à exécuter dans un vignoble avant sa plantation, c'est l'établissement des chemins qui doivent en assurer la facile viabilité Si la vigne a une certaine étendue, il faut que les attelages la traversent en tous sens, afin de pouvoir y porter plus facilement et plus économiquement les amendements, les engrais et les terres qui lui sont nécessaires, comme aussi en retirer plus promptement, la vendange et tous les menus produits que la vigne peut rendre.

Les chemins doivent établir une communication rapide et facile entre les bâtiments ruraux renfermant les pressoirs, et les diverses pièces de terre complantées en vigne ; on les tracera autant que possible en lignes droites, pour ménager le terrain, et diminuer les frais d'établissement et d'entretien; on leur laissera plus de largeur près des angles aigus, comme aux abords des bâtiments ; on donnera ainsi aux attelages plus de facilité pour tourner et éviter les accidents.

Les grands chemins dans les vignes, doivent avoir au moins cinq mètres de largeur, afin d'y assurer une viabilité commode. D'autres chemins, moins larges, couperont les premiers à angles droits, et ils seront établis de façon que les rangées de vignes soient perpendiculaires aux premiers, et parallèles aux seconds. Ces derniers devront être établis *en déblai*, parce que;

gazonnés, ils faciliteront l'écoulement des eaux, et pourront donner en fourrage un produit assez abondant. Enfin, les grandes voies, comme celles qui les coupent, devront être creusées dans le sol, de façon à ce que les vignes qui les longent soient plantées en relief sur le terrain qui sera en saillie.

Cette disposition des chemins assure le succès d'une plantation, parce qu'elle rend peu coûteux les transports d'engrais, les cultures d'entretien, les vendanges; en un mot, toutes les opérations nécessitées par la vigne. De plus, ces routes de service, ainsi disposées, attireront à elles l'humidité et les vapeurs. Larges et profondes, elles rempliront le rôle de canaux récepteurs et évacuateurs, et aideront à garantir le vignoble contre les gelées et la coulure.

Voici la façon dont s'exprime M. Guyot, sur les avantages d'une bonne distribution et d'une multiplication suffisante des routes de service : « Un mètre cube de terre, d'amendement ou d'engrais, déchargé d'une voiture ou versé d'un tombereau, dans l'allée de service du haut, et un autre mètre cube versé dans l'allée du bas, n'ont nécessité chacun, en moyenne, qu'un demi-relai de transport à la brouette ; ils coûtent donc chacun 0,05 de charge, 0,05 de transport, 0,05 de décharge, soit 0,15 le mètre cube pour amender et engraisser un hectare situé entre deux routes à 50 mètres l'une de l'autre ; ce même mètre cube coûte 0,20, si les deux routes sont à 100 mètres, et 0,30 s'il n'y a qu'une route à une extrémité. L'économie de la distance de 50 mètres entre les deux routes, est donc au moins de 0,15 par mètre cube; or, les diverses opérations d'exportation ou d'importation des amende_ments, terrages, engrais, échalas, sarments, pampres, raisins, de l'entrée et de la sortie des hommes, femmes et enfants pour les cultures, dépassent de beaucoup les mouvements dépensés pour 400 mètres cubes; le produit économique de la double route à 50 mètres de distance est donc d'au moins 60 fr. par an et par hectare, sans compter les facilités de dépôts, de manœuvres qu'elle donne et qui seraient impossibles sans elle. Il faut avoir éprouvé les embarras que donnent les services et les soins des vignes, pour se rendre bien compte de l'avantage et même de la nécessité de fréquentes et larges voies de communication. Eh bien! en outre de ces besoins satisfaits, chaque route rend 60 fr. d'économie ou de revenu par an et par hectare de vigne desservie; sa superficie (de 50 mètres de large couvrant 200 mètres de long), est de dix ares, desservant ainsi, à sa droite et à sa gauche, un demi-hectare, en tout 1 hectare. A 60 fr. de revenu par 10 ares, 1 hectare de routes, ainsi appliquées au service du vignoble, produirait donc 600 fr. ou 10 pour 100 d'un capital de 6,000 fr. Les routes des vignobles sont donc de l'argent bien placé. » Quelque soit le capital employé pour établir les routes agricoles dans les vignobles, on ne doit pas reculer devant les dépenses qu'elles entraînent avec elles. C'est là le plus productif de tous les placements; et les sacrifices faits sont toujours payés avec usure, surtout lorsque, selon les prescriptions qui précèdent, les vignes se trouvent en relief

sur les routes qui les longent, et qu'on a ainsi sacrifié
à leur salubrité une viabilité plus ou moins commode
et élégante.

Défoncement. — La vigne ayant des racines qui plongent très-avant dans le sol, il est nécessaire pour favoriser sa végétation, d'opérer le défoncement des
terrains qui doivent la supporter ; de les rendre ainsi
perméables, afin que le système radiculaire aille y
puiser les éléments nutritifs qui y sont déposés, et
l'humidité qui est indispensable au complet développement de la plante. — Quelle est la profondeur qu'on
doit donner au défoncement du sol ? C'est là une
question qui doit être résolue par chaque vigneron,
d'après les circonstances particulières dans lesquelles
il se trouve placé. La profondeur doit varier, selon
que le terrain sera plus ou moins exposé aux fortes
ardeurs du soleil, ou plus ou moins imperméable. En
général, le défoncement doit être plus profond dans un
sol sec, aride et brûlant, comme dans un sol que
l'eau ne peut traverser, que dans un sol riche et
un peu frais, parce que les racines doivent plonger
davantage dans le premier cas que dans le second,
pour s'abriter d'une sécheresse trop prolongée. Pour
le même motif, le défoncement devra être plus profond
sous le climat du midi que dans le nord ; M. Du Breuil,
qui est un si bon guide pour la culture qui nous occupe, pose les limites suivantes : « Pour la région
du nord, il faut rechercher une profondeur d'au moins
0,45 pour la généralité des terrains, et 0,30 dans les
terrains plus frais ; pour le midi, 0,60 seront

nécessaires dans le premier cas, et 0,40 dans le second. »

Le défoncement consiste à ramener à la surface du sol les couches de terre, qui ne sont atteintes en culture ordinaire, ni par les racines des végétaux, ni par les façons. Ainsi, les défoncements ont un but tout-à-fait distinct de celui des labours. Ces derniers, limités à la partie superficielle du sol, n'ont pour effet que d'aérer et de diviser le terrain, en détruisant les mauvaises herbes ; les premiers, au contraire, vont prendre à une profondeur que ne peuvent atteindre les labours et ramènent à la surface, une terre neuve, riche de l'humus et des éléments fertilisants que lui ont charriés les eaux pluviales depuis des siècles ; ils ont aussi pour effet d'ameublir cette terre, ce qui permet aux racines des végétaux de la parcourir dans tous les sens.

La manière d'exécuter les défoncements n'est pas la même partout ; elle doit être modifiée selon les pentes et la nature des terrains sur lesquels on opère. Il est cependant des principes généraux dont on ne doit jamais s'écarter ; et d'abord, ils doivent être exécutés longtemps avant la plantation, afin que les terres des sous-sols aient le temps d'être amendées par les agents atmosphériques, par les froids qui les désagrègent, par les pluies et les neiges qui leur versent d'abondants principes fertilisants, par les chaleurs qui les raniment et leur donnent la puissance nécessaire pour faire entrer tous ces éléments dans la végétation. — Il faut encore, par le travail de défoncement, emmener à la

surface les terres vierges du sous-sol, et mettre à la
place qu'elles occupaient, les terres superficielles. On
comprend, en effet, que les racines de la vigne, plon-
geant à une grande profondeur, trouveront dans les
terres superficielles qui y sont déposées, les éléments
nutritifs qui favoriseront leur puissance végétative. C'est
là le motif qui doit faire rejeter le précepte dicté par quelques auteurs, qui conseillent de se contenter pour un défoncement, d'amender le sous-sol sans le déplacer, et le
mettre à la surface. Par la pratique qu'ils indiquent,
la vie de la vigne doit être limitée, et sa durée sera
proportionnée à la somme d'engrais déposée dans ce
sous-sol; car celui-ci, redevenant rapidement imperméable, ne fournira et ne pourra fournir que ce qu'on
lui aura donné; tandis que, par la pratique que nous
conseillons, le sous-sol improductif ramené à la surface, étant journellement désagrégé et amendé par les
influences atmosphériques, laissera passer comme à
travers un philtre, les agents fécondants qui iront sans
cesse alimenter la terre déjà riche des couches supérieures placées au fond; et par suite, on aura mis la
vigne dans les conditions les plus favorables à une
longue existence.

Au fur et à mesure du défoncement opéré, on doit
dégager la terre des grosses pierres qu'il aura fournies,
et dont on formera des murs de soutènement de 1,50
à 2 mètres de largeur, toutes les fois que les pentes
trop rapides facilitent pendant les grandes pluies l'écoulement des terres vers la base. Ce procédé employé
dans les vignobles de Côte-Rotie et dans cent endroits

des côtes du Rhône, présente cet avantage économique qu'il met à l'abri du travail très-dispendieux, nécessaire pour reporter les terres au sommet des crètes. Ces murs de soutènement peuvent recevoir des vignes qui, échalassées contr'eux, fourniront des vins de choix à cause de la maturité plus complète des raisins. Dans les terrains ordinaires, dans ceux dont la pente n'est pas aussi déclive, on peut employer les grosses pierres qu'a fournies le défoncement, à former de petits murs de clôtures, qui empêcheront les maraudeurs et les animaux domestiques de pénétrer dans le vignoble.

Terrain cultivé accessible à la charrue. — Si le sol sur lequel on veut planter une vigne est déjà cultivé depuis longtemps, il sera bon, avant la plantation, de lui demander des fourrages de longue durée, ou des récoltes qui réclament de fortes fumures et des sarclages, telles que légumineuses et racines. Les engrais qui sont indispensables à ces plantes, les façons qu'on doit leur donner, enrichissent et ameublissent la terre; et le fumier qui a eu le temps de se décomposer jusqu'au moment de la plantation, est devenu une terre végétale d'une grande richesse, éminemment douée pour la culture de la vigne.

Quand le terrain peut être facilement labouré, le travail de défoncement devra s'opérer au moyen de deux charrues se suivant : par la première suffisamment attelée, on prendra une large bande de la profondeur de 20 à 25 centimètres, qui, renversée au fond de la bauge, avec toutes ses herbes et leurs racines, formera le meilleur sous-sol possible pour la vigne ;

la seconde charrue, charrue de défoncement, charrue Morin, charrue Bonnet ou autre, attelée de 4 ou 6 bœufs, attaquera le fond de la raie faite par la première charrue, entamera facilement une bande de 30 à 32 centimètres, qui sera jetée par elle sur la tranche renversée par la première charrue. — On devra opérer de même avec deux charrues, alors qu'on ne cherchera qu'un défoncement plus faible, à la seule différence que la profondeur de la raie ne sera pas si grande ni l'attelage si fort. — Si l'on recherche un défoncement plus profond, on opèrera d'abord comme il a été dit plus haut; et l'on fera suivre les charrues par quelques hommes qui approfondiront la raie au moyen de la bêche, et par d'autres qui rejetteront à la pelle le sous-sol remué, sur la surface des terres renversées par les charrues. Ce travail ainsi opéré, essentiel sur quelques terres et à quelques expositions, peut être rapidement exécuté et sans trop de dépenses, pourvu qu'on ait à sa disposition un nombre suffisant d'ouvriers. — Nous l'avons effectué, dans les conditions que nous rapportons, sur un terrain en friche, complanté ça et là de broussailles et d'ajoncs épineux, de nature argilo-siliceuse à la surface, et ayant pour sous-sol une craie blanche ou argile plastique mélangée de quelques éléments ferrugineux. Le terrain présentait une déclivité assez sensible qui a aidé puissamment à l'action de la charrue, les labours s'opérant dans le sens de la pente; deux charrues, seize hommes et 8 bœufs ont défoncé à 65 centimètres et de la manière la plus parfaite un hectare de terre en cinq jours, et la dépense

de ce travail n'a pas dépassé 240 fr. C'est sur ce terrain
ainsi défoncé que se trouve aujourd'hui une jeune
vigne qui donne les plus belles espérances.

Terrains en friche ou landes, accessibles à la charrue.
— Quand on veut défoncer des terrains en friche ou
des landes, on doit suivre les indications plus haut
énoncées, en ce qui regarde les labours et l'emploi des
charrues ou des hommes. Mais comme ces terrains sont
couverts de broussailles, ajoncs épineux, mauvaises
plantes qui pourraient gêner la marche et le travail
des animaux et des charrues, on doit d'abord en débarrasser le sol, et les étendre sur lui de façon à pouvoir les enfouir au fond des raies, au fur et à mesure
de l'exécution du travail de défoncement; on peut, à
cet effet, les disposer par lignes assez rapprochées et
parallèles à la direction des labours, afin de pouvoir
les enterrer au fond de la bauge et les recouvrir de
terre sans aller les chercher au loin. C'est là un des
meilleurs amendements qu'on puisse donner à la vigne;
car, ces détritus ou produits de végétations spontanées
ne tardent pas à se décomposer, pour se convertir en
terreau et former ainsi un amendement et un engrais,
qui assureront la fécondité comme la durée de la vigne.

Terrains en pente rapide, inaccessibles à la charrue.
— Toutes les fois qu'on ne pourra pas employer le
labour à la charrue, qui est le procédé le plus simple
et le plus économique des défoncements, alors que
les pentes sont trop rapides par exemple, on devra
recourir au bras de l'homme pour préparer le sol à
une plantation de vigne. Le travail en sera plus coû-

ieux sans doute, mais il sera exécuté avec plus de
perfection. Les principes qui doivent guider un défoncement à bras, sont les mêmes que ceux qui dirigent le défoncement à la charrue; par l'un comme
par l'autre, il faut que la couche superficielle soit
enterrée au fond de la bauge, pendant qu'on étend à
la surface les terres retirées du sous-sol; il faut de
plus, comme nous l'avons déjà dit, enfouir au fond
des raies, toutes les dépouilles vertes du champ, de
façon à ce que le temps décompose petit à petit cet
excellent amendement de la vigne.—Il nous paraît inutile d'insister sur les défoncements à la bêche, ce
travail étant opéré partout d'une façon convenable.

Défoncement par bandes ou fossés, trous ou fossettes.
— Il existe aussi deux autres modes de défoncement,
celui par bandes ou fossés, celui par trous ou fossettes;
le premier consiste à tracer de longues bandes qui sont
vidées à une profondeur, qui doit varier selon les circonstances relevées plus haut, et auxquelles on donne
une largeur de 30 à 40 centimètres; chaque fossé se
trouve ainsi séparé l'un de l'autre par une langue de
terre qui reste intacte, et qui est plus ou moins large
selon la distance qui sépare les lignes. Le second mode
consiste à faire à la place même que doivent occuper
les ceps, des fosses de 0,50 à 0,60 carrés environ,
sur une profondeur de 0,50 à 0,60 centimètres. Ces
deux modes de procéder peuvent être utilement employés (le premier de préférence au second), sur des
terrains légers et siliceux qui, ne conservant pas l'humidité, permettent à l'eau de s'écouler facilement. Mais

en général, et surtout dans les terrains argileux, ils doivent être rejetés à cause des inconvénients qu'ils emmènent avec eux. C'est ainsi que les ceps suspendront leur développement et leur croissance, lorsque leurs racines seront parvenues jusqu'aux parois des trous ou fossettes, comme aussi quand elles atteindront les côtés des fossés, bandes ou reilles ; c'est ainsi qu'un défoncement général sera devenu alors indispensable, et qu'il sera d'autant plus coûteux, qu'on sera plus gêné pour son exécution par les ceps existants.

Terrains peu profonds à sous-sol rocheux. — Lorsque les terrains reposent sur un sous-sol rocheux plus ou moins fendillé, et qu'ils ont une couche végétale peu épaisse de 0,15 à 0,25, il suffit de les ameublir soit à la charrue, soit à bras d'homme jusqu'à la roche. Mais on rencontre souvent de ces terrains qui paraissent présenter de grandes difficultés pour les mettre en valeur ; ce sont des roches fendillées, plus ou moins tendres, qui parfois résistent au travail de la houe et de la bêche, et qui, avec le secours de la mine, et quand elles ont été brisées par les maillets, forment les terrains les plus propres à donner d'excellents vins ; on ne doit pas reculer devant une première dépense, qui sera remboursée au centuple par l'abondance comme par la qualité des produits. Ces roches calcaires se laissent saisir assez facilement par les maillets, et surtout par les leviers ; dans les environs de la Montagne Noire on a mis en culture une roche qu'il ne paraissait pas possible de désagréger, et sur laquelle se trouve complantée une vigne qui donne un vin de dessert de qualité supérieure. Le travail a été exécuté bandes par bandes dans le sens horizontal en commençant par le fond ; et à part la première bande qui a demandé beaucoup de travail et de grandes avances, les bandes successives ont été rapidement faites, et à peu de frais : on est parvenu ainsi à créer une couche de terre d'environ vingt centimètres, sur laquelle croît avec vigueur une vigne dont les racines pénètrent la roche du dessous, et y puisent les qualités élevées des vins qu'elle produit. — Dans les terrains de cette nature qui sont en pente très-rapide, on peut former de distance en distance, des murs de pierres sèches, avec tous les gros débris de la roche, et établir ainsi une sorte de grand escalier, dont la partie qui sépare les murs de pierre sèche est complantée en vignes. C'est après ces immenses travaux, qu'on est parvenu à planter les vignobles qui nous donnent les vins si justement recherchés des côtes du Rhône, et des bords du Rhin.

Vignoble récemment arraché. — Lorsque la vieillesse d'une vigne ou le peu de produit qu'elle donne forcent à l'arracher, et qu'on se propose cependant de l'établir de nouveau sur le même terrain, on peut bien la replanter immédiatement après le défoncement, mais à la condition expresse de dépenser une grande quantité de fumiers, le terrain appauvri par les récoltes qui ont précédé ayant besoin d'engrais pour revenir à sa fécondité première. Mais le meilleur traitement à lui faire subir en pareille circonstance consiste à lui faire porter, pendant quelques années, comme récolte précédant le défoncement, un sainfoin ou une luzerne. Il n'est pas une meilleure préparation pour la complète réussite de la nouvelle plantation qu'un ensemencement de ces plantes fourragères. On comprend, en effet, que les travaux nécessités par l'arrachage des racines de la vieille vigne, prédisposent merveilleusement le terrain à recevoir une prairie artificielle, dont les racines s'enfoncent profondément dans le sol, et, par suite, le divisent; que, d'un autre côté, cette prairie artificielle, s'emparant de tout le sol et le couvrant de ses abondants produits, le nettoie de toutes les herbes parasites qui enlèveraient à la vigne les sucs que celle-ci réclame; et qu'enfin, par leur longue durée, ces plantes fourragères donnent à la terre le temps de se revivifier en quelque sorte, et de reprendre à l'atmosphère par les pluies, par les rosées, par les neiges, les éléments indispensables et constitutifs de la vigne. Les sainfoins et les luzernes sont donc les agents les meilleurs et les plus économiques qui puissent être employés dans cette circonstance, pourvu qu'on leur laisse occuper le terrain pendant quatre ou cinq ans, depuis que la vieille vigne a été arrachée.

Un système opposé est enseigné par quelques auteurs que n'ont pu convaincre les raisonnements si évidents de la théorie, alliés aux faits positifs de la pratique la plus usuelle. On peut citer parmi eux M. Lullin, de Genève, qui conseille d'arracher la vigne à vingt ans, et de la replanter immédiatement, oubliant que ce n'est qu'à cet âge que la vigne commence à donner des produits de haute qualité, et que la terre se lasse de la vigne comme de toute autre culture; car toutes les plantes qui vivent d'éléments qui les font croître, rejettent tout ce qu'elles n'ont pu s'assimiler, et ces résidus répugnent à leur nature et à leurs organes. — Lorsque le sol a longtemps supporté une vigne, par exemple, et qu'il est rempli de ses excrétions, il est repoussé par ce végétal ; ce n'est que lorsqu'il s'est écoulé un temps plus ou moins long, que les matières excrétées ont disparu sous les réactions du sol ou sous l'influence des amendements et des engrais, ou qu'elles ont été absorbées par d'autres familles végétales qui s'alimentent d'elles, que la vigne peut reparaître de nouveau sur le sol, et y réussir, parce qu'elle n'y trouvera plus que des substances qui conviennent à sa nature, et que toutes celles qui lui étaient antipathiques se seront décomposées et auront subi d'autres transformations.

§ II.

ÉLÉVATION ET FORME DES CEPS DANS LA PLANTATION.

Le terrain ainsi assaini et défoncé, après s'être dirigé dans le choix des plants par les principes déjà émis au chapitre *Cépages*, il faut s'occuper de l'élévation qu'on doit donner à la vigne, et après avoir arrêté la hauteur de la plantation, étudier la forme qu'elle doit avoir.

Hautins. — On croit que ce sont les Romains qui ont légué à une partie du sud-ouest le système de cultiver la vigne en hautins, système qui consiste à jeter sur des arbres et des échalas ses sarments vigoureux et à former ainsi des guirlandes qui relient les ceps entr'eux. Columelle dit, en effet, que dans la vieille Italie, un seul arbre pouvait supporter jusqu'à 10 ceps et qu'on ne lui en donnait jamais moins de trois ; et Pline apprend que la distance laissée entre ces ceps était de plus de 6 mètres. Elle est encore cultivée ainsi dans l'Italie, en Espagne et dans beaucoup de nos départements. — A cet effet, on plante en lignes des érables, des cerisiers ou tout autre arbre qu'on écime à la hauteur que l'on veut laisser prendre aux vignes. Quand ils sont assez forts, et qu'ils peuvent soutenir les masses de feuilles, de fruits et de bois que produisent les vignes, on plante ces dernières non loin de ces arbres, et l'on dirige la taille de façon à les faire monter d'année en année jusqu'au point où ont été étêtés les arbres tuteurs. Les deux plantes forment des buissons épais et élevés, et bientôt les tiges sarmenteuses de la vigne courant dans les branches des arbres, vont se relier aux sarments des plants voisins, et forment avec eux des berceaux . Ces guirlandes se croisant dans tous les sens, ces branches d'arbres couvertes de feuilles un peu pâles mêlées aux sarments et aux feuilles plus foncées de la vigne, ces grappes dorées ou rouges qui courent sur ces guirlandes, tout attire et captive l'œil.

Des céréales, des prairies artificielles, des racines, des légumes sont cultivées entre les lignes ; et l'on comprend qu'on n'ait pu résister à l'effet produit par cette culture, comme à son apparente richesse. Dans beaucoup de lieux, dans le Béarn surtout, on substitue l'échalas à l'arbre, et l'on se sert pour relier les vignes entr'elles, ou de fortes lianes, ou de longues perches. Dans d'autres localités exposées aux coups de vent, sur les terrains pierreux, sans fond assez consistant pour étayer les échalas, les vignes s'appuient sur trois pieux liés ensemble par le haut, et séparés les uns des autres, à leur base, en forme de trépied. — Cette culture en hautins est la plus défectueuse qu'on puisse donner à la vigne, et les vins qu'elle produit, sont presque toujours sans qualité. — L'alimentation fournie par la terre est en grande partie absorbée par les végétaux qui croissent dans les lignes. La chaleur que jette le sol pendant la nuit, est perdue pour le raisin qu'elle ne mûrit pas, qu'elle ne peut même atteindre, puisqu'elle est emportée par l'air ambiant ; les raisins abrités des rayons solaires et couverts d'un feuillage épais ne peuvent parvenir à une maturité complète ; et les vins qu'ils donnent sont sans bouquet et sans chaleur ; les arbres rapprochés projettent trop d'ombrage, et nuisent ainsi aux produits de la vigne comme aux récoltes que les terres supportent. Ces diverses cultures se contrarient sans cesse, et on ne peut se livrer aux travaux nécessités par l'une d'elles, sans porter de graves atteintes aux autres. Ainsi cultivée, la vigne est d'un entretien très-coûteux ; elle consomme beaucoup de bois, et exige beaucoup de main-d'œuvre ; les ceps couverts de raisins sont facilement renversés par les coups de vent de l'automne ; l'oïdium attaque de préférence les vignes hautes, et le mal est d'autant plus grave qu'il est plus difficile d'appliquer le soufrage. — Enfin, de tout temps on a reconnu que plus les raisins sont rapprochés du sol sans le toucher, plus complète en est la maturité. Cela s'explique par la réverbération des rayons solailaires que le sol renvoie sur les corps qui l'environnent , et par le calorique rayonnant que ce même sol absorbe pendant le jour et qu'il abandonne pendant la nuit.

On ne conçoit pas qu'on cultive ainsi la vigne, si l'on n'y est forcé par certaines circonstances climatériques, le voisinage des montagnes par exemple, qui, à certaines expositions, peut emmener des gelées. Il est vrai que plus éloigné de la terre, le pampre du hautin est moins exposé que celui de la vigne basse , et c'est là sans doute le motif qui avait fait accepter par nos pères cette culture des Romains. Mais le climat a changé depuis cette époque reculée , et le danger des gelées a presque disparu, depuis que les coteaux sont défrichés, et que les bois des plaines ont disparu. Les conditions climatériques n'étant plus les mêmes, ce système de culture doit aussi se modifier. Ne sait-on pas que même dans les pays où la chaleur est la plus élevée, à Madère, dans l'Etat Romain, le vin produit par les hautins est de qualité inférieure, les raisins n'y p..... pas à une parfaite maturité. Devant ces résultats constatés partout, certifiés par la théorie comme par l'expérience,

quelle ne devrait pas être la supériorité de quelques
vins de la zone Pyrénéenne, si l'on y adoptait la vigne
basse, c'est-à-dire, un genre de plantation et de conduite de l'arbrisseau, qui, nécessitant moins de main-
d'œuvre et assurant plus de produits, donnerait des
vins de qualité bien supérieure à ceux qui sont récoltés
aujourd'hui.

Du temps des Romains, on avait déjà peu d'estime
pour les vins produits par les hautins, puisque Tite-Live
nous apprend que Cynéas, ambassadeur de Pyrrhus à
Rome, ne put s'empêcher de dire, alors qu'on lui servait les liquides âpres, fournis par ces vignes : « Qu'il
trouvait très-convenable que la mère d'un pareil breu-
vage eût un gibet aussi élevé; » et Diodore de Sicile
(hist. IX, 18), apprend que longtemps avant lui, le vin
produit par les hautins était détestable, et que celui
produit par les vignes basses était fort recherché et
fort rare, puisqu'une amphore qui ne contenait que 28
à 32 de nos litres, s'échangeait souvent contre un
esclave.

On lit enfin, dans la *Maison Rusique du XIXᵉ siècle*,
le passage suivant : « On pourrait citer comme exception le vin de Jurançon, dans le département des
Basses-Pyrénées, parce que, dans ce canton, il y a
beaucoup de hautins; mais là même on a bien soin
de réunir à la vendange des hautins celle des vignes
basses; on sait fort bien que le vin de celles-ci, est
supérieur à celui des hautins, et on ne fait ce mélange
que pour faire passer l'un à la faveur de l'autre. »
Non, il n'y pas de vignes basses dans Jurançon, ni

dans ses environs, et les vins y sont produits par les hautins seuls. Le passage que nous venons de citer, ne vient-il pas confirmer ce que nous avons avancé, que du moment où une culture plus rationnelle sera appliquée à ces vignobles, il sera difficile de trouver des rivaux aux vins qu'ils produisent?

Vignes moyennes. — Il n'y a pas un seul département en France qui cultive les vignes, où l'on n'en trouve de moyennes, c'est-à-dire ayant une élévation de 0,50 à 1 mètre. Cette culture qui, dans de certaines conditions, peut rapporter beaucoup, a pour elle que, lorsqu'elle est assise sur des terrains en plaine, elle est moins soumise aux gelées que la vigne basse, et qu'elle permet dans ses lignes la culture d'autres plantes économiques, tout en ménageant aux raisins une bonne aération par la libre circulation de l'air. Cependant, quoiqu'il y ait quelques vins renommés produits par des vignes moyennes, tels que ceux de Sauterne et de Barsac, sur les bords de la Gironde, il n'en est pas moins reconnu aujourd'hui qu'en général, ce genre de vignes ne produit pas les vins fins et délicats dûs aux vignes basses.

Les vignes moyennes ne nous paraissent pas convenables pour le nord, parce qu'elles tiennent le raisin trop éloigné du sol. — Dans le Roussillon, le Languedoc et la Provence, les ceps ont ordinairement une hauteur de 0,25 à 0,30; et à l'extrémité supérieure, on ménage des bras ou cornes de 0,15 à 0,25, qui donnent à la vigne l'aspect d'une coupe; à l'extrémité de ces cornes se trouvent les sarments fructifères, et ces vignes n'ont pas de support, ce qui économise les frais considérables de soutènement ; après le printemps, elles couvrent toute la surface du sol, et rendent ainsi les dernières cultures impossibles. — Ce système est évidemment très-économique ; mais les raisins ne subissent pas suffisamment l'action bienfaisante de l'aération et de l'insolation, et les façons ne peuvent avoir toute leur utilité, parce qu'elles ne peuvent être données en toute saison.

Quoique nous ne partagions pas leur avis, nous devons reconnaître que quelques auteurs, et des plus recommandables, conseillent ce mode de culture, à part l'espacement différent des lignes entr'elles, point sur lequel ils ne sont pas d'accord. Les noms de Sinety, Lullin de Chateauvieux, Joubert et autres, sont de sérieuses autorités qui doivent nous faire penser qu'ils n'ont vanté ce système, qu'à cause de certaines conditions particulières dans lesquelles ils se sont trouvés placés ; pour les contrées par exemple, dont les terres ne pouvaient produire que des vins pour l'alambic ; dans ces circonstances, il est naturel qu'ils aient conseillé un mode de culture qui devait produire beaucoup, tout en permettant à la terre de donner d'autres récoltes dans les lignes.

Vigne basse. — La vigne qui convient à tous les climats, à tous les terrains ; celle qui donne en quantité et en qualité des produits toujours rémunérateurs ; la seule qui puisse opérer une véritable révolution agricole dans nos contrées, c'est la vigne basse sur souche.

Ce sont les Grecs qui ont créé et généralisé la culture

de la vigne basse. Les Phocéens apportent dans le midi de la France ce mode de culture, en même temps qu'ils le propagent et le répandent en Italie, aux environs de Tarente, dans les deux Calabres, partout enfin où ils forment des colonies. Du midi où elle se concentre d'abord, cette culture se répand, de proche en proche, sur les côtes méridionales de la France, et depuis les Alpes jusqu'aux Cévennes

Bientôt après, la vigne s'étend vers l'ouest, puis vers le centre : elle gagne Lutèce et la Belgique, et le mouvement imprimé à la vigne emporte avec lui le mode grec de sa culture, la tige basse.

La culture des vignes basses a reçu du climat, du sol, des habitudes des contrées, comme des nécessités culturales, des modifications profondes qui l'ont tellement changée, que d'un pays à l'autre elle est méconnaissable. Ainsi, dans certains départements, les vignes sur souches sont appuyées et soutenues par des échalas de 0,40 à 1,20; dans d'autres, la vigne rampe et se traîne à terre, en mêlant ses pampres, ses feuilles et ses fruits; dans d'autres, les ceps sur forte souche se tiennent debout sans le secours d'échalas, et laissent tomber jusqu'à terre, comme des rideaux, leurs sarments et leurs grappes; dans d'autres, elles sont taillées en cul de lampe, et imitent la forme qu'on donne aux groseillers; dans d'autres, les tiges les plus élevées sont entourées et retenues par un petit cercle, le long duquel on fait courir les pampres et les fruits; dans d'autres, enfin, élevées sur souche, on attache horizontalement, au moyen d'un petit piquet ou de fil de fer, les branches à fruit, pendant que les branches à bois, s'élevant perpendiculairement, sont accolées à un pieu de 1,50, qui doit les garantir des coups de vent. — Le long du Rhône, à Lyon, à Grenoble, à Auxerre, comme aussi à Orléans, à Alby, à Agen, à Cahors, la hauteur moyenne est de 0,25. — Du côté de la Rochelle, taillées en tête de saule, les vignes privées d'échalas laissent traîner leurs grappes sur la terre jusqu'à l'époque de leur maturité, où elles sont relevées au moyen de petits supports, et attachées par leurs sarments les unes aux autres. Ce dernier système a dû prendre naissance sur le littoral de la mer, sur les collines et les coteaux exposés aux coups de vent et à une trop grande intensité de chaleur, partout, enfin, où des conditions ou des aspects météorologiques desséchaient le sol. Là, il a fallu couvrir la terre du feuillage et des rameaux de la vigne pour maintenir à ses pieds l'humidité nécessaire, aider ainsi à la croissance de l'herbe, et réparer, par l'enfouissement de cette dernière, les pertes de richesse que les hâles des vents brûlants devaient faire subir.

Les vignes basses sont les plus répandues dans tous les pays vignobles; et la raison en est bien simple, c'est que plus le raisin est près de terre, sans la toucher, plus sa maturité est grande et le vin qu'il produit meilleur. La réputation des vignobles de Constance, de la Hongrie et de la Perse, comme de ceux de la Bourgogne, de la Champagne, du Bordelais, est basée sur cette vérité. L'expérience a prononcé en pareille matière, et le raisonnement est venu confirmer cette règle.

On comprend, en effet, que la terre, rendant pendant la nuit la chaleur qu'elle a absorbé pendant le jour, le raisin qui est à portée de ce dégagement, y puise une maturité plus hâtive et plus parfaite. Olivier de Serres a eu raison de dire : « Commençons par la vigne basse, comme à elle appartenant l'honneur de marcher la première, puisque, par jugement universel, d'elle sortent les meilleurs vins. » Enfin, avec les vignes basses, les moyens de soutènement, de protection, de palissage sont plus faciles, plus solides, plus économiques.

Vignes échalassées. — La vigne échalassée et sur souche qui n'est pas provignée, et qui ne s'élève pas trop au dessus de terre, offre de grands avantages de culture, et fournit de bons et abondants produits. Si l'on lui donne les engrais et le terrain nécessaires pour bien alimenter ses racines, et si les plants sont en harmonie avec le climat et la nature du sol, on est certain que c'est là une des meilleures méthodes à appliquer, surtout pour les vins fins. On ne peut s'empêcher de citer, en ce qui regarde ce mode de culture, rapproché des vignes basses cultivées en son pays, ce que dit Olivier de Serres dans son théâtre d'agriculture : « Ceste vigne est d'autant plus à priser pour la bonté de son vin, que plus elle approche des basses, desquelles ne diffère beaucoup ; par n'estre que bien peu relevée sur terre, dont le voisinage, en saison, aide à la maturité des raisins. Ce petit relèvement les préserve de la pourriture et de la violence des vents, la ferme attache de ses rameaux aux échalas. Touchant la quantité, tant

23

plus grande est-elle, que plus y a de bourgeons ou œils logés sur le nouveau bois du cep, comme en ce point-ci, ceste vigne surpasse toutes les autres. — Ceste vigne est voirement de grande despence, mais aussi de grand rapport. Pour laquelle cause, sans avoir esgard aux frais de l'entretenement, est-elle beaucoup prisée, couchée au premier rang de fertilité, et au second de bonté de vin ; et en ceste qualité-ci, ne céderait guères à la basse. »

Vignes en treilles. — Ce mode de culture très employé dans beaucoup de nos départements, est excellent lorsque les treilles se trouvent disposées, de façon à ce que toutes leurs parties soient éclairées du soleil. —Il consiste à planter en lignes parallèles les ceps qui sont soutenus par de forts échalas ; ceux-ci sont reliés les uns aux autres par une double ou une triple rangée de perches qui sont assujetties à ces mêmes échalas. Les sarments, au lieu d'être perpendiculairement attachés, sont couchés sur les perches, de façon à garnir les vides qui les séparent, et à former ainsi une espèce de haie aérienne couverte de feuilles et de fruits. Les vignes, rapprochées dans les lignes, s'étendant à droite et à gauche sur la double ou triple rangée de perches qui les relie, fournissent des masses considérables de raisin. Elle doivent être disposées de façon à pouvoir être taillées, échalassées, épamprées, soufrées, des deux côtés. — Il y a des vignes en treilles de toute sorte, selon que le premier rang de perches est plus ou moins rapproché de la terre. Les plus hautes peuvent s'élever jusqu'à trois mètres ; les plus basses ne dépassent pas 0,40 à 0,50 centimètres. Dans ces dernières conditions, si les lignes sont rapprochées entr'elles et lorsqu'on ne demande pas à la terre des céréales ou des prairies artificielles, les vins sont délicats et fins, et se font aussi remarquer par leur abondance. On pourrait citer, comme exemple de cette excellente culture, une partie du Médoc, les vignes qui s'étendent sur la rive gauche de la Garonne et de la Gironde, et enfin celles qui peuplent les Graves. Toutefois, et malgré tous ces avantages, on doit préférer à cette forme la vigne sur souche et libre. Car, il faut à la plante vinifère, pour qu'elle puisse s'approvisionner de tous les éléments qui font les grands vins, qu'elle nage en quelque sorte dans des bains d'air et de soleil; et ces conditions n'existent que pour le cep séparé, et tenu sur souche près de terre.

Vignes en treilles contre un mur ou en espalier. — C'est à Thomery qu'il faut aller chercher les modèles de cette culture si justement renommée. Là, les murs contre lesquels on établit ces treilles ont trois mètres d'élévation, et à leur extrémité supérieure se trouve une sorte d'auvent, qui garantit des pluies et des gelées, sans arrêter les rayons du soleil qui arrivent jusqu'aux grappes et vont les murir; de forts crochets ou pattes en fer scellés dans le mur, soutiennent l'échafaudage de la treille; cette dernière est formée de fortes perches horizontales qui reçoivent et soutiennent les branches-mères de la vigne, pendant que des montants perpendiculaires s'élèvent progressivement, et sont retenus par des fils de fer galvanisés; des plants de deux années de pépinière sont mis en terre à une certaine distance du mur, et à 0,54 centimètres l'un de l'autre ; chaque année on les couche, de façon à leur faire atteindre rapidement le bâtis ; alors, par la taille qu'on leur donne, on leur fait produire des cordons de chaque côté et toujours en ligne horizontale ; les pieds de vignes qui ont été abondamment et richement fumés, sont recouverts et entourés de pierres plâtes, afin qu'ils conservent la fraîcheur si nécessaire à une bonne fructification.

Vignes en pyramides. — Aux environs de Strasbourg, quelques vignerons ont donné à la vigne, à l'aide de la taille, la forme d'un cône ou d'une pyramide. Voici comment ils opèrent pour atteindre ce résultat : — Dans un large et profond fossé, ils plantent six ou sept pieds enracinés, et ils disposent les racines de façon à ce qu'elles ne se gênent pas entr'elles. Ils fument très fortement, et après avoir taillé à un œil chacun des pieds, ils tournent en spirale la plus forte tige qui sort de cet œil, autour d'un échalas suffisamment gros. Chaque année, la pyramide augmente, et les branches latérales qui sortent du tronc, transformées insensiblement en branches-mères, finissent par donner, au bout de 8 à 9 ans, des quantités considérables de vins, jusqu'à un hectolitre par pyramide.

Vignes abandonnées à elles-mêmes. — Duhamel cite l'exemple d'une vigne complètement abandonnée à elle-même, et qui produisait en abondance des raisins excellents qui faisaient des vins passables. Selon ce qu'il rapporte, en 1753, deux frères du département de

Seine-et-Marne plantèrent à deux mètres de distance
l'un de l'autre des peupliers, et au pied de chacun de
ces arbres, des vignes qu'ils abandonnèrent à elles-
mêmes, pendant qu'ils cultivaient tout le terrain en
grains et légumineuses. Au bout de quelque temps,
de gros et bons raisins se produisirent, et l'essai ayant
eu du retentissement, plusieurs voisins imitèrent les
deux frères, et cherchèrent sans travail dans la vigne
une augmentation de produit. Nous ignorons complètement ce qu'il a pu advenir de ces essais, qui n'ont
laissé aucune trace, autre que l'observation de Duhamel.
Mais il nous est bien difficile de croire que les produits
obtenus aient été de qualité même médiocre.

§ III.

DISPOSITION DES CEPS DANS LA PLANTATION.

On donne à la plantation d'un vignoble trois formes
ou dispositions différentes que nous allons examiner
successivement, et dont nous allons essayer de faire
ressortir les avantages et les désavantages.

Plantation confuse. — On plante ordinairement une
vigne en lignes parallèles et également distantes. Mais
bientôt, soit pour multiplier les ceps, soit pour se conformer aux usages locaux, on provigne dans tous sens,

et l'on arrive insensiblement à la plantation confuse ou
en foule. Certains pays affectionnent aussi cette forme
dans le vignoble, et les ceps y sont plantés sans ordre
dans les lignes ni dans les distances. Des plantations
de cette nature existent dans le Jura, en Champagne
et en Bourgogne. On a surtout cherché par ce procédé,
à se mettre à couvert d'une plantation en lignes plus
régulière, mais plus coûteuse, soit à cause du plus
grand nombre de plants nécessaires, soit à cause du
travail de préparation qui est plus long. L'avantage
qu'on trouve dans ce système, consiste à n'avoir pas
besoin, au moment de la plantation, d'un nombre plus
ou moins grand de ceps, puisque par le provignage on
comble successivement tous les vides ; ensuite, par ce
procédé appliqué chaque année à une certaine partie
du vignoble, on s'imagine augmenter la force des ceps
en même temps que leurs produits ; ce que nous
croyons une erreur. — Disons tout de suite, en regard
de ces prétendus avantages, les inconvénients que présente la plantation en foule, appuyée sur le provignage.

Les diverses façons qu'on doit donner à la vigne
sont plus difficiles, plus longues et par suite plus coûteuses ; elles blessent, ou détruisent les racines et les
tiges couchées par le provignage ; dans ces vignes les
engrais se transportent, s'épandent et s'enfouissent avec
beaucoup de peine, et par suite plus chèrement que
dans les vignes en lignes ; comme aussi l'enlèvement
des sarments et des vendanges, s'y fait d'une façon
plus onéreuse. Enfin, les vins qu'elles produisent, n'atteignent jamais les qualités de ceux des vignes en lignes,

parce que le terrain y est moins réchauffé par les rayons du soleil, que les ceps s'y ombragent les uns les autres, que l'air n'y circule pas librement, que la maturité n'y est pas aussi complète ; et qu'enfin, les vignes provignées ne donnent que des vins plats, si l'on les rapproche de ceux qu'on doit aux vignes sur souche.

Plantation en lignes espacées. — Dans certaines contrées, dans le Bordelais par exemple, on plante la vigne en lignes séparées l'une de l'autre par une étendue de terrain, variant de 5 à 20 mètres et occupé par d'autres récoltes. Le but qu'on poursuit (nous craignons que ce soit sans l'atteindre), c'est de recueillir avec le moins de frais possible, plusieurs récoltes fourragères ou de céréales, pendant que la vigne donne des produits suffisamment rémunérateurs. Malgré les défenseurs de ce système, et les arguments spécieux qu'ils avancent, nous pensons qu'il ne doit pas être donné en exemple. N'est-il pas évident, en effet, que ces lignes si distantes les unes des autres, occupent proportionnellement beaucoup plus de terrain, que si elles étaient plus rapprochées, et que les cultures, faites entre les lignes, ne peuvent s'étendre sur le terrain de la vigne sans lui nuire et diminuer son produit? Si l'on effectue les travaux nécessités soit par la vigne, soit par les céréales ou les plantes fourragères, il y a toujours mauvaise exécution ou perte de temps, parce que ces travaux ne peuvent se faire au même moment, et qu'ils sont de nature essentiellement différente. De plus, ces travaux eux-mêmes sont continuellement contrariés par la présence des récoltes pendantes, ceux des vignes par les fourrages et les céréales ; et ceux des champs par les grappes soit en floraison, soit en fruit. Enfin, il est impossible au moment où s'opère l'une des récoltes, de ne pas nuire à l'autre par l'exécution des travaux exigés par cette récolte. — La seule méthode à conseiller, celle qui devrait partout se substituer à toutes les autres, est la plantation en lignes rapprochées, chaque cep étant sur souche et n'étant jamais provigné.

Plantation en lignes rapprochées. — Ce système, qui est le seul qui doive être conseillé pour une bonne culture, présente tous les avantages possibles. Les lignes plus ou moins rapprochées selon le climat, la déclivité, l'exposition et la richesse du sol, occupent tout le terrain. Les travaux s'y font commodément et économiquement ; la taille, le soufrage, l'épamprement, la sortie des sarments, la vendange, comme l'apport des fumiers, leur épandage et leur enfouissement, tout se fait avec ordre et économie. Dans les vignes plantées en lignes régulières, et tenues sur souche, on peut faire fonctionner sans danger la charrue, et la substituer aux bras de l'homme. Dans cette culture aussi, on peut remplacer les échalas que l'industrie réclame chaque jour de plus en plus, et dont le prix va s'augmentant chaque année, par le fil de fer, ou d'autres moyens plus économiques. Avec le même nombre de plants et sur le même terrain, la quantité des produits s'accroît d'une façon sensible, parce que les ceps ne se gênent pas réciproquement, qu'ils ont plus d'air, et que la plante y respire mieux ; la qualité des vins s'accroît de façon à nous les faire rechercher, parce que le terrain mieux échauffé hâte la maturité des raisins, et par suite accroît l'excellence des produits de la vigne.

Distance à conserver entre les lignes et entre les ceps.
— En tenant compte des diverses considérations qui doivent dicter la solution de cette importante question, comme en étudiant ce que l'expérience a fait adopter, dans les divers pays de vignes, on peut formuler quelques principes qui serviront de guide à tout viticulteur voulant planter un nouveau vignoble.

La maturité parfaite du raisin, maturité qui est indispensable pour faire de bons vins, ne s'obtient que par une juste proportion entre la quantité de sève qui alimente la vigne, et l'intensité de la chaleur qui exerce son action sur cette même sève. Si la vigne a plus de sève que la chaleur n'en peut élaborer, si elle se trouve dans de telles conditions, qu'elle puisse absorber la plus grande masse possible d'éléments nutritifs, et que ces éléments lui soient abandonnés sans mesure; alors l'action des rayons du soleil ne suffira pas pour transformer cette énorme quantité de matières alimentaires en sucre, et l'on ne fera que des vins inférieurs. C'est ce qui aura lieu partout où l'espacement des ceps ne sera proportionné, ni à l'intensité de la chaleur, ni à la richesse de la terre. Mais si l'on cultive une vigne à une température moins élevée ou dans une terre moins riche, il faudra rapprocher les ceps et diminuer leurs dimensions pour restreindre leur puissance d'absorption; alors la masse d'éléments nutritifs à transformer en sucre, étant moins forte, la chaleur parviendra facilement à opérer cette transformation, et si les récoltes sont moins abondantes, elles seront de qualité bien supérieure. — De plus, sur un terrain identique, avec les mêmes engrais et les mêmes soins, tous les cépages n'ont pas la même vigueur, ni le même mode de végétation. Il en est qui jettent beaucoup plus de bois que d'autres; on peut citer parmi eux, le tannat dont les fruits composent presque exclusivement le vin de Madiran, et qui est très-répandu dans nos contrées. Il est aussi des plants qui demandent la taille longue pour produire abondamment des raisins de bonne qualité, tandis que d'autres ne peuvent être conduits à leur haut point de fertilité que par la taille courte. Il faudra donc tenir compte de la nature des plants, pour donner à chacun d'eux l'espace nécessaire à sa façon de végéter.

L'expérience nous apprend que, dans des conditions égales, la vigne végète plus vigoureusement sous un climat chaud que sous un climat tempéré, dans le midi que dans le nord. Elle nous apprend que l'évaporation de la terre est plus grande sous l'action d'une chaleur élevée, que quand elle est soumise à une température plus douce. Ce sont là encore deux considérations qui doivent influer sur la distance à laisser entre les lignes et entre les ceps. — De plus, moins la vigne est vigoureuse, plus la maturité est précoce; aussi faudra-t-il rapprocher davantage les ceps sous les climats moins chauds, et aux expositions moins baignées de soleil, afin de diminuer la force des plants en les multipliant. Toutefois, il ne faut jamais oublier, dans ce dernier cas, l'indispensable nécessité de l'aération et de l'insolation, soit pour conserver les ceps, soit pour les aider à produire des raisins de qualité supérieure.

Enfin l'espacement doit toujours être subordonné au mode de culture que l'on veut adopter. Partout où l'on pense que la charrue peut fonctionner économiquement et sans désavantage, il est évident que l'espacement doit être plus grand, que si l'on doit employer la bêche pour le labour des vignes.

Dans le midi, il est d'usage de laisser entre les lignes une distance de 1,50 à 2 mètres; tandis que dans le nord cette distance est beaucoup plus faible, puisque la Moselle plante jusqu'à 76,000 pieds à l'hectare. — On comprend la raison de cette différence; dans le midi, la végétation est vigoureuse, et les ceps qui y sont les plus répandus, sont naturellement disposés à pousser avec force; l'éloignement, dans ce cas, devient nécessaire, afin d'éviter que les vignes ne s'étouffent, afin de favoriser les cultures indispensables. Dans le nord, au contraire, le rapprochement des ceps aide à la maturité du bois et du raisin, parce que le sarment poussant moins vigoureusement, atteint ainsi plus vite le terme de sa vie annuelle, et par suite une meilleure maturité. Dans les vignobles de la Côte-d'Or, de la Marne, et autres, la distance entre les lignes n'est que de 0,85, distance qui était également observée et préconisée dans les bons crûs de l'antiquité, comme nous l'apprend un passage des Géoponigues. — En principe, le grand espacement des ceps ne devrait être recommandé que pour les raisins de table à maturité précoce.

L'observation nous apprend qu'à moins d'un mètre

carré, la vigne ne peut étendre suffisamment ses racines,
et atteindre son développement complet, et qu'à moins
de cet espace, on est obligé d'agir par provignages ou
recouchages, pour lui donner de la vitalité.

Il est aussi un principe dont on ne doit pas s'écarter
dans la culture de la vigne. Ce précieux végétal aime
par dessus tout à vivre en société ; une vigne cherche,
même à de grandes distances, les racines d'une autre
vigne, et toujours ses pampres courent vers les pampres d'une vigne voisine ; enfin, cultivée dans l'isole-
ment, elle perd la qualité de ses fruits. — Ainsi, à
Fontainebleau, les treilles sont formées par des ceps
huit à dix fois plus rapprochés qu'il ne serait nécessaire pour les couvrir, afin que leurs racines vivent
côte à côte. Ainsi, dans le midi de la France, on cultive la vigne sur deux rangées de plants, serrés les
uns contre les autres, sauf à laisser plusieurs mètres
d'intervalle entre les lignes. — A Thomery, les pieds
de vigne sont à 0,54 l'un de l'autre, et cette distance
paraît trop petite à certaines personnes. Dans le Médoc,
les pieds sont placés à 0,90 centimètres de distance,
et sur une ligne bien droite. — C'est là une des meilleures cultures qu'on puisse imaginer. On ne laisse
à la tige que 0,20 à 0,25 de hauteur, et, au petit
échalas qui la soutient, se trouvent attachées des verges
minces, sur lesquelles courent les deux branches à fruit
réservées par la taille ; les raisins sont assez élevés
au-dessus du sol pour ne pas le toucher, et assez rapprochés de lui, pour recevoir la chaleur solaire qu'il
réfléchit.

Si l'on tient compte des considérations qui précèdent, la distance de un mètre entre les lignes et entre les ceps, paraît être la plus convenable pour le sudouest. Plus rapprochés, les ceps s'ombragent les uns les autres, arrêtent les rayons du soleil et gênent la circulation de l'air; plus rapprochés, les ceps s'appauvrissent, et n'offrent bientôt qu'une végétation languissante. — Moins rapprochés, il y a perte de terrain, et de produits; et la maturité n'est pas toujours complète à cause de la trop grande vigueur de la vigne.

Enfin, à un mètre dans tous sens, on peut encore remplacer les bras de l'homme par la charrue et réaliser ainsi une économie notable, due à l'exagération toujours croissante du prix de la main-d'œuvre.

Disposition des lignes et des ceps. — Quand on veut créer un vignoble, la meilleure disposition à donner à la plantation, c'est de placer les ceps en quinconce plutôt qu'au carré. Les avantages de cette manière de planter sont évidents. D'abord, un hectare planté en quinconce renferme plus de vignes que celui planté au carré, quoique les vignes se trouvent à la même distance les unes des autres. Ensuite, cet hectare peut être labouré de trois façons différentes dans la plantation en quinconce, tandis qu'on ne peut le labourer que de deux manières dans la plantation au carré. Enfin, selon la direction qu'on donne aux vignes dans la plantation en quinconce, on peut arriver à ce que chaque pied soit successivement baigné de soleil, tandis qu'à certains moments de la journée, dans la plantation au carré, certains pieds ombragent ceux qui les avoisinent, de façon à empêcher une égale maturité au même moment.

Direction à donner aux lignes. — On doit diriger les lignes du nord au sud, afin que chaque vigne, ainsi que le sol qui la nourrit, reçoive directement les rayons et la chaleur du soleil. Mais bien souvent on ne peut appliquer cette règle d'une manière absolue, soit à cause des déclivités de terrain, soit à cause de la forme de la pièce ; il faut alors, autant que possible, se rapprocher de la direction du nord au sud, direction qui viendra autant en aide à la fécondité, qu'à l'excellence des produits de la vigne.

§ IV.

PLANTATION PROPREMENT DITE, ET MODES DE PLANTATION.

Profondeur de la plantation. — La vigne doit être plus profondément plantée dans le midi que dans le nord, dans les terrains légers et secs que dans ceux humides et substantiels. — Quelle que soit, du reste, la nature du plan, et à presque toutes les expositions viticoles de France, on peut poser en principe, que si les terrains sont défoncés convenablement, amendés et fumés comme nous l'avons recommandé, la plantation ne doit pas être profonde, parce que les racines iront chercher l'humidité et la nourriture nécessaires, vers les couches inférieures qui leur dispenseront les éléments qu'elles s'assimileront. En règle générale, on pourrait presque fixer la profondeur extrême à donner, dans l'extrême-midi et sur des terrains légers et poreux, à 45 centimètres; dans le centre et au nord, à 20; et dans nos contrées du sud-ouest, à 25. Mais ces données ne sont pas vraies d'une façon absolue, et on ne saurait trop répéter que la profondeur doit varier selon l'exposition, comme selon la nature des terrains; sur les côteaux du Béarn, il est des terres qui exigeraient pour une plantation de vignes une profondeur de 30 centimètres, tandis qu'il en est d'autres qui n'en demanderaient pas 15.

Les vignes, comme toutes les plantes, végètent avec d'autant plus de vigueur que leur collet est plus rapproché de la surface du sol, sans qu'il soit, pour cela, soumis aux effets désastreux des sécheresses. Dans cette position, il recevra d'une façon plus efficace l'influence heureuse de la chaleur et de l'air.

L'expérience a prouvé la vérité de cet axiome, non pas seulement au point de vue de la prospérité du cep et de la longévité de la plante, mais même à celui de sa fructification; et dans plusieurs contrées, on a établi comme principe que, *la mise à fruit des ceps est en raison inverse de leur enfoncement dans le sol.* Ainsi, plus on plante profondément, plus la fructification se fait attendre.

Quel est le nombre d'yeux ou boutons, qui doivent

être mis en terre ? Cela dépend évidemment de la distance les uns des autres des yeux sur les sarments; mais, si l'on devait poser une règle générale, qui nous paraît devoir être sans cesse contrariée par le climat, par le terrain ou par l'exposition, on pourrait dire que deux ou trois yeux en terre constituent la meilleure bouture ; et que, plus on s'éloigne de ce chiffre de trois, en l'accroissant, plus également on s'éloigne des conditions normales, qui doivent à tous les points de vue assurer le succès de la plantation.

Si l'on a fait choix des plants chevelus, on ne doit pas oublier que ce sont les racines les plus rapprochées du sol, qui fournissent à la vigne tous les éléments de sa nutrition, et concourent le plus énergiquement à sa végétation. Si ces racines sont placées trop profondément, si elles ne peuvent facilement subir l'action salutaire de l'air et du soleil, au lieu de se développer, elles s'étiolent, et la vigne ne tarde pas à languir; mais, comme chacune de ses parties est douée d'une puissante vitalité, il se crée de nouvelles racines plus rapprochées du sol, qui alimentent la plante et la conduisent rapidement vers un avenir prospère. L'application de ce principe a été faite à Jurançon pendant trois années consécutives, et toujours le même résultat a été obtenu. Des boutures enracinées, ayant été plantées à une profondeur de 32, 24, 16, 8 centimètres, elles ont toujours offert une végétation d'autant plus riche pendant ces trois années, que leurs collets étaient plus rapprochés de la surface du sol ; et cette supériorité a été sensible, autant pour la fructification que pour la charpente du cep.

Epoque de la plantation. — On ne peut préciser une époque pour la plantation des vignes ; on doit se laisser diriger par les mouvements de la végétation et la température de l'atmosphère. Cette époque varie selon les climats, les situations, les expositions ; dans le nord comme dans le centre de la France, la plantation peut être faite pendant tout le printemps, et surtout le mois de mai ; effectuée plus maturément, elle présente un danger certain. Les boutures qui n'ont pas encore eu le temps de pousser des racines dans le sol, sont exposées à la rigueur des froids ou des gelées, qui peuvent désorganiser les boutons extrêmes, et l'eau dont la terre est saturée, peut corrompre les sarments enfouis, et occasionner ainsi la mort des boutures, ou un retard préjudiciable pour leur mise à fruit. Dans le midi de la France, il est prudent de faire cette opération avant l'hiver ou pendant l'hiver. Car, si l'on attendait le printemps, les chaleurs qui se développent avec tant de force dans ces contrées, à cette époque de l'année, pourraient dessécher la bouture, et nécessiter une nouvelle plantation. Du reste, dans le midi, la végétation n'est jamais complétement arrêtée, et les petites racines qu'a faites le sarment pendant l'hiver, aident le plant à résister aux sécheresses qui vont l'atteindre. — Dans le sud-ouest, et spécialement dans le Béarn, l'époque la plus favorable est la fin de l'hiver et le commencement du printemps ; il y a encore assez d'humidité dans la terre pour favoriser l'émission du chevelu, et la chaleur qui devient plus forte de jour en jour, aide progressivement à la vé-

gétation, de sorte qu'elle ne subit pas de temps
d'arrêt; attendre plus tard, ce serait, comme nous
venons de le dire, s'exposer à ce que les sarments ne
trouvâssent pas dans la terre assez d'humidité pour
la formation ou le réveil de la sève.

Dans la zône pyrénéenne, et à des expositions privilégiées, la plantation peut se faire pendant l'hiver,
qui est là comme dans le midi assez peu rigoureux.
La bouture produira de petites racines dans sa partie
inférieure, ou du moins elle subira une telle modification, que cette émission s'opèrera aux premiers beaux
jours, d'une manière presque spontanée.

Toutefois, ces règles ne sont pas absolues; la réussite complète de toute plantation est subordonnée à
la température et aux variations atmosphériques. Il
est même vrai que, si l'on est aidé par les circonstances
climatologiques, on peut planter dans nos contrées
depuis le commencement de l'hiver jusqu'à la fin de
juin ; nous avons fait à cette dernière époque une plantation de 4,000 plants de bouchy, qui reçurent, quelques
jours après, les eaux versées par deux orages qui se
succédèrent assez rapidement, et cette plantation est
la mieux réussie de toutes celles que nous avons essayées.
L'année suivante et à la même époque, une petite
plantation fut faite dans les mêmes conditions de culture, et comme l'été fut très-sec et sans orage, près
de 70 pieds sur cent ne réussirent pas.

Quant aux plants enracinés, ils doivent toujours e
partout être mis en place à la fin de l'hiver ou au premier printemps. On pourrait aussi planter en automne

dans les contrées où la chaleur est élevée; ce qui s'explique par ce principe d'horticulture, que les arbres plantés à l'arrière-saison réussissent presque tous, tandis que ceux qui subissent cette opération à la fin de l'hiver ou au commencement du printemps, sont plus lents à la reprise, et souvent végètent misérablement.

Tracé des lignes de plantation. — Quand on a appliqué toutes les prescriptions qui précèdent, que le terrain est aplani et amendé, que les chemins d'exploitation sont créés, que l'hiver a passé sur les terres remuées, et a désagrégé les mottes superficielles, en les ameublissant; on trace les lignes de plantation de façon à les avoir aussi régulières que possible. Toutefois, avant de procéder à cette opération, il faudra donner un labour assez léger, suivi d'un hersage qui, nivelant le sol, rendra la plantation plus facile. Partout où les terrains n'auront pas une pente trop sensible qui paralyserait la marche régulière des animaux, on pourra tracer les lignes avec le rayonneur. Pour cela, et selon la direction qu'on veut leur donner, on fait partir les lignes d'un point élevé de la pièce à planter, et ces lignes sont coupées à angles droits par d'autres tracées avec le même instrument, s'il s'agit d'une plantation au carré; si l'on veut une plantation en quinconce, on dirige l'instrument de façon à ce que les lignes se croisant, donnent aux carrés qu'elles forment la configuration désirée. Si les animaux ne peuvent être utilisés sur la pièce à cause de la déclivité du terrain, on arrivera à un résultat identique avec des cordeaux ou des chaînes d'arpentage, que l'on dirigera de façon à obtenir le tracé décidé.

Mise en terre. — Les procédés que l'on emploie pour mettre en terre, soit les crossettes, soit les chevelus, doivent naturellement varier selon la nature du terrain, la quantité d'engrais dont on dispose, et enfin l'exposition de la vigne à planter.

Boutures. — *Plantation à la barre*. — La plantation à la barre est le procédé le plus économique ; mais il est loin d'emmener d'heureux résultats dans toutes les circonstances données. Après avoir tracé les lignes de plantation, qui se croisent et se coupent, un ouvrier armé d'une barre, d'un pal, d'un pic, enfonce son instrument à chaque point d'intersection des lignes entr'elles, et cela à la profondeur voulue par le terrain et l'exposition. Plus le terrain est infertile, plus le trou ainsi fait devra être large.

Si les couches inférieures sont de nature trop consistante, l'ouvrier s'aidera d'un maillet en bois ou en fer qui donnera à son instrument l'entrure nécessaire. Il sera suivi par celui qui doit déposer une bouture dans chaque trou. Celui-ci, après avoir examiné le plant, et s'être assuré, en suivant les prescriptions déjà indiquées, qu'il réunit toutes les qualités requises, le consolidera dans le trou par une forte pression de haut en bas. Viendra ensuite un troisième ouvrier, qui distribuera dans les trous un engrais pulvérulent composé de terreau très consommé, de guano, de tourteaux ou de cendres. Le meilleur engrais à employer, serait le mélange de toutes ces diverses matières avec un peu de chaux, mélange qui, bien remué, ne formerait plus qu'une matière essentiellement pulvérulente. La quan-

tité d'engrais à déposer dans chaque trou doit varier
selon la richesse du terrain sur lequel on opère. Dans
les plus mauvaises terres, deux à trois litres seront
nécessaires à la reprise et à la parfaite réussite des
boutures, tandis que dans la terre la plus riche, un
demi litre de cet engrais sera suffisant pour atteindre le
même résultat. L'ouvrier qui répandra l'engrais devra
maintenir la crossette au milieu du trou, afin qu'elle
s'en trouve entourée, ce qui ajoutera une grande vigueur
à sa végétation. Un quatrième ouvrier suivra ce dernier,
qui tassera fortement l'engrais au fond du trou et en
comblera le sommet avec de la terre. Cette dernière
opération est la plus essentielle; car il ne doit pas y
avoir de vides, afin que la bouture, toujours en contact
avec le sol qui l'entoure, puisse y puiser l'humidité
indispensable à sa première reprise. On pourra remplacer les engrais dont nous venons de parler, par des
purins ou par de l'eau, dans laquelle on aurait fait
dissoudre des guanos ou des cendres.

Cette méthode de la plantation à la barre, préférée
par quelques auteurs au point de vue économique, est
généralement adoptée et pratiquée dans le midi. Voici
comment on opère dans ces contrées : Le sol étant
défoncé de 50 à 60 centimètres, on fait avec un instrument dont le diamètre est de 0,08 à 10 centimètres,
des trous dont la profondeur est égale à celle du défoncement; on y introduit le sarment jusqu'au fond,
et l'on comble avec du terreau très-riche, des cendres
ou d'autres engrais; on tasse fortement, pour qu'il y
ait adhérence complète du sarment avec l'engrais. La

partie du sarment très-profondément enterrée ne produira pas de racines ; elle se décomposera même avec
le temps ; mais jusqu'à ce moment, elle conservera de
l'humidité que la sécheresse ne peut lui enlever au
point qu'elle occupe ; et les bourgeons qui doivent devenir des racines, faisant alors la fonction d'un thermo-
syphon, attireront à eux cette humidité, la rejetteront
jusqu'à la partie supérieure du sarment, et imprimeront
ainsi un mouvement rapide à la sève, mouvement qui
viendra puissamment en aide au développement tant
du système radiculaire que du système aérien.

Pour ceux qui croient devoir accepter la plantation
à la barre, il nous parait utile de reproduire la description de la taravelle, donnée par Olivier de Serres.
« Cet instrument ressemble aux grands taraires des
charpentiers. Il est composé d'une barre de fer longue
de trois pieds, et grosse comme le manche du hoyau,
le bout entrant en terre étant arrondi en pointe, bien
forgé et acéré ; l'autre regardant en haut est attaché à
une pièce de bois traversant, faisant le tout la figure
d'un T, pour le tenir avec les mains, et, afin que la
taravelle n'enfonce trop dans la terre, mais justement
elle y entre selon la résolution que vous aurez prise d'y
enfoncer le complant ; un arrêt sera mis à la pièce de
fer entrant dans terre, et l'endroit remarqué à cette
cause ; lequel arrêt, étant aussi de fer, servira, en
outre, à y mettre le pied dessus, pour, pressant en bas,
aider aux mains à faire entrer la taravelle dans terre,
au cas qu'on la rencontre dure et forte. » Dans le
Languedoc, on donne au sol qu'on veut complanter en

vignes, un labour de 18 pouces de profondeur. Puis, un ouvrier, habitué à cette sorte de travail, trace avec une petite houe à long manche sur laquelle il se tient à cheval, des rayons espacés à 0,90 ; d'autres rayons croisent ceux-ci à angles droits. Le plant se met à chaque point d'intersection. Le planteur, armé d'une barre de fer, fait un trou de 15 à 20 pouces, dans lequel on place le sarment.

Dans le Médoc, on adopte généralement un mode de plantation à la barre qui est décrit par M. Joubert de la manière suivante : « On transporte sur chaque journal (32 ares) quarante tombereaux de fumier, et quatre-vingt de bonne terre, telle que celle provenant du curage d'un fossé. Pendant ce temps, les ouvriers ouvrent un fossé de 50 centimètres de profondeur et d'un mètre de largeur, suivant la plus grande longueur de la pièce. Quand il est terminé, un homme s'arme d'une barre pointue avec laquelle il perce un trou d'environ 30 centimètres, dans lequel un autre homme enfonce une crossette, en observant une distance d'un mètre de l'une à l'autre. Il l'assujettit, en faisant glisser tout autour 3 ou 4 jointées de sable ou de cendre. On voit par là que la crossette sera enterrée à la profondeur de 75 centimètres, quand le fossé sera comblé, opération à laquelle on ne procède pas sans y mettre d'abord une couche de fumier, que l'on couvre d'une couche de terre rapportée de loin. Ces matières placées dans le fossé, on en ouvre un nouveau dont la terre sert à remplir le premier, en ayant soin de mettre celle de dessus dans le fond. On continue de même jusqu'à l'achèvement de la plantation. » — Ce mode de plantation présente l'inconvénient que nous avons déjà signalé, c'est que, plantée à une grande profondeur, la vigne pousse beaucoup de bois, et est très-tardive à se mettre à fruit. M. Odart s'exprime ainsi sur le mode de plantation à la barre dans le Médoc que nous venons de rapporter : « Mais, outre que ce moyen est fort dispendieux, il a l'inconvénient de laisser attendre fort longtemps les premières rentrées, parce que la vigne pousse pendant quelques années avec tant de vigueur, que l'époque de sa fructification en est fort reculée. C'est un fait que j'ai constaté, et qui l'avait été il y a près d'un demi-siècle par un homme qui fait autorité, M. Sinéty, dans son ouvrage intitulé : *Agriculture du Midi*, où il dit fort judicieusement que la vigne pousse vigoureusement, mais qu'elle est sujette à couler quand elle a été plantée profondément. »

Ce mode de plantation à la barre présente de graves inconvénients dans presque tous les terrains, surtout dans les sols argileux. La terre fortement tassée par la barre contre les parois du trou, offre toujours une certaine résistance aux jeunes racines qui ne peuvent la pénétrer. L'adhérence parfaite de la terre avec la bouture, comme la répartition égale des engrais, sont toujours difficiles à obtenir. Enfin, si un défoncement préalable n'a pas eu lieu, le terrain peut renfermer des pierres qui, tassées les unes contre les autres, arrêtent les racines qui ne peuvent aller puiser la nourriture qui leur est indispensable. Aussi, doit-on préférer, dans tous les cas, à ce mode de planter les boutures, les deux procédés suivants.

Plantation par fosses. — Aux points où se coupent les lignes, un ouvrier ouvre de petites fosses de 0,35 à 0,40 de longueur, sur 0,25 à 0,30 de largeur, et avec une profondeur plus grande que celle où doit être placée la bouture, selon le climat et le terrain sur lequel on opère. Il est nécessaire que l'extrémité inférieure de cette fosse affleure la terre, afin que les eaux ne puissent y séjourner. Un second ouvrier place la bouture dans la fosse et en fait sortir l'extrémité hors de terre, au point où doit se trouver le cep. Avant la pose de la bouture, il a mis au fond de la fosse les terres pulvérulentes qui se trouvent à la superficie, et cela jusqu'à la hauteur voulue par le climat. Il couvre de quelques centimètres de la meilleure terre la bouture en la piétinant. Vient un troisième ouvrier qui répand dans la fosse et sur la crossette l'engrais qui, pour ce mode de plantation, devrait se composer d'une couche alternative bien mélangée, de bonne terre ou de débris végétaux, de fumier d'étable et de chaux. Cet ouvrier tasse fortement l'engrais contre la crossette; et, enfin, un dernier ouvrier, en continuant et accroissant le tassement, comble la fossette avec la terre que le premier ouvrier en avait extraite. Pour ce mode de plantation, qui peut conduire dans les terres légères et perméables à d'heureux résultats, les fossettes devraient être faites longtemps avant le moment de la plantation, avant l'hiver par exemple, parce que les froids, les gelées, les pluies, les neiges, amenderaient et désagrègeraient les parois et le fond de la fosse, et y déposeraient ainsi, sans frais, une terre excellente pour la reprise des boutures et l'émission d'un nombreux chevelu. — Il est d'une bonne pratique de donner à la fosse une grande profondeur, afin d'en garnir le fond d'une couche épaisse d'ajoncs, de broussailles, de bruyères, de débris de végétaux, dont la lente décomposition favorise l'enracinement du sarment, et active sa végétation. La bouture serait coudée à l'angle de la fosse, et couchée sur la terre meuble avec laquelle on aurait recouvert la couche de débris végétaux. Enfin, ce mode de plantation par petites fosses, rend de grands services pour repeupler les vides que la mort a faits dans le vignoble.

Plantation en fossés, tranchées ou reilles. — Mais de tous les procédés usités dans la plantation des boutures, il n'en est pas qui puissent conduire aux résultats obtenus par la plantation par fossés, tranchées ou reilles. — Soit par deux traits de charrue qui se suivent, soit à la bêche, on fait un fossé dans le sens de la pente, fossé qui joint les deux extrémités de la pièce à planter ou les chemins qui la traversent. La profondeur de ce fossé doit être plus ou moins grande, selon les principes déjà émis ; comme pour le mode de plantation qui précède, et pour les mêmes motifs, il sera d'une bonne pratique d'ouvrir ces reilles avant l'hiver, et d'y ménager assez de profondeur pour y déposer des débris végétaux ou parasites. — Lorsque arrive le moment de la plantation, un ouvrier fait tomber au fond du fossé, au dessus des matières ligneuses qui y sont déposées, la terre qui est entassée sur ses bords, en ayant soin de choisir la plus meuble et d'en remplir la fosse jusqu'au point où, selon le climat, doit être placée la bouture. Celle-ci est couchée sur cette terre meuble, et recouverte elle-même d'une mince couche de terre de même nature. On l'assujettit par un lien d'osier à un piquet qui se trouve fiché en terre, à la place même où doit végéter et vivre la vigne. Ce travail opéré, on couvre d'engrais le sarment, et après l'avoir fortement foulé, on comble le fossé avec la terre qui est sur le bord.

On doit aussi donner aux fossés, une largeur et une profondeur proportionnelle à la bonne ou mauvaise qualité de la terre; plus le terrain est ingrat et infertile, plus les reilles doivent être profondes et larges. Car, dans ces terrains, les racines doivent aller chercher dans la profondeur comme dans l'étendue des terres, les éléments nécessaires à leurs besoins.

Dans ce mode de plantation, les procédés employés sont les mêmes que pour le mode précédent; il n'y a que cette différence entre les deux, que le long fossé fait d'un bout de la vigne à l'autre, aide à l'écoulement des eaux dans le sens de la pente, tandis que trop souvent elles sont retenues par les fosses du système précédent, et peuvent emmener l'affaiblissement ou la mort du jeune cep', dont les racines se noieront dans ces eaux sans issue. Aussi, partout où l'on aura et le temps et les avances suffisantes pour faire la plantation en suivant le système des longs fossés, doit-on l'employer à l'exclusion de tous autres; lui seul, lorsqu'il est précédé du défoncement du sol, réunit tous les avantages à désirer pour une plantation :

Assainissement du terrain, écoulement des eaux, aération et insolation des plants; facilité d'extension des racines, possibilité d'apporter avec une grande économie, les engrais que demande une terre peu riche, commodité de leur épandage, tels sont les principaux avantages de ce mode de culture qu'on ne saurait assez préconiser.

Plants enracinés. — Il peut être avantageux dans les terrains secs et brûlants et dans les sols qui possèdent une faible couche de terre végétale, d'employer les plants enracinés de deux ans. Pour cela, il faudra recourir au second mode de plantation, la plantation en petites fosses, en ayant soin toutefois de porter par avance auprès de ces fosses, les engrais et les piquets nécessaires à la plantation.

Tirés de la pépinière, les plants chevelus seront replantés dans le plus bref délai, et si on ne peut le faire assez tôt, on mettra les racines à l'abri de l'air, de la pluie, du soleil et de la gelée.

Pendant les pluies, il faut ne pas planter des ceps enracinés, parce que la terre s'attacherait aux racines, et se distribuerait mal entr'elles. Les temps de gelée doivent également être rejettés pour toute plantation. Outre qu'elle altère les racines, elle durcit la terre et l'agglomère en une masse compacte, qu'on ne peut repartir entre les brins de la masse chevelue.

Tous ces travaux terminés, on doit pratiquer un léger binage, pour ameublir le sol qui a dû être plus ou moins tassé par les pieds des ouvriers et renouveler ce binage, toutes les fois que la présence des herbes en fait sentir la nécessité, et surtout pendant les fortes sécheresses.

Enfin, pour toutes les autres observations applicables à la plantation, on les a déjà trouvées au chapitre *Moyens de reproduction de la vigne*, aux paragraphes *Boutures crossettes*, *Pépinières et Plants chevelus*.

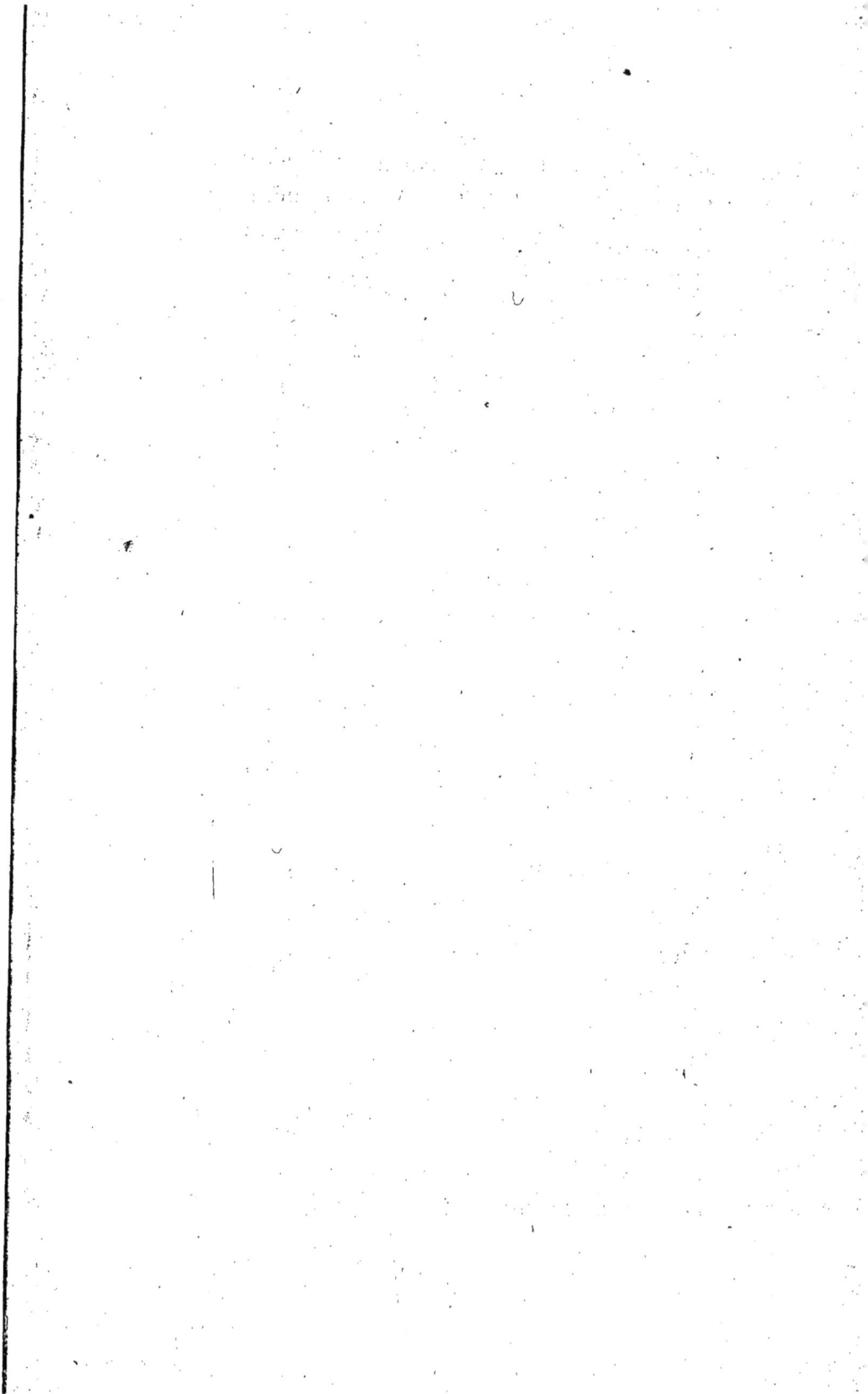

CHAPITRE SIXIÈME

DE LA TAILLE

Motifs, but et principes de la taille. — Si l'on livrait la vigne à elle-même, si l'on n'arrêtait pas sa force expansive et vagabonde, ses longs rameaux couvriraient bientôt toute la surface du sol, dont la culture deviendrait difficile et souvent impossible. Les grappes, abritées par des herbes ou par des feuilles épaisses et nombreuses, et toujours en contact avec la terre, ne subissant plus les influences heureuses du soleil et de l'air, pourriraient en se décomposant et ne produiraient que de chétives récoltes. Ces grappes elles-mêmes, arrivant toujours sur le bois de l'année précédente, s'éloigneraient chaque jour de plus en plus de la souche-mère, et finiraient par ne rien produire ou par produire quelques raisins épars, qui ne paieraient pas la peine qu'ils donneraient pour les vendanger ; ou bien, ses rameaux iraient se mêler aux végétaux qui seraient à sa portée, ou monteraient sur les arbustes et les arbres voisins, parmi les branches desquels elle irait cacher des fruits acides et sans valeur.—C'est pour obvier à tous ces inconvénients qu'on taille la vigne.

— La taille a donc pour but d'éloigner de cette plante tous les dangers qui viennent d'être signalés, en lui donnant une forme telle, qu'elle puisse subir l'action bienfaisante de l'aération et de l'insolation, en permettant de travailler en tout temps et sur toute sa surface le sol sur lequel elle est plantée ; en empêchant les raisins de trop s'éloigner de la souche ; enfin, en lui assurant ainsi une longue existence et d'excellentes productions.

La taille est l'opération la plus importante de la culture ; elle exige de la part de celui qui l'exécute, de l'intelligence et des connaissances théoriques et pratiques, qui lui permettent de se rendre compte des effets qu'elle produit. Car elle influe, non pas seulement sur le résultat de la première récolte, mais sur la végétation future de la vigne, et par suite sur les récoltes de l'avenir.

Quand la vigne est dans l'enfance, la taille a pour but d'employer toute sa force végétative à nourrir l'œil qui doit être la souche, de façon à ce qu'il se développe un rameau capable de prendre le développement qu'on veut donner au cep. — Quand la vigne est adulte, qu'elle est en rapport, la taille a pour objet d'empêcher la dissémination de la sève qui irait se perdre en une infinité de petites tiges inutiles, et de la concentrer sur la partie la plus propre à produire de bons bois et de beaux fruits.

La taille consiste dans l'ablation et l'enlèvement de certaines parties de la tige ou des rameaux d'une vigne; ce qui la force à porter des récoltes plus productives et meilleures, sans nuire à sa vigueur, et, par conséquent, sans abréger sa durée. Celui qui taille doit avoir égard à l'âge, à la force des ceps, au terrain dans lequel ils croissent, au climat, à l'exposition. Il doit savoir que la vigne trop chargée s'épuise; et qu'elle s'épuise aussi ne produisant que du bois, quand elle est trop déchargée; que les fruits de la vigne sont d'autant plus beaux et d'autant plus savoureux, qu'ils reçoivent une alimentation plus riche; que les bourgeons ne seront bien développés et fructifères, qu'à la condition que le bois qui les supporte, sera lui-même bien aouté et bien perfectionné; qu'il doit donc ménager soit aux bourgeons, soit aux tiges qui les nourrissent, la plus grande quantité de sève possible; que l'élan végétatif de la vigne pousse la sève vers les bourgeons supérieurs, et laisse souvent, sans les fructifier, les bourgeons de la base quand le sarment est trop long; et que cette longueur, sagement ménagée, doit conduire à des productions durables et de qualité supérieure.

La taille forme, avec les autres opérations de la culture de la vigne, un système complet dont toutes les parties sont étroitement liées les unes aux autres; et l'art du vigneron consiste à les appliquer de façon, non

25

pas à créer de nouvelles forces, mais à bien utiliser celles que l'arbrisseau possède déjà, en les entretenant autant que possible.

Le premier but à atteindre, c'est évidemment de former une bonne tige, une charpente solide; puisque un cep bien constitué donnera de beaux bois, sur lesquels naîtront des bourgeons vigoureux, qui eux-mêmes alimenteront les fleurs, et, par suite, les fruits. Pour cela, il faut ne pas oublier qu'il y a une intimité étroite, qui unit le système aérien au système souterrain ; il ne faut pas oublier qu'il y a une telle connexion entre ces deux systèmes, qu'on ne peut porter une atteinte à l'un sans que l'autre n'en ressente le contre-coup ; qu'en un mot, on ne peut blesser le système aérien, sans nuire profondément au système radiculaire. Il faut savoir que dans la vigne, les principes fructifères naissent et se développent toujours sur les bourgeons; — que les bourgeons venus sur les rameaux de l'année précédente, sont les seuls qui portent des raisins ; que ceux qui apparaissent sur le vieux bois sont presque toujours stériles la seconde année ; que la fertilité des bourgeons est ordinairement d'autant plus grande, qu'ils sont plus éloignés de la charpente ou du vieux bois ; que chaque cep ne peut et ne doit alimenter qu'une quantité de raisin proportionnelle à sa vigueur; que, s'il en produit davantage, le vin qui en provient est de mauvaise qualité. — Enfin, il faut adopter un mode de taille qui fasse croître chaque année les branches de remplacement, et les branches fructifères de l'année suivante, aussi près possible du vieux bois. —

Tous ces principes, comme ceux déjà émis, qui dirigent la culture de la vigne, se modifient plus encore dans la pratique de la taille que dans toutes les autres façons. Aussi ne peut-on trop répéter qu'il faut se laisser guider par les climats, par les expositions, par la nature des terrains, par la qualité des cépages, par l'âge des vignes, et par la distance des ceps entr'eux.

Époque de la taille. — Quelle est l'époque la plus favorable à la taille ? Cette question sur laquelle on est loin d'être d'accord, est encore aujourd'hui pleine d'actualité ; car deux opinions tout à fait opposées sont en présence. Il nous semble qu'on a trop généralisé les principes sur lesquels s'appuient et les partisans de la taille d'hiver et ceux de la taille du printemps, et qu'on a trop exclusivement raisonné, d'après les particularités propres aux sols, aux climats, aux expositions, aux cépages qu'on a observés.

Nous allons rapidement étudier ces deux systèmes ; mais, pour bien être compris, nous appellerons taille hâtive ou d'hiver, celle qui est opérée depuis la chute des feuilles jusqu'au premier mouvement séveux ; et taille tardive, celle qui est faite après cette dernière époque. — Avant d'aborder ces questions, posons quelques principes qui nous paraissent nécessaires à leur solution.

Et d'abord, on ne doit tailler que lorsque le bois de la vigne est parfaitement mûr, lorsqu'il a acquis par l'action atmosphérique ou géologique toute sa perfection. Sans cela, la pratique comme la théorie nous apprennent que les vignes dureraient à peine quelques années. On sait, en effet, que, si l'on taille avant la chute complète des feuilles, tant qu'il existe un mouvement séveux, la plante s'étiole et languit ; et que cette mutilation pousse au dépérissement, et souvent à la mort la vigne qui l'a subie.

De plus, tailler en automne dans les pays froids ou à de froides expositions, peut avoir de graves conséquences pour le vigneron. Il vaut mieux pour lui attendre que les fortes gelées soient passées, afin que la sève ne soit pas refoulée par le froid, et ne fasse éclore des bourgeons qui la dépenseront sans profit aucun. Ici se présente une question très-controversée.

Les pleurs de la vigne sont-ils la sève ?

Sennebier dit que non, et avec lui se présentent de graves et sérieuses autorités. D'autres, non moins graves, non moins sérieuses, affirment le contraire.

« Pour ma part, dit le docteur Guyot, je ne crois pas que les pleurs de la vigne, ce liquide aqueux et herbacé, épuisent beaucoup la plante. Ce qui l'épuise, c'est la constitution définitive du bois et des fruits. »

Plus tard, son opinion nous est à peu près présentée en ces termes : Sous l'influence d'une température de 12 à 15 degrés centigrades, l'eau de l'hiver qui sature la terre, est aspirée par les racines, et lancée dans l'économie végétale. Qu'on coupe, en effet, un sarment pendant ce mouvement ascensionnel, et cette eau va s'écouler de la plaie pendant plusieurs jours ; ce qui prouve qu'une force quelconque absorbe l'eau, et la fait monter dans la vigne. Ce liquide, ainsi aspiré avant toute évolution, serait le premier acte de la vie végétale. — Cette eau ne serait pas de la sève ; mais, elle serait chargée d'acides stimulants, qui, trouvant dans le bois de l'arbrisseau, dans les tissus formés par l'année précédente, des principes nutritifs solubles, les entraîneraient avec eux, et les emporteraient dans les diverses parties de la plante. — Telle est la pensée du docteur Guyot, qui, d'abord, avait cru que cette eau était inutile ou presque inutile à la végétation ; mais qui a reconnu depuis, que cette eau, contribuant à la dissolution des substances alimentaires renfermées dans la plante, devait nuire à la force du végétal par son émission trop abondante. — Enfin, en attendant que la science ait prononcé sur cette importante question, la pratique dit que la vigne taillée, au moment du mouvement ascensionnel de l'eau aspirée, ne donne que des pampres grêles et chétifs, qui, cependant, se chargent de beaucoup de raisins ; mais que, si ce traitement est continué pendant plusieurs années consécutives, la vigne dépérit, et que sa force s'amoindrit d'année en année.

Cela posé, il y a du bon dans tous les systèmes. C'est à démêler le bien souvent mêlé au mal, qu'il faut s'appliquer, et c'est ce que nous allons essayer de faire.

Les défenseurs de la taille hâtive ou d'hiver disent, que lorsqu'elle est effectuée à cette époque, le vigneron a ses bras plus libres pour les premières façons du printemps, comme pour les travaux que réclament à ce moment les autres cultures ; qu'il arrive souvent, pour ne pas dire toujours, que le milieu économique ou la position spéciale qui est faite à chacun, par la disette de main-d'œuvre ou l'annexion d'autres récoltes, nécessitent cette taille hâtive ou d'hiver. Qu'en dehors d'elle, il y a nécessairement encombrement et gêne ; qu'on ne peut tailler après l'expansion de la sève, puisqu'il a fallu avant cette expansion préparer les supports, consolider les treilles, terrer, fumer, bêcher ; et que toutes ces pratiques, indispensables à toute bonne viticulture, n'ont pu être effectuées sans nuire aux sarments développés, comme sans être gênées par eux.

Ils disent que les chaleurs accidentelles de l'hiver aident au progrès végétatif de la vigne, qu'elles portent de la sève aux bourgeons ; que, dans certaines contrées, c'est là la principale condition de la maturité du bois ; que la précocité occasionnée par ces chaleurs accidentelles, se fait ressentir pendant toute la végétation ; qu'elle s'étend autant à la perfection du bois qu'à celle du fruit ; et que, par suite, on assure la récolte de l'année, en garantissant autant que possible celle de l'avenir.

Ils disent encore que la taille hâtive peut seule empêcher la sève d'aller se perdre dans des rameaux qui doivent être retranchés ; que là est la règle à appliquer pour la vigne comme pour tout autre arbre ; qu'on comprend, en effet, que si la taille est retardée jusqu'au moment, où des jeunes pousses qui doivent être enlevées à la vigne aient élaboré suffisamment de sève pour atteindre un développement quelconque, cette sève est perdue pour les bourgeons conservés ; qu'en agissant ainsi pendant quelques années, la vigne, malgré sa puissance végétative, s'épuisera, et que cette opinion qui est celle du comte Odart, est appuyée par tous les praticiens, spécialement avec beaucoup de force par un propriétaire du Gers, qui dit que : « la vigne trop souvent soumise à ce genre d'épreuves, est bientôt épuisée sans ressources. »

Quelques praticiens pensent, et avec eux l'auteur que nous venons de citer, que, par la taille d'hiver, la gelée ne produit pas sur les espèces hâtives le mal qu'on veut bien dire, parce que des jets de sarments de dix à douze centimètres résistent mieux à sa fâcheuse influence qu'un bourgeon frais et humide qui vient de se débourrer, et qui, par suite, offre plus de prise à cette gelée.

On invoque aussi un motif puissant pour la défense de la taille d'hiver. L'extrémité du sarment taillé à cette époque, se dessèche rapidement, et le bois devient insensible au mauvais temps. Il garde ainsi toutes ses qualités, et la dessiccation de ses tissus forme un obstacle à l'écoulement de la sève ou des pleurs du printemps

Enfin, on dit que la taille d'hiver hâte le développement des bourgeons, et par suite influe favorablement sur l'époque de la maturité et sur l'excellence du vin ; que cette taille normale, qui s'opère avant l'évolution printanière, est la taille de la tradition ; qu'elle a été pratiquée de tout temps et en tout pays ; que toujours et partout, elle s'est réglée selon la hâtivité ou le retard des saisons ; et que presque tous les théoriciens et praticiens, et à leur tête La Quintinie et Columelle.

la préconisent et la conseillent comme la meilleure.

Ceux qui défendent l'opinion opposée, qui veulent que la taille ne s'exécute qu'au printemps, disent que lorsqu'on se livre à cette opération avant cette époque, la gelée et les froids pénètrent par les plaies faites à la vigne, et nuisent à sa végétation future ; que des hivers trop rudes peuvent détruire des bourgeons qu'on voulait conserver ; que la taille tardive empêche seule la gelée de produire tous ses ravages ; qu'en effet, mettre la vigne dans de telles conditions qu'elle ne puisse végéter qu'après les gelées, c'est évidemment la préserver de ce fléau ; et qu'il est aujourd'hui établi par la pratique qu'on retarde beaucoup la végétation d'une vigne, en la taillant après l'hiver, lorsque les bourgeons placés à l'extrémité supérieure des tiges sont déjà développés.

Ils disent que la taille tardive seule donne des vendanges assurées ; que, dans le cas de gelée, elle permet de demander une récolte aux contre-bourgeons ; et, dans le cas de non-gelée, de calculer par avance la production, de la prendre sur le point du sarment le plus convenable, de la proportionner à la vigueur du cep. — Que le but de toute taille étant de supprimer une partie du sarment pour que la sève arrive avec plus de force aux bourgeons fructifères conservés, on ne comprend pas comment, pendant que la sève est inerte et les bourgeons endormis, on se livre à une taille prématurée qui peut avoir pour conséquence la perte de toute production ; car, la partie conservée pouvant être endommagée et même détruite par des faits accidentels ou de gelée pendant tout l'hiver, on a jeté à terre par cette pratique les bourgeons qui auraient pu être la base de la récolte future.

Ils se demandent encore, si l'hiver n'a pas une influence sur la maturité et la perfection du sarment, et, dans cette hypothèse, ils disent qu'il ne faudrait pas par la taille hâtive, neutraliser l'action de cette saison sur l'avenir de la plante.

Ils disent aussi que les éléments vitaux que la sève doit entraîner dans son premier mouvement ascensionnel, ont été préparés par la nature en vue de l'alimentation de toute la vigne; qu'en l'absence des parties qu'ils devaient vivifier et alimenter, ils vont se jeter sur la partie conservée, et y provoquer l'épanouissement des bourgeons à une époque où les glaces, les neiges, les pluies froides peuvent leur être si contraires; — que rien n'est dangereux pour la vigne comme ces premiers élans séveux, puisqu'ils peuvent la stériliser, parce que l'embryon du fruit ayant été mis en mouvement par eux, se pert et disparaît, quand ce mouvement est arrêté par une gelée ou une pluie glacée; et qu'on trouve la confirmation de ce fait dans tous les pampres non fructifères, qui sortent du bois de l'année précédente.

Ils disent enfin que les premières chaleurs, comme l'air tiède et humide du printemps, exerçant leur influence sur un plus grand nombre de bourgeons, provoquent et nécessitent de la part des racines une plus grande force d'aspiration; et que ce mouvement, comme les principes qu'il entraîne avec lui, profitent

aux bourgeons qu'on conserve, si la taille n'a lieu,
que lorsque cet élan a été déjà vigoureusement imprimé.

Tels sont les principaux motifs qui sont invoqués de
part et d'autre pour la défense des deux systèmes.

Les raisons données tant pour la taille hâtive que
pour la taille tardive, sont excellentes et vraies, et le
vigneron devrait savoir les appliquer ou les modifier
selon le milieu dans lequel il se trouve. — Dans le midi,
la taille d'automne doit être préférée, tandis que, dans
le nord, on doit opter pour celle du printemps. Tel
cépage demande à être taillé de bonne heure, tel autre
tardivement. Le vigneron doit chercher à obtenir en
même temps la maturité des divers cépages qui composent sa vigne; il doit donc, par une taille intelligente,
avancer la maturité de certains plants, et retarder celle
des autres. A cet égard, Olivier de Serres s'exprime
ainsi : « Quant au temps de la taille, il sera limité
par le fonds de la vigne et espèces de ses complants,
selon l'adresse du planter. Si la vigne est assise en
coustau chaud, de terre maigre et sèche, et composée
de races ayant petite mouëlle, sera coupée le plus tôt
qu'on pourra, après que ses feuilles seront tombées;
au contraire, le plus tard, celle qui est posée en plate
campagne, de terre grasse, humide et froide, fournie
de complant de grosse mouëlle; et où qu'elle soit assise, ni de quelles espèces complantées, toujours on
choisira un beau jour pour la tailler, non importuné
de froidures, ni d'humidités. C'est pourquoi en un
endroit faudra mettre la serpe devant l'hiver, et en

l'autre, après ; le plus tôt est limité au mois d'octobre le plus tard en celui de mars. Ceci est tout assuré que la taille primitive cause abondance de bois aux vignes, et la tardive, au contraire, n'en fait produire que bien peu. »

Vers le nord, les froids sont souvent si rigoureux, que leur action nuisible se fait sentir sur le point de section des sarments coupés avant l'hiver, et les altère profondément en tout ou en partie. De plus, cette taille précoce ayant pour résultat de développer plus hâtivement les bourgeons conservés, expose la récolte de la vigne à toutes les rigueurs des gelées printanières, qui ne sont que trop fréquentes dans ces contrées. Aussi devra-t-on recourir à la taille de printemps, en attendant pour tailler, que les bourgeons soient adultes. En dehors de cette condition, la vigne s'épuiserait bientôt. — Un moyen certain de reconnaître le moment le plus favorable, consiste à couper l'extrémité d'un sarment bien développé ; s'il ne pleure pas on peut procéder à la taille en toute sécurité. — Mais, la taille pratiquée en décembre ou janvier devra être préférée, partout où les hivers sont peu rigoureux, les gelées de printemps rares et peu intenses. Cette époque de taille sera également choisie pour les vieilles vignes, et pour celles qui ont peu de force, parce qu'il n'y aura pas perte de sève, qui, se concentrant en entier sur les bourgeons conservés, les développera vigoureusement. — Mais on ne doit jamais tailler qu'en mars ou avril les cépages vigoureux qui pourraient s'emporter en bois.

On comprend que la taille tardive ne puisse être employée dans toutes les circonstances où elle rendrait des services, à cause de l'étendue de certains vignobles et surtout de la rareté de la main d'œuvre. Aussi, son application doit en être réduite aux crûs les plus distingués, en même temps que les plus exposés aux gelées.

De plus le précepte légué par Olivier de Serres, « Plus tôt, plus de bois; plus tard, plus de fruit, » étant confirmé par la pratique de tous les temps, il est sage de commencer à tailler les vignes les plus faibles, et de terminer par les plus vigoureuses; puisque une taille hâtive doit nécessairement fortifier l'arbre, tandis que une taille tardive doit plus ou moins l'affaiblir, en provoquant chez lui une grande production.

Les vignobles du sud-ouest sont moins exposés que ceux du nord, de l'est et du centre de la France aux gelées tardives; dans la zône pyrénéenne il y a des jours, des semaines, des mois où l'élévation de la température pendant l'hiver peut imprimer un mouvement à la sève, et donner une sorte de réveil à la vigne; de là, un bois plutôt formé et mieux aouté; de là, des fruits plus mûrs, parce qu'ils ont eu plus de chaleur à leur disposition. Aussi, pensons-nous, pour tous ces motifs, qu'on doit appliquer dans nos contrées la taille d'hiver. Cependant, la vigne, après cette taille, subissant plus facilement les influences contraires de la gelée, ne parviendrait-on pas à remédier aux terribles conséquences de ce fléau, par l'application du procédé suivant, que nous trouvons dans le *Journal d'Agriculture pratique* :

Il s'agirait d'enlever à la vigne pendant l'hiver par une première taille préparatoire tout le bois mort, et tous les sarments surabondants ou inutiles, qui doivent disparaître à la dernière taille ; de ne laisser, en un mot, dans toute leur longueur que les sarments qui doivent fournir ou les branches à fruit, ou les branches à bois ou de remplacement. Puis, après l'hiver, quand les gelées ne sont plus à craindre, de faire la taille définitive sur les sarments conservés, taille qui serait très-rapidement exécutée. — Ce système offrirait de grands avantages, parce que dans le cas où les gelées tardives viendraient à se produire, on a garanti la récolte pour plusieurs jours. Les bourgeons élevés des sarments laissés dans toute leur longueur, seront moins accessibles à la gelée que ceux qui sont plus rapprochés de terre. Et, si une gelée a détruit ces derniers, on peut en garantir les supérieurs en les tenant dans une position verticale. De plus, les principes fructifères pouvant être atteints et désorganisés par le froid, comment connaitre et apprécier les effets de l'hiver, si l'on n'a pas permis aux bourgeons qui les renferment, de se développer suffisamment pour montrer leur fructification ; enfin, par ce mode de procéder, on peut, dans la seconde taille, conserver une quantité de raisins proportionnelle à la force du cep, puisque la vigne montre ses fruits au premier épanouissement de ses bourgeons.

On ne peut pas dire que, en procédant comme nous le conseillons, on se mette d'une façon certaine à l'abri de toute gelée ; mais du moins, par cette taille, le

vigneron se donne toutes les chances que lui fournissent
la physiologie de la vigne et le climat sous lequel il
opère, de conserver sa récolte.

Instruments. — Dans certaines parties de la France,
on se sert encore pour la taille, ou d'une serpe dont
la forme varie selon les divers pays, ou d'une serpette;
et cela, selon que le bois est plus ou moins épais;
mais partout où la culture se perfectionne, ces instruments primitifs disparaissent devant le sécateur qui a
été créé, il y a environ un siècle, par le marquis
Bertrand de Molleville. Nous ne décrirons pas cet instrument qui se trouve aujourd'hui dans toutes les
mains; nous dirons seulement qu'en ce qui regarde
la taille de la vigne, des essais comparatifs, renou-
velés plusieurs fois, ont établi une supériorité bien
marquée en faveur du sécateur sur tous les autres
outils. Il a l'avantage de ne pas fatiguer le vigneron
tout en expédiant beaucoup de travail; de permettre
d'atteindre bien des points que les autres instruments
ne peuvent toucher à cause de leurs formes; enfin,
de pouvoir être manié par tout le monde facilement,
et sans danger. On a bien dit qu'il écrasait un peu le
sarment, et que sa coupe n'était pas aussi nette que
celle faite par la serpe. Mais pour éviter ces inconvénients, rachetés et au-delà par les avantages qu'il
procure, il faut le tenir bien tranchant; il faut que sa
lame soit cintrée et bien aiguisée; du reste, la brisure
du sarment sera sans grande importance, si, comme
nous le conseillons plus bas, on a soin de le couper
immédiatement au-dessous du bourgeon qu'on supprime.

Les sarments étant spongieux à cause de leur moëlle très-développée, il est prudent de conserver, lors de la taille, tout le pérythale, c'est-à-dire, toute la partie qui se trouve entre le bouton conservé et celui qu'on supprime. En observant cette règle posée par M. Trouillet, on met de son côté toutes les probabilités de garder intact le bourgeon du sarment conservé, qui, en dehors de cette condition, peut être facilement détruit. La coupe doit être faite en biseau et du côté opposé au bouton, afin que la vigne, au printemps, ne puisse, par ses pleurs, atteindre et altérer ce bouton. Les ceps ou les parties de ceps que l'on veut supprimer doivent aussi être taillés en biseau, et de façon à ce que la section soit rapprochée de la ramification conservée, ou du tronc.

Les blessures faites par la taille à la vigne se cicatrisent lentement. Aussi, est-ce d'une bonne pratique de recouvrir ces blessures, soit avec l'onguent de St-Fiacre, soit avec la cire à greffer; il serait bon que les vignerons eûssent avec eux, pendant la saison de la taille, une bonne provision d'onguent de St-Fiacre, qui leur servirait aussi à boucher les trous qui peuvent pendant l'hiver servir de refuge aux insectes.

Formes de la souche. — Ces formes varient selon les circonstances locales ou climatériques, et selon le mode de végétation des variétés cultivées; nous avons déjà étudié, dans le chapitre de la plantation, l'avantage qu'il y avait à ce que chaque cep fut maintenu sur souche, les proportions qu'il convenait de lui donner, et l'élévation qu'on devait lui laisser prendre. Nous avons

essayé de caractériser la vigne basse, moyenne et haute ;
quelques mots cependant sur certaines habitudes locales,
et sur les modifications qu'elles devraient subir.

Le mode de culture de la Champagne se caractérise
par le provignage, qui s'effectue chaque année, des pampres qui ont donné la récolte. Ce système, qui a pour
conséquence de faire naître sous terre un véritable
collier de racines, ne doit pas être imité si l'on recherche la qualité et même la quantité des produits. Nous
ne pouvons que renvoyer, en ce qui le regarde, à ce
qui a été déjà dit au paragraphe du provignage sur ce
mode de culture.

Dans les vignes les plus renommées du Médoc, on a
adopté une culture et l'on donne à l'arbrisseau une
forme, offrant de sérieux avantages. La vigne, élevée
sur une tige verticale de moins de 20 centimètres, se
divise en deux bras qui s'inclinent vers la terre, et qui
portent à leur extrémité le sarment fructifère ; ce dernier est accolé soit à une traverse, soit à de petits
piquets fichés dans les lignes. M. Dubreuil, dans son
excellent ouvrage sur la vigne, conseille de supprimer
l'un des bras, parqu'en agissant ainsi, on augmenterait
la vigueur du sarment fructifère au profit de la production, et l'on pourrait le charger plus ou moins
selon la force du cep.

Cette forme pourrait être donnée dans le sud-ouest
aux vignes basses, chez lesquelles une culture défectueuse a fait naître de longs bras qui gênent les travaux, sans accroître la production. Il faudrait pour
cela enlever les cornes ou bras, et tailler les branches

de remplacement qui se produiraient, de façon à pouvoir les étendre sur une ligne en regard du midi, en ayant soin d'attacher les branches à fruit et à bois, à de petits échalas plantés sur cette ligne. Cette direction donnée à la vigne, qui permettrait l'emploi de la charrue, et par suite la substitution des machines aux bras, aurait aussi pour conséquence une maturation complète et précoce, qui donnerait aux vins des qualités qu'ils ne peuvent avoir avec les procédés généralement employés.

Dans les vignes en treille des côteaux de Jurançon, on donne à la plante une disposition analogue, en laissant toutefois le cep plus élevé et les bras plus longs. Mais les branches fructifères, soutenues par de nombreux échalas, nécessitent une dépense considérable pour ce soutènement. De plus, les bourgeons accolés à des perches trop élevées, font naître leurs fruits à des hauteurs très éloignées de la terre, et, par suite, en dehors de son action de maturation. Enfin, la charrue serait gênée par les nombreux supports et les traverses réclamés par ce mode de culture. On devrait substituer le mode bordelais qui vient d'être indiqué, le cep sur souche à deux bras étendus en face du midi, sur lesquels on ménagerait les récoltes annuelles, par la taille. Si la vigne était vigoureuse et jeune, on pourrait encore, en lui donnant plus de hauteur, lui laisser quatre bras ayant la même direction, les deux derniers superposés aux deux premiers, que l'on traiterait de même que ceux dont nous venons de parler. Enfin, avec ces deux formes, on peut substituer le fil de fer

26

galvanisé aux échalas, ce qui ne manque pas de constituer une notable économie.

Sur quelques points des bords du Rhône, pour pouvoir utiliser les parties escarpées des rochers , contenant un peu de terre végétale, on fait des fosses circu-
laires de deux mètres de diamètre, et de 0,70 de profondeur. A l'entour de cette fosse sont plantées de
jeunes vignes qui sont soutenues par des échalas, qui
sont reliés entr'eux vers leur partie supérieure. C'est
sur ces perches ainsi disposées que s'attachent les sarments fructifères. Cette disposition a l'inconvénient
d'éloigner du sol les raisins, et de rejeter la sève vers
le sommet, ce qui nécessite, après un certain temps,
la replantation, le recépage ou le renouvellement par
le provignage. Il serait plus avantageux d'appliquer les
deux procédés indiqués plus haut, ou de former ces
vignes en petites treilles, auxquelles on laisserait plusieurs bras et que soutiendraient des échalas. — Ce
mode de plantation pourrait être économiquement employé sur quelques coteaux du littoral pyrénéen, dans
des parties qui n'ont que quelques mètres de terre
végétale, entourées de rochers qui affleurent le sol.

Dans l'Aunis, dans la Charente-Inférieure, où l'on
ne cultive que les plants abondants, la charpente de
l'arbrisseau se compose presque exclusivement d'une
tête aplatie contre le sol et ayant un grand diamètre.
Elle produit chaque année de nombreux sarments qui
rampent sur le sol et qui le couvrent bientôt en
entier. Là, les raisins traînant sur la terre pourrissent
ou mûrissent mal. Là, la culture est difficile, et, à une

époque un peu avancée, elle devient impossible. Là, enfin, le soufrage ne peut s'effectuer d'une façon normale et sans occasionner de grands dégâts. A cette forme ne devrait-on pas préférer les deux modes de culture plus haut indiqués, qui, sous le rapport économique et productif, offriraient de si nombreux avantages.

Constitution de la souche. — Parmi les variétés cultivées, il en est qui se développent avec une très-grande vigueur; d'autres, au contraire, qui affectent des formes beaucoup plus restreintes. Parmi les premières, on peut classer les tannats, les folles, les plants du midi; parmi les secondes se montrent les bouchys, les arrouyats, les plants fins de la Bourgogne. La dimension à donner à la charpente doit donc être proportionnée au mode de végétation de chaque variété.

Les races grosses et communes doivent être dressées sur souches basses, à deux, trois ou quatre bras, portant chacun un ou deux coursons, à deux, trois, quatre yeux au plus.

Voici un très-bon traitement à faire suivre aux plants communs, qu'on désire conduire sans échalas. L'année qui suit la mise en terre, le plant est pourvu de un à deux sarments, plus ou moins forts, selon les soins donnés à la plantation, et l'excellence du terrain; à l'hiver ou au premier printemps, on les supprime excepté le plus fort, que l'on taille à un œil, et à deux yeux s'il est très développé. Cette taille a pour but de préparer une charpente vigoureuse. L'hiver de la seconde année, les vignes qui ont été taillées à un œil présentent une tige très vivace, et celles qui ont été taillées à deux yeux offrent deux beaux sarments; dans le premier cas, on taille à deux yeux, et dans le second, on taille à deux yeux chacune des deux branches; pour la troisième année, le cep le plus faible offre deux sarments que l'on taille à deux yeux, et le cep le plus fort, en offre quatre que l'on peut conserver en les taillant à un œil chacun, de façon à avoir quatre fortes tiges qui serviront de bras ou de cornes, et à l'extrémité desquelles on ménagera chaque année les boutons fructifères; appliqué avec intelligence à des plants communs et abondants, ce procédé peut dispenser d'échalas, et conduire à des rendements considérables. — On peut porter le nombre des bras à six et même à huit; et, lorsqu'ils sont trop longs ou trop vieux, ou qu'ils ont reçu quelques lésions ou quelques blessures, on profite de la présence d'un sarment sur le vieux bois pour les remplacer; il faut abattre le bras qu'on veut supprimer, aussi près que possible du tronc vertical.

Si l'on veut donner aux cépages grossiers la forme en treille à quatre bras, on taille la seconde année, de façon à ne conserver qu'un sarment, auquel on laisse trois yeux; trois tiges sortent de ces yeux, qui sont taillées, les deux inférieures à 15 ou 20 centimètres, et abaissées de chaque côté, tandis que la troisième est taillée à 12 centimètres environ. On ne laisse à cette dernière que les deux bourgeons supérieurs que l'on traite l'année suivante, comme on a traité les tiges inférieures, et l'on a ainsi les quatre bras sur lesquel la taille annuelle des pampres fructifères fait développer la récolte. — Comme dans le cas précédent, dès que l'un des bras dépasse une longueur convenable, on le raccourcit, on le supprime, en le remplaçant par un sarment, dont on a provoqué la naissance sur le vieux bois, en inclinant les branches-mères.

Pour les treilles à deux bras ou à un seul bras, on doit se laisser diriger par les mêmes principes, en ménageant leur création par la taille à deux ans, soit à deux yeux, soit à un œil.

Les plants fins doivent être conduits de la même façon dans leur enfance. — La première taille d'une vigne nouvellement plantée, n'offre donc aucune difficulté, n'entraîne aucun embarras; il ne faut que conserver un œil à la plus belle tige qu'a poussée le sarment, en abattant tout le reste. La seconde année on conservera deux yeux sur la pousse produite par l'œil conservé, et l'année suivante présentera deux tiges qu'on taillera à un œil chacune, de façon à préparer la charpente, ainsi que les branches à fruit ou de remplacement, sur lesquelles sera assise la taille que l'on voudra appliquer dans l'avenir.

En résumé, dans toute plantation, la taille sur un seul sarment à un ou deux yeux, doit être appliquée à la vigne les deux ou trois premières années de son existence. Par ce procédé, on forme une bonne et belle souche sur laquelle on pourra baser un long et riche avenir.

On peut aussi, après la première année de la plantation, incliner vers la terre, sans les tailler, les petits sarments émis par la jeune vigne ; cette inclinaison fortifie le cep, qui reçoit toute la sève attirée par l'appareil foliacé, qui exécute à son profit sa double fonction d'organe excitateur et d'organe alimentant la vitalité. On comprend que l'élément séveux tendant toujours à suivre la ligne verticale, est arrêté dans son élan et rejeté vers la tige qui doit former la charpente ; et il est aujourd'hui reconnu que plus l'inclinaison est grande, moins se développe la végétation des extrémités courbées, et plus s'alimente le cep ou les bourgeons qui l'avoisinent.

Comme on vient de le voir, quand on veut former la tige, la taille doit s'effectuer sur le plus gros sarment. Mais il en est autrement lorsque la vigne est en rapport; car les sarments d'une médiocre grosseur sont les plus fructifères, tandis que les plus forts laissent facilement couler leurs fruits à floraison.

Selon le degré de vigueur végétative de la vigne, on pourra lui laisser vers la troisième ou quatrième année une tire, ployon ou verge qu'on taillera à dix ou douze yeux. Il faudra choisir le sarment le plus éloigné de terre et tailler le plus rapproché à deux yeux, afin de ne pas exhausser trop rapidement le pied. On inclinera la tête de la verge vers la terre en l'attachant au cep même ou à un échalas, selon le mode de culture. Si ce ploiement est bien fait, il naît du premier ou du second bouton une belle tige, à l'endroit où le ploiement du sarment arrête la sève.

Enfin, on doit toujours mettre à terre tous les bourgeons adventifs qui naissent sur la souche que l'on forme.

Quand le cep est trop élevé, s'il naît sur le vieux bois un bourgeon, (bourgeon qui est rarement fructifère), il faut rabattre la vigne sur ce bourgeon qui devient ainsi tête de cep. Ce procédé est excellent, en ce sens qu'il maintient la tige au point d'élévation que l'on désire, l'expérience montrant aussi que, par une taille courte, on provoque la sortie de bourgeons sur le vieux bois.

Vignes vieilles ou malades. — On doit donner les mêmes soins qu'aux jeunes vignes, à celles qui, à suite d'accidents, ont reçu des blessures dangereuses, ou à celles dont on veut prolonger l'existence qui menace de s'éteindre. Ordinairement, il se produit sur la tige même un sarment adventif ou gourmand, et s'il ne se produit pas, on peut toujours provoquer sa sortie par une faible incision, faite au dessus d'un des bourgeons à l'état latent, que tout vigneron attentif a observé sur chaque cep. Dans ce gourmand réside l'avenir du cep; taillé à un œil pendant deux ans, il deviendra tête de souche. Comme en le voit, ces jets adventifs, quoique d'abord stériles, doivent être conservés avec soin dans bien des circonstances; quand la vieillesse du cep fait une loi de cette mesure, quand la vigne a subi certains accidents, les meurtrissures de la grêle, les brisements de l'orage, quand la gelée a décomposé une partie du bois, quand les vers blancs ont attaqué et rongé la racine de la vigne, en un mot, quand cette dernière a dépéri pour une cause quelconque.

Taille annuelle et longueur du sarment conservé. —
Quelle longueur doit avoir le sarment conservé dans la
taille annuelle? Mais avant d'aborder cette question si
essentielle en viticulture, rappelons en peu de mots
quelques principes indispensables à sa solution.

La vigne ne donnant ses fruits que sur le bois de
l'année précédente, on doit effectuer la taille, de façon
à proportionner la récolte à la vigueur du cep, tout en
ménageant cette vigueur ; il faut donc tenir compte de
l'âge et de la force de la vigne, de la richesse du sol,
du genre de culture adoptée, enfin de la qualité du
cépage.

La vigne trop chargée s'épuise; taillée trop court,
elle ne produit que du bois.

Tout vigneron doit savoir que chaque œil porte deux
grappes, et que ces grappes sont d'autant plus belles
dans les plants fins, qu'elles sont plus éloignées de
l'origine de la tige qui les nourrit.

Enfin, le vigneron doit surtout éviter la confusion,
afin que les raisins soient insolés et aérés, et que le
cep ne produise que les fruits qu'il peut mûrir. Ces
principes rappelés, arrivons à la la question de longueur des sarments.

Il est acquis aujourd'hui en arboriculture, que la taille
courte provoque la naissance de branches vigoureuses ;
mais, que si l'on persiste dans cette taille, l'arbre s'étiole
dans ses racines, languit et meurt. La même loi est-
elle applicable à la vigne?

Il est hors de doute et de discussion que plus la
taille de la vigne est courte, à un œil par exemple,

plus cet œil croît vigoureusement et devient fort. Ce fait observé et admis par la pratique est d'accord avec les lois de la physiologie végétale. Mais bien que le développement des bourgeons soit en raison inverse de leur nombre, il est aussi certain que la végétation feuillée produite par un seul bourgeon, ne peut être égale à celle qui eût été fournie par quinze ou vingt bourgeons, s'ils n'avaient été supprimés. Ainsi, loin de fortifier le cep par une taille courte, on l'atteint annuellement dans sa vitalité, puisqu'on empêche l'accroissement du grand dispensateur alimentaire, l'appareil foliacé. De plus, la sève ascendante éprouve un retard, parce qu'elle n'est pas employée en entier; et cette sève, cherchant son utilisation, se fait jour à travers le vieux bois, et fait éclore des bourgeons inutiles ou stériles, qui doivent être supprimés; et, par suite, par la taille courte, on a détourné l'action de la sève qui ne sert plus au développement normal et progressif de l'arbrisseau.

Ainsi, sur une vigne qui est dans sa jeunesse et dans sa force, la taille à long bois a pour effet de transformer en fruits la sève qui n'aurait produit qu'un ligneux inutile, qu'il aurait fallu retrancher l'année suivante; et, sur les vignes vieilles ou épuisées, la taille à long bois augmente la surface de la végétation, provoque par suite un plus grand mouvement sèveux, et fournit, à l'aide d'un plus grand appareil foliacé, une nourriture plus riche à la faiblesse de la plante. Que de fois n'a-t-on pas donné une nouvelle vitalité à une vigne en la taillant à long bois, et ne l'a-t-on pas régénérée, en croyant l'épuiser, avant de l'arracher ; que de fois, depuis ce traitement, démentant toutes les prévisions, n'a-t-elle pas encore vécu cinquante ans, et fourni pendant tout ce temps d'abondantes et riches récoltes.

Cependant, il est aussi un principe qu'il ne faut pas oublier, c'est que toutes les vignes n'ont pas la même longévité, et que quelques plants, les grossiers en général, ont une arborescence très prompte à disparaître. Dans ces espèces, la taille à deux ou trois yeux sur deux ou trois bras maintient la vitalité, tout en conduisant à des récoltes de cent hectolitres à l'hectare et au delà. La taille longue, qui produirait une merveilleuse récolte sur ces plants pendant un an ou deux, les appauvrirait de telle façon, si elle était continuée, qu'ils ne donneraient bientôt ni bois, ni fruits ; leur vitalité se serait usée dans de trop luxuriantes récoltes.

La longueur de la taille doit donc être modifiée, selon les différentes variétés de la vigne, selon les climats, selon les terrains et les expositions. Ordinairement, il faut conserver un certain nombre de sarments, mais les tailler courts, quand on opère sur un plant commun qui a beaucoup de moëlle ; tandis qu'il faut n'appliquer la taille qu'à un petit nombre de brins qu'on laisse très longs, quand le bois de la vigne a peu de moëlle, que ses canaux en sont resserrés. Ordinairement, les espèces dont les nœuds sont très distants les uns des autres, demandent une taille longue, tandis qu'il faut appliquer la taille courte à celles dont les nœuds sont très rapprochés sur le sarment. Mais ce

ne sont pas là des règles absolues ; car il y a des espèces à nœuds rapprochés qui exigent la taille à longs
bois, pour pouvoir produire abondamment, et des fruits
de haute qualité. — Le vigneron devrait en quelque
sorte connaître chaque pied ; la végétation de l'un
doit être activée par une taille courte ; à l'autre, qui
possède une surabondance de vie, il faut une taille
longue, pour utiliser cette force qui pourrait emmener
l'improductivité ; il doit aussi tenir compte de l'âge et
de la faiblesse qu'il faut savoir stimuler, pour provoquer et produire une nouvelle vigueur.

Pour les espèces dont les productions mûrissent
difficilement, la taille courte est aussi préférable, parce
que le raisin que donnera une branche à fruit de un
mètre, ne sera jamais aussi complètement mûr que la
même quantité de fruits produits par plusieurs coursons rapprochés du cep, qu'on aura taillés à un ou
deux yeux.

La manière de tailler la vigne influerait aussi sur la
qualité du vin, s'il faut en croire M. le comte Odart,
qui rapporte que, plus on allonge la taille, plus la
récolte est abondante, mais aussi plus le vin perd de
sa qualité. Il cite comme exemple le pineau de Vouvray, Saumur et Angers qui donne d'excellent vin,
quand il est taillé à court bois, tandis qu'il n'en produit que de médiocre, quand on lui laisse une trop
longue branche à fruit. — M. Jaubert dit aussi à
l'occasion de la taille que : « Autrefois pour obtenir
des vins généreux capables de vieillir avec avantage,
on ne laissait sur chaque cep que trois à quatre têtes,

que l'on taillait à deux yeux. Aujourd'hui, on y laisse cinq, six et sept têtes que l'on taille à trois et même quatre yeux. » En Hongrie, à Tokai, les pieds sont maintenus à la hauteur de quinze à vingt centimètres, et après la taille la souche ressemble à une tête d'osier. Sur cette tête, on laisse un nombre de bras plus ou moins grand, selon la vigueur du cep; et chacun des coursons de ces bras est taillé à un ou deux yeux.

D'après ces faits, il y aurait donc des plants fins qui se conduisent bien à la taille courte. — Mais c'est là une exception. La généralité de ces cépages doit recevoir la taille longue pour produire d'abondantes récoltes et des vins de qualité supérieure.

Nous croyons que de tout temps on a laissé des branches à fruit sur les fins cépages; que cette opinion ne peut être controversée sérieusement; que c'est là une vérité incontestable qu'il est impossible d'ébranler. — Nous croyons que la *branche à fruit* ou *tire*, doit être prise sur un sarment de médiocre grosseur, et qu'il faut au contraire conserver le plus fort pour fournir les branches de remplacement. — Nous croyons enfin, qu'autant la taille longue est indispensable pour certains plants, tels que les bouchys, les pinauts, les courbuts femelles, autant elle est contraire à certains cépages qui, comme les folles et les plants-madames, produiront plus, sans s'épuiser, par la taille à court bois.

En résumé, la taille à longs bois est préférable pour les plants fins, tandis que la taille courte doit être appliquée aux plants communs; la pratique séculaire de la Moselle constate et assied ce principe.

Ainsi, pour la taille annuelle des sarments fructifères sur les plants communs et abondants, la charpente et les bras étant formés, on taille en courson,
à deux ou trois yeux, selon la vigueur des ceps; s'il
y a une grande force dans la vigne, on laisse un ou
deux longs sarments que l'on arque, et que l'on attache au bras même ou au cep; et la taille est la même
pour ces plants, soit que le pied soit tenu sur souche,
soit qu'il soit disposé en treille.

Ainsi, pour les plants fins, pour tous ceux qui
donnent les grands vins, pour ceux dont l'exubérance
séveuse va se jeter sur les bourgeons les plus éloignés
du tronc, la taille à longs bois doit être appliquée. On
suivra les principes posés par le docteur Guyot, de
façon à conserver pour les plants de force ordinaire,
une branche à fruit et une branche à bois; la première sera d'une longueur proportionnelle à la vigueur
de la vigne, la seconde sera taillée à deux yeux, qui
fourniront les sarments de remplacement de l'année
suivante; s'il y a une grande vigueur, on laissera
deux branches à fruit et deux branches à bois.

Aujourd'hui que l'éclectisme jouit d'une si grande
faveur, et reçoit partout un si bienveillant accueil,
pourquoi ne s'introduirait-il pas aussi dans la viticulture? Pourquoi continuer à se passionner aveuglément pour tel système ou pour tel autre, pour le
système Guyot ou pour le système Trouillet, et rejeter systématiquement tout ce qui est en dehors de
lui. Il y a du bon dans tous les systèmes, et la viticulture est avant tout une science d'observation et de

faits ; ce sont ces derniers qu'il faut rechercher et
étudier partout et avec soin. Or, c'est un mauvais
instrument d'optique pour ces observations, que l'enthousiasme qui s'empare des hommes et les entraîne
loin du but qu'ils veulent atteindre. Ils ne voient plus
les choses telles qu'elles sont, et la passion se substitue à la raison. La vérité disparaît devant le rêve, et
bientôt les faits eux-mêmes se modifient, pour venir
en aide au système qui les domine. — Loin de nous la
pensée de rejeter l'enthousiasme, et de nier les services
qu'il a rendus surtout en viticulture; mais nous disons
que ce feu qui enflamme le dévoûment et réveille l'inspiration, n'est utile que pour l'accomplissement des
grandes tâches, par exemple, comme l'a fait le docteur
Guyot, pour l'impulsion à imprimer à toute une nation.

Inclinaison de la branche à fruit. — Quand la nature
du plant et son mode de végétation ou de culture,
exigent de longues tires ou branches à fruit; il est
d'une sage pratique de les attacher de bonne heure, en
les courbant avant toute évolution de sève; sans cette
précaution, la sève envahit rapidement les boutons
supérieurs, et ne s'arrête pas aux inférieurs qui peuvent
avorter ou rester infertiles. — L'arcure de la branche
à fruit pousse à la fructification, et paralyse la tendance naturelle qu'a la vigne, de lancer sa sève vers
les bourgeons extrêmes de ses sarments. — Nous venons
de dire que la courbure de la branche à fruit devait
être faite de bonne heure, et cela est indispensable;
car si l'on attendait que la sève eût reçu de la chaleur une trop vive impulsion, outre le danger qu'on

courrait de casser la tige en la ployant, l'arcure tardive pourrait avoir pour résultat, de ne mettre qu'une
nourriture insuffisante à la disposition des bourgeons
inférieurs, qui ne produiraient que des sarments faibles
et de peu d'avenir. A Jurançon, on n'admet qu'exceptionnellement des branches à bois; chaque long sarment courbé et abaissé fournit à son premier ou deuxième bouton, la tige de remplacement; on comprend
facilement que la taille de l'année suivante pourrait
mieux s'effectuer sur ces bourgeons, si ceux qui sont
éloignés du cep étaient pincés, de façon à envoyer aux
plus rapprochés, pour former du ligneux, une sève
surabondante et inutile.

Il serait aussi très avantageux, comme on le pratique dans cette dernière localité, de faire subir au sarment fructifère plusieurs courbes, en l'enroulant soit
autour du support en bois qui sert à l'accolage, soit
autour du fil de fer qui le remplace; parce que ces
courbes successives, modérant l'action de la sève, l'empêchent de s'emporter et de courir d'abord à l'extrémité du sarment, d'y nourrir quelquefois avec surabondance les bourgeons extrêmes, et cela, au grand détriment des bourgeons les plus rapprochés du cep.

Il y a aussi un système qui consiste à courber la
branche à fruit et à la piquer en terre, en lui faisant
former, dans cette inclinaison, un arc de cercle plus ou
moins prononcé. On pince tous les bourgeons qui se
sont développés sur la branche piquée en terre, et la
branche de remplacement est maintenue verticale au
moyen d'un échalas qui soutient aussi le cep. On a

soin d'enlever tous les bourgeons de la partie enterrée, afin qu'elle ne pousse pas de racines. C'est là
un des meilleurs systèmes connus, des plus simples,
des plus économiques, et qui, avec les vignes sur
souche basse, doit conduire dans la zône pyrénéenne à
des résultats certains, sous le rapport de l'économie de
dépenses, comme sous le rapport de la qualité du vin
à produire.

Système Guyot. — Dans une polémique entre M. Aylies, conseiller à la Cour de cassation, et le docteur
Guyot, le premier caractérise ainsi le système du docteur : « Il est parvenu à fondre, dit-il, des pratiques
diverses, accidentelles, éparses, incomplètes, fruit du
hasard, ou résultat de quelques instincts heureux,
dans une coordination systématique, qui se suffit plei-
nement, et aboutit ainsi, grâce à une vulgarisation facile
et attrayante, à une innovation féconde au plus haut
degré. » Dans cette polémique, cependant, M. Aylies
avait accepté la mission de défendre un prétendu système Hooibrenk, emprunté au système Guyot, mission
difficile, comme nous le montrerons bientôt ; et, par
suite, on ne peut accuser ses paroles de partialité.

L'immense service rendu par le docteur Guyot, c'est
d'avoir réveillé le progrès en viticulture, et d'avoir
élevé à la hauteur de lois, des méthodes empiriques,
pratiquées çà et là et au hasard par une profonde ignorance, qui ne pouvait ni ne savait se rendre compte
des résultats ; c'est d'avoir dégagé ces pratiques de
toutes les erreurs qui en voilaient l'excellence, et d'en
avoir formé un système complet, applicable à toutes

les contrées viticoles de la France. Là est la cause de la reconnaissance qu'on doit à M. Guyot, et aussi, parce que rien n'a pu le décourager ni l'abattre, et qu'on ne peut comparer son zèle de tous les moments, qu'à son savoir et à sa haute intelligence. M. Jules Guyot ne prétend pas que son système soit une innovation ; mais en propageant, en vulgarisant des pratiques rationnelles et éprouvées, en les réunissant, en en formant un faisceau, en les présentant sous la forme la plus attrayante, il a rendu d'immenses services à la viticulture française à laquelle il a consacré ses études et sa vie.

Nous ne ferons qu'un résumé très sommaire des principes sur lesquels s'appuie le système Guyot, parce que ces principes se trouvent expliqués et commentés à chaque page de son livre, et que l'ouvrage du maître est, ou doit être dans toutes les mains.

La vigne veut être plantée et maintenue sur souche basse, à un mètre de distance au moins dans tous sens, et elle ne doit jamais être provignée.

Dès que le cep est adulte, il doit porter chaque année une branche à fruit et une branche à bois. Chacune des pousses de la branche à fruit doit être pincée au dessus de la sixième feuille. La branche à bois ne doit jamais être pincée.

La branche à fruit doit être attachée horizontalement près de terre. La branche à bois doit élever ses pampres verticalement ; elle doit être accolée à un échalas, qui se trouve contre le cep et le supporte.

La branche à fruit doit avoir un mètre de longueur,

27

ou moins, selon la vigueur de la vigne; elle doit tomber en entier tous les ans à la taille sèche; la branche à bois qui a été taillée à deux yeux, va produire deux sarments, dont l'un couché horizontalement formera la branche à fruit de l'année suivante, tandis que le second, taillé à deux yeux, donnera pour la même année, les deux sarments de remplacement sur lesquels va s'asseoir la même taille.

Rien de plus simple, de plus facile, et de plus remarquable dans les résultats produits.

La taille Guyot a cet immense avantage, qu'une femme, qu'un enfant peuvent l'exécuter, après quelques instants de démonstration; il ne peut, en effet, y avoir de difficultés à laisser sur chaque souche deux bons sarments; à tailler l'un, le plus rapproché de terre, à deux yeux; à attacher, verticalement et sans les pincer, les deux pampres que ces yeux vont faire naître, à l'échalas qui accompagne la vigne; à tailler longuement le second sarment et à le coucher horizontalement; et à pincer tous les pampres éclos de ces bourgeons, au-dessus du fruit conservé; ce système de taille est simple, rationnel, théoriquement vrai, et la pratique séculaire de Jurançon le consacre.

Les longs bois attireraient à eux toute la sève, et une sève surabondante; ils finiraient par tuer le cep, si l'on ne les inclinait de façon à ce que la sève ascendante, arrêtée dans son essor par ce ploiement, se jette sur les branches verticales, qui sont l'avenir, qui doivent fournir le bois de l'année suivante; on aide aussi à ce résultat, par le pincement des boutons fructifères, pincement qui, refoulant la sève, nourrit mieux les raisins, pendant que les parties verticales qui ne sont pas pincées, profitent de la surabondance séveuse, et fournissent de beaux bois de remplacement; par la suppression des bourgeons stériles; enfin, par le rognage, qui permet d'harmoniser une belle production fructifère avec un ample développement ligneux.

Si l'inclinaison n'est pas assez forte, les boutons de l'extrémité supérieure se chargent de sève, et souvent le fruit coule par excès de végétation; si elle est trop forte, les bourgeons qui se trouvent avant la courbe subissent le même sort, faute d'une suffisante nourriture; ce sont ces deux dangers qu'a voulu éviter le docteur Guyot, en donnant à sa branche à fruit la direction horizontale.

D'après le même système, l'engrais doit être donné à chaque cep, en raison directe des produits qu'on veut en obtenir, et en raison inverse de la richesse du sol.

Chaque cep pouvant étendre ses racines dans un mètre carré, peut et doit produire seize grappes sur la branche à fruit, et quatre sur la branche de remplacement; et cela, en maintenant sa force végétative, et sans nuire aux ceps voisins.

Les pampres doivent être attachés en ligne, rognés et ébourgeonnés trois fois par an; aucune herbe, aucun végétal ne doit disputer sa nourriture à la vigne. Aussi, pour atteindre ce but, les cultures superficielles doivent y être nombreuses; quant aux cultures profondes, elles doivent être rares.

Enfin, il faut surtout planter et multiplier les fins cépages, qui doivent donner d'aussi abondantes récoltes par ce système que les plants les plus productifs, et produire les grands vins de France.

Quant à ce que l'on peut appeler la taille verte, elle est très-simple et de la plus facile exécution; elle se base sur les principes les plus certains. — Arrêter toute production de bois sur la branche à fruit, en pinçant l'extrémité du sarment à la seconde feuille au-dessus du dernier raisin; et par cette façon, rejeter la sève sur les fruits qui, mieux nourris, donneront de meilleurs produits, et des produits plus mûrs.— Aider à l'expansion de la branche à bois, en la tenant verticale, et mettant ainsi à sa portée l'exubérence séveuse, sans la pincer ni la rogner, jusqu'à ce qu'elle ait dépassé l'échalas qui la supporte. — Enfin, autant sur la branche à bois que sur la branche à fruit, épamprer, enlever tout gourmand ou toute tige qui ne peut être d'aucune utilité, ou pour la récolte de l'année, ou pour la taille de l'année suivante, et qui absorberait à son profit et au grand détriment de l'arbuste et de la production, une sève que le système Guyot utilise très-fructueusement.

La nature ayant pourvu la vigne d'organes qui peuvent la soulever, et avec l'aide desquels elle peut se suspendre, pour garantir ses fruits du contact de la terre qui les altèrerait, le palissage devient une condition de sa prospérité; le palissage en ligne est le meilleur. Le docteur Guyot conseille d'employer 20,000 échalas; 10,000 d'assez forts pour y attacher la branche à bois ; 10,000 de petits qui recevront un fil de fer galvanisé, sur lequel on couchera la branche à fruit.

M. Guyot prouve encore d'une façon victorieuse que, traitée d'après son système, la vigne est la plante providentielle par excellence, qu'elle seule, parmi toutes les autres qui sont l'objet des cultures de la France, a une puissance essentiellement colonisatrice et civilisatrice.

Enfin, le traité de la vigne par M. Guyot est plein d'observations précieuses, et les principes sur lesquels il s'appuie, seront, pour la plupart, éternellement vrais, comme la nature elle-même, dans l'étude de laquelle il les a puisés.

Dans le Puy-du-Dôme, de temps immémorial, la taille usitée est la taille Guyot, branche à bois, branche à fruit ; il en est de même dans le vignoble de Xérès, en Espagne, à la seule différence que sur les ceps excessivement vigoureux on laisse deux ou trois branches à bois ; la branche à fruit est ordinairement de la longueur de un mètre. A Xérès, on est bien certain que cette taille qu'ils appellent *épée et dague*, n'épuise pas la vigne.

Système Trouillet. — Après avoir fumé la terre sur laquelle il veut asseoir une vigne, soit avec des engrais décomposés, soit avec des boues de ville, M. Trouillet examine le sous-sol : dans le cas où il est impropre à la végétation, il ne l'entame pas ; dans le cas contraire, il défonce à 0,50 ou 0,60 ; par ce défoncement, il mélange ensemble le sous-sol, la couche superficielle et l'engrais, de façon à faire une terre égale en qualités dans toutes ses parties; car dans la vigne, dit-il avec beaucoup de raison, les racines qui fournissent la nourriture à la plante, sont à la fois traçantes et pivotantes. Aussi, est-ce là une préparation de terre qu'on ne saurait trop recommander.

Les crossettes doivent être prises sur des vignes vigoureuses de quatre à dix ans, et ayant porté l'année même des grappes saines et belles. On doit les marquer aux vendanges d'une façon quelconque, pour les bien distinguer à la taille. — Après la chute des feuilles, on enlève toutes les crossettes, en laissant à leur base un peu du bois de deux ans; puis, avec une bonne serpette, on détache le sarment, du bois de l'année précédente; mais en lui conservant la partie composant son insertion sur la tige, une sorte de bourrelet qui ne doit recevoir aucune meurtrissure. Le plant ainsi préparé, la racine doit se développer rapidement à la base, et M. Trouillet préfère cette crossette au chapon; d'abord, parce qu'elle a à son talon une partie boisée non moëlleuse, une sorte de cloison qui a des points radiculaires à l'état d'embryon, ensuite, parce que cette partie boisée garantit la moëlle de la tige, de tout accident.

La première année de la plantation, si plusieurs rameaux se développent sur le même pied, M. Trouillet conseille l'ébourgeonnage, de façon à n'en laisser qu'un qui est pincé à quinze centimètres du sol. La seconde année, on taille à deux yeux; et on choisit, sur les deux rameaux qui sortent, le plus vigoureux pour en former la tige; ce rameau est pincé, ainsi que les contre-bourgeons qui se développent. Quant au second rameau, il est abattu. — Lors de la taille sur le rameau conservé, on coupe le plus près possible de ce rameau tous les faux-bourgeons qui se sont produits, en ayant soin de ne pas endommager l'œil qui est à leur base. Tous ces yeux, depuis le sol jusqu'au sommet de la tige, vont se développer au moment de la végétation; et, au lieu d'abattre ces productions par l'ébourgeonnement ou l'épamprement, et ne laisser ainsi que deux rameaux au sommet de la tige, on leur permet de croître, en ayant soin de les pincer à trois ou quatre feuilles; les productions du sommet sont traitées de même. — La troisième année, on taille les deux rameaux du sommet à deux yeux, en ayant soin de laisser presque un mérythalle ou intervalle d'un œil à l'autre, au dessus du dernier œil conservé. Ce mérythalle empêche la vigne de pleurer, et la soustrait en partie aux effets désastreux de la gelée. Pour les rameaux qui, l'année précédente, ont été laissés sur la tige depuis le sol jusqu'au sommet, on les abat le plus près possible du tronc; et s'il se développe de nouveau de petits rameaux sur lui, on les ébourgeonne, mais seulement quand la fleur commence. — La quatrième année, au moment de la taille, il faut débarrasser la tige de tous les bourgeons, faux-bourgeons, rameaux qui se sont produits sur elle. Puis, la tête du cep devant former comme une coupe évasée, on taille les quatre rameaux à deux yeux. Au printemps, au moment de la végétation, il faut ne pincer que lorsque les tiges ont développé leurs grappes; quinze jours après le premier pincement, quand la fleur commence, on fait l'ébourgeonnement ; quinze jours environ après cette opération, il faut pincer de nouveau. Si la vigne a beaucoup de vigueur, un troisième pincement est nécessaire. Enfin, il faut couper tous les faux-bourgeons qui se sont développés, à suite des divers pincements déjà mentionnés.

Quand la vigne est en rapport, le système se caractérise par le pincement. Aussitôt que les grappes ont paru, M. Trouillet pince chaque jet à une feuille ou deux au-dessus du dernier raisin, en ayant soin de conserver la feuille tendre et petite, qui se trouve immédiatement au-dessous du pincement. Car, elle a pour mission, en se développant, d'attirer et de maintenir la sève dans les pousses de l'année, et cela à leur grand profit. Après cette opération fondamentale, il attend l'apparition de la fleur, pour opérer l'épamprage; alors sont abattues toutes les branches inutiles. Mais M. Trouillet conserve celles sur lesquelles se trouvent de beaux raisins, en ayant soin de les pincer sévèrement. — Quinze jours après l'épamprage, M. Trouillet pince les faux bourgeons. Ce pincement se fait à quatre ou cinq feuilles ; il pince également le sommet de la tige. Un troisième pincement est nécessaire dans les vignes vigoureuses, et doit s'exécuter comme le second. Enfin, quand le raisin commence à mûrir, il coupe les pousses au-dessus de la deuxième ou troisième feuille, opération qui a pour but de faire tourner une grande quantité de sève au profit du raisin, de lui donner de l'air, et de hâter sa maturité.

Dans ce système, il faut surtout éviter la confusion;

si l'un des bras ou l'une des branches charpentières
s'élèvent ou s'allongent trop rapidement, on profite de
la présence d'un bourgeon adventif sur le vieux bois,
bourgeon qui est inévitablement provoqué par les nombreux pincements appliqués à la vigne, pour en faire
le nouveau bras, asseoir sur lui la taille, et pouvoir
abattre la branche charpentière qui s'est trop développée en longueur,

Le système de M. Trouillet consiste surtout à pincer,
à mesure qu'ils se développent, tous les bourgeons, à
deux feuilles au-dessus de la dernière grappe. En agissant ainsi, on rapproche le raisin du cep et de la
souche, et on peut se passer de tuteurs. On doit toujours tailler sur courson et court. — Ce système, déjà
appliqué en grand, peut produire de très-bons résultats,
lorsqu'il s'adresse à certains plants communs, tels que
les folles et les gamets ; mais il peut conduire à la stérilité la plus absolue, les plants fins comme les bouchy
ou les pinots, qui ne donnent leur fruit que sur le
milieu ou à l'extrémité des sarments. D'après ce système, et au moyen du pincement, on en arrive à faire
ressembler les vignes à de petits arbres nains.

M. Trouillet a été jugé sévèrement par les enthou-
siastes d'un système opposé. Mais ils n'ont pu mé-
connaître les services qu'il a rendus au pays, et faire
abstraction des droits que ces services confèrent. Il
faut accueillir avec faveur le résultat des efforts de ces
hommes pratiques, qui en consacrant leurs veilles à
la viticulture, la dégagent de l'empirisme qui l'a dirigée jusqu'à nos jours, et tendent à la faire arriver à
l'état de science positive.

Système Hooibrenk. — M. Daniel Hooibrenk s'est fait breveter pour un système perfectionné de la culture de la vigne ; et il avait eu l'espoir de rendre la France viticole sa tributaire, puisque, dans une brochure publiée à Vienne, M. Hooibrenk disait, entr'autres faits curieux « qu'il était résolu à ne permettre l'usage de sa culture privilégiée de la vigne, qu'à ceux à qui il aurait vendu le droit de s'en servir. » Et ses prétentions s'étendaient sur l'Autriche, l'Italie et la France. Or, quel est ce système ? C'est, principes et taille , ce que le docteur Guyot nous avait appris longtemps avant lui, sans prendre de brevet ; ce qui est appliqué en France de temps immémorial.

M. Forest, professeur d'arboriculture, a parfaitement caractérisé le système Hooibrenk en disant de lui : « Ce n'est pas une méthode, c'est une naïveté. » Ce système n'est, en effet, basé que sur une remarque faite de temps immémorial, à savoir, que les branches abaissées font éclore tous leurs bourgeons, tandis que celles qu'on laisse verticales, ne développent souvent que les bourgeons de leur extrémité. Sur cette observation, M. Hooibrenk s'est mis à tout incliner vers la terre, la vigne, les plantes d'ornement, les arbustes et même les plantes potagères.

Si M. Hooibrenk était venu sur les coteaux de Jurançon, il aurait vu que la tire, ou la branche à fruit est inclinée, de façon à produire plus de fruits, et à faire naître sur les bourgeons les plus rapprochés de la tige la branche de remplacement, et cela, depuis un temps immémorial.

CHAPITRE SEPTIÈME

FAÇONS ET SOUTIENS DE LA VIGNE.

§ 1er.

LABOURS ET BINAGES.

But des labours. — La propreté du sol où végète la vigne, est une des conditions essentielles de sa riche production, comme aussi de la maturation de ses fruits. Toutes les herbes doivent disparaître ; et il faut multiplier les façons ou les binages, jusqu'à ce qu'on ait obtenu ce résultat, parce qu'elles privent la vigne de chaleur, en conservant au sol une humidité nuisible à cette plante, et qu'elles empêchent l'aération et l'insolation de la terre dans laquelle on la cultive.

Les labours sont indispensables à la vigne ; ils divisent la terre, la rendent perméable, et la prédisposent à s'imprégner des éléments fertilisants que fournit l'atmosphère, comme de ceux que charrient les pluies et les neiges. — Par des façons multipliées, on soustrait le sol aux effets désastreux de la sécheresse d'été. — Enfin, son ameublissement favorise la multiplication du chevelu, en lui permettant de s'étendre à de plus grandes distances.

Trois labours ou binages paraissent être nécessaires à la vigne, et assurer sa pleine fécondité.

Trop de labours, ou des labours donnés à contretemps ou mal à propos, peuvent nuire à la vigne, et l'on a souvent attribué à d'autres causes des préjudices qu'eux seuls avaient causés.

Les façons à plat sont les meilleures, parce que la terre est rapidement ressuyée, et par suite moins exposée aux froids qui arrivent à cette époque. Le labourage à grosses mottes, entre les rangées des ceps, creuse une sorte de fossé dont la vigne occupe le fond, et qui, toujours humide, attire la gelée.

En un mot, le but de tout labourage consiste : 1° à diviser le sol, pour qu'il devienne plus accessible aux racines des vignes qu'on lui confie, de façon à ce que, rencontrant moins d'obstacles et de résistance, elles s'étendent plus facilement et plus loin; 2° à procurer un plus libre passage aux matières fécondantes de l'atmosphère, aux pluies, aux neiges, aux rosées, au calorique et à l'air; 3° enfin, à nettoyer le sol de toute espèce d'herbe, de toute espèce de parasite.

Profondeur. — Pour labourer, comme il convient, une terre quelconque, on doit avoir égard au sol et au sous-sol. — En culture viticole, on ne doit faire des labours profonds que pour le provignage ou l'enfouissement des engrais ; en dehors de ces opérations, la vigne se plaît mieux dans une terre dont la couche supérieure seule a été remuée, et qui n'a pas une herbe à sa surface : ce qu'elle aime, c'est un sol aride ; elle ne veut recevoir d'humidité que dans ses racines. Aussi, doit-on renoncer à ces labours profonds et coûteux, qui nuisent à sa vigoureuse végétation, plutôt que de lui venir en aide. Elle préfère une terre foulée et tassée qu'une terre trop ameublie, et d'après l'exemple cité par le docteur Guyot, on peut s'assurer de cette vérité, en observant les rangées de vignes les plus rapprochées des chemins foulés et piétinés, qui toujours sont les plus belles On trouve aussi la consécration de ce principe, dans l'existence des treilles qui tapissent les murs des habitations, et qui, pour la plupart, sont plantées dans des sols pavés.

Dans la zône Pyrénéenne, la profondeur ne doit pas être de plus de dix centimètres dans les terrains au nord et à l'ouest ; et de plus de 15, dans les terres au midi. Si nous indiquons ces profondeurs comme étant les plus convenables, c'est que nous nous sommes assurés, par un grand nombre d'expériences répétées, que le réseau chevelu était situé dans les premières terres à 0,17 ou 0,18 de la surface, et dans les secondes à 0,22 ou 0,23. Or, le labour, on ne saurait trop le répéter, doit avoir pour but d'aérer le chevelu, sans l'atteindre. — Si l'on déchirait, si l'on meurtrissait ces petites racines, le fruit coulerait l'année même de cette mutilation. C'est donc la plante elle-même qui indique la profondeur que l'on doit donner au labour, qui doit être assez profond pour que ce chevelu soit aéré ; mais qui ne doit jamais permettre à l'instrument d'arriver jusqu'à lui.

Déchaussement. — La vigne lance les racines qui partent de son collet dans toutes les directions, mais à peu de profondeur. Ce sont elles surtout qui, sous l'action de l'air et du soleil, donnent à la plante les éléments principaux de sa nutrition. Les racines de sa partie inférieure plongent plus avant dans les terres ; mais elles n'ont pas sur la plante l'action énergique, vitale et fructifère des premières. — Le rôle des racines ainsi caractérisé, on ne comprend pas comment certaines habitudes culturales, léguées par le passé, persistent à se maintenir, malgré les attaques dont elles sont l'objet. On ne peut comprendre, par exemple, le déchaussement, qui a pour but de contraindre la vigne à chercher sa nourriture dans ses racines inférieures, et qui lui enlève annuellement les radicelles superficielles qui lui dispensent son principal aliment. On peut admettre que dans les contrées où la chaleur est très-élevée, cette pratique soit usitée, afin de forcer les racines pivotantes à aller puiser dans les profondeurs de la terre, l'humidité que des étés trop secs vont refuser à la couche superficielle. Mais ce mode de culture qui s'explique dans l'extrême midi, peut avoir de funestes conséquences dans une contrée plus septen-

trionnale ; et dans l'ouest, par exemple, le déchaussement avec arrachement des petites racines superficielles,
ne devrait jamais être pratiqué ; d'abord, parce qu'il
enlève à la vigne les principaux auxiliaires de sa nutrition, ensuite, parce que les printemps de cette contrée,
ordinairement pluvieux, donnent à la terre une somme
suffisante d'humidité. — Sous un climat très-chaud,
lorsque le chevelu se trouve à une profondeur de 0,35
à 0,40, lorsque la température et la nature ordinaire
du sol rejettent toute humidité à une grande profondeur, dans ces conditions de climat et de terrain, le
déchaussement des ceps, à l'époque des pluies printanières, peut avoir d'heureux résultats, en mettant à la
portée du chevelu, les matières fertilisantes, entraînées
par ces pluies Ainsi, dans l'Hérault, dans la Provence,
où les premières racines sont à 0,35 ou 0,40 de la
surface, on peut déchausser jusqu'à 0,25 à 0,28 de
profondeur, tandis que dans la Savoie où le chevelu se
trouve presque à la surface du sol, des labours de 4
à 5 sont suffisants. On ne devrait même donner que
des binages très-superficiels.

En généralisant le déchaussement, l'on paraît oublier
que ce sont les racines superficielles qui font surtout
vivre la plante, parce qu'elles reçoivent directement
l'influence de la lumière et de la chaleur, et qu'elles
aspirent les éléments fécondants que l'atmosphère dépose journellement sur la terre.

Epoque des labours. — C'est à l'intelligence du vigneron qu'il convient d'apprécier le moment le plus
favorable pour effectuer ce travail ; et la connaissance

de quelques règles pourra le guider dans cette appréciation. Ainsi, s'il a à craindre des gelées, il doit se priver de toute façon dans le vignoble en végétation, parce qu'il est aujourd'hui avéré, qu'une vigne qui vient d'être labourée est atteinte par la gelée, lorsque sa voisine qui n'a pas reçu cette façon, conserve tous ses fruits. — Si le labour est effectué sur des terres fortes et argileuses après de grandes pluies, le sol se durcit aux premiers rayons du soleil, et rend ainsi difficile et coûteuse la façon qui suivra. Et, si les terres sont trop légères et trop sèches, ce travail effectué, dans les mêmes conditions, favorise l'évaporation. A ce moment encore, les herbes ou les graines en germination qu'on voulait détruire, reprennent leur végétation, parce qu'elles se trouvent en contact avec une humidité qui leur est favorable.

L'époque des labours est indiquée dans le sud-ouest par la pratique séculaire ; le premier en février ou mars, avant que la vigne ne bourgeonne ; le second, vers la mi-mai, quand les bourgeons ont atteint une longueur de 10 à 15 centimètres.

Le premier labour ayant pour but d'ouvrir le sol aux agents atmosphériques fécondants, et de purger la terre des racines des mauvaises herbes, il est d'une bonne pratique de l'effectuer pendant le repos de la végétation ; et le second labour, poursuivant la destruction des herbes et l'ameublissement du sol, ne doit être donné qu'après les froids, qui pourraient nuire à la végétation naissante de la vigne.

Il est cependant telles circonstances qui nécessitent

l'exécution de ces secondes façons, à des époques autres que celles que nous indiquons, par exemple, l'annexion d'autres cultures à celle de la vigne. Alors, dans les terrains les plus exposés à la gelée, les labours doivent être donnés à plat, et l'on doit ménager son temps, de façon à ce que la terre soit ressuyée avant le moment du danger; avec ces précautions, le refroidissement par le rayonnement d'une nuit sereine est moins sensible, et les bourgeons moins exposés aux vapeurs qui, en se condensant autour d'eux, les dessèchent et les tuent.

Labourage à bras d'homme ou avec l'aide d'instruments. — La culture de la vigne, au moyen des instruments perfectionnés, des charrues, des houes à cheval, est-elle aussi parfaite que la culture à bras d'homme?

Les vignes se labourent soit à la main, soit à la charrue. Partout où la main d'œuvre est rare ou chère, partout où les produits de la vigne sont peu rémunérateurs, on doit recourir à la charrue, lorsque, du moins, le mode de plantation le permet, comme dans le midi. On doit employer le bœuf de préférence au mulet, et le mulet de préférence au cheval. Cependant, le travail de l'homme est de beaucoup supérieur, car il n'occasionne aucun dommage à la vigne. — Le meilleur des labourages est malheureusement le plus lent. C'est celui que l'on pratique à la bêche, et, dans nos contrées, au trident; il offre l'avantage de mieux ameublir la terre, et de mieux l'étendre sur le fumier qu'elle doit recouvrir. — Le vigneron, armé de son trident, ne

28

donne à son labour que la profondeur voulue; il évite d'atteindre et la souche et les racines, et ne froisse aucune partie de la vigne. La charrue, au contraire, renverse la terre par bandes, et son entrure n'est pas toujours égale. Souvent, les herbes qu'on veut détruire sont replantées par elle, sur un point autre que celui où elles ont spontanément surgi. La charrue dans une vigne est difficile à manier; malgré toute l'habileté du laboureur, il est rare qu'il ne détruise au premier travail, des coursons ou des branches à fruit, et au second des jets de l'année. Après le labour à la charrue, des ceps renversés ou déracinés, des supports détruits, des fruits détachés et des pampres brisés, témoignent toujours de son passage; et tous ces maux ne sont rien, si l'on les rapproche de ceux que la terre recouvre.

La culture à bras, exécutée par des vignerons intelligents et consciencieux, est donc la meilleure culture possible, celle qui doit être donnée à tous et partout comme exemple. Elle est, en un mot, le type de la perfection pour le travail viticole. — Ainsi, aux petites surfaces, aux terrains dont la fécondité ou le prix de vente des produits dédommage toujours et au delà des frais d'exploitation, les bras de l'homme; aux grandes surfaces, au contraire, aux terrains qui ne produisent que des vins communs, aux sols peu fertiles, les instruments économiques.

Instruments à bras. — Les instruments à main varient et changent, selon les localités et les usages séculaires qui y règnent, comme aussi, selon les différents terrains; on emploie la bêche, la houe ou le trident.

Le plus fécond, le plus simple de tous les instruments est la bêche, qui fait un bon travail quand elle est maniée par des mains intelligentes et laborieuses; mais cet outil est lent, peut difficilement remuer un sol rempli de pierres ou trop compact, et coupe les racines rapprochées de terre avec son tranchant, dont la surface est trop étendue pour les labours qui nous occupent.

Dans quelques terrains, on peut utilement labourer au moyen du bident et même de la pioche, instruments qui glissent à travers les cailloux en les déplaçant, et qui pénètrent les sols les plus argileux, en leur donnant l'ameublissement nécessaire à une abondante production.

Mais l'instrument le plus convenable pour le labourage des vignes est la fourche à trois dents, ou trident, ou *arrestet*; il permet d'éviter le *poissement*, qui fait de chaque bêchée de terre un véritable pavé, exécute beaucoup de travail, et s'applique à toutes les natures de terrains.

Charrues. — Dans les conditions plus haut indiquées, on doit appeler à l'aide de la viticulture, les forces mécaniques et les forces des animaux qui ont rendu déjà de si grands services, en multipliant la puissance humaine, en permettant à cette dernière de réaliser des efforts qu'elle ne pouvait essayer sans eux. Cet appel est d'autant plus nécessaire, que la rareté des bras a soulevé un problème qui ne peut être résolu que par les charrues. Ce problème consiste à trouver le rapport du prix de la main d'œuvre avec le travail obtenu; car une loi impérieuse, la nécessité, exige que le prix de revient diminue, sans que les intérêts du vigneron puissent souffrir de cette diminution.

L'avantage que présente la substitution de la charrue aux bras de l'homme, réside surtout dans la diminution des frais de culture, et dans le remplacement de la main d'œuvre qui se fait de plus en plus rare; ne faut-il pas aussi sur les exploitations, des bestiaux pour produire et transporter les fumiers, pour rentrer les récoltes; et ne doit-on pas utiliser leur travail qui se perdrait, en le mettant à profit par des instruments perfectionnés?

Pour qu'une charrue puisse fonctionner dans une vigne, il faut que cette dernière soit plantée en ligne et à un mètre au moins d'intervalle entre les lignes; la meilleure forme à lui donner est la forme en quinconce, parce que la charrue peut, avec ce mode de plantation, labourer la terre dans tous les sens. Il faut aussi que le sol, par sa trop grande inclinaison, ne soit pas un obstacle au libre jeu de la charrue, et qu'on puisse facilement tourner et les animaux et les instruments, sans danger pour les vignes ou les cultures voisines. — La meilleure charrue vigneronne du Médoc est dûe, nous le croyons du moins, à M. Skawinski, l'habile régisseur du beau domaine de Giscours, à Labarde. C'est celle que les vignerons, comme les succès qu'elle a obtenus dans les concours, recommandent particulièrement; elle peut avec un seul cheval travailler, sans trop de force à dépenser, une assez grande étendue de terrain.

La charrue de M. Paris, d'Aulnay (Saintonge), peut aussi avec quelques transformations de cet instrument, très-faciles à exécuter, labourer, biner et buter les vignes.

On doit aussi recommander la charrue vigneronne de M. le comte de La Loyère, grand propriétaire de vignes à Savigny, près de Beaune (Côte-d'Or). Cette charrue, attelée d'un seul cheval, fonctionne parfaitement entre les lignes distantes de un mètre, et peut labourer par jour un hectare de vigne.

Enfin, pour les vignes d'une certaine étendue, assises sur des terrains peu déclives, qui permettent l'accès facile de la charrue, il y aurait économie à les labourer et à les biner avec la charrue et la houe à cheval de M. Messager.

Sarclages et binages. — Pour toutes les autres façons, sarclages ou binages, elles n'ont d'autre but que le nettoyement du sol, et le parfait ameublissement de toutes ses parties.

Sarcler, c'est enlever à l'aide d'un instrument léger ou avec la main, toutes les herbes dont la végétation peut nuire à celle de la vigne.

Biner, c'est ameublir superficiellement le sol qui, sans cette façon, se dessécherait pendant les chaleurs de l'été, se laisserait difficilement pénétrer par l'air, et ne subirait plus l'action bienfaisante des influences atmosphériques.

Les binages devraient se donner toutes les fois que le sol se couvre de mauvaises herbes, de façon à ce qu'il en fût toujours exempt; mais ces travaux ne sont pas toujours faciles à exécuter, surtout dans les vignes basses rapprochées, où la végétation couvre rapidement toute la terre. — Ils doivent être plus multipliés dans les terrains frais ou humides que dans les terrains secs, et dans les contrées septentrionales que sous le climat du midi. Toutefois, dans ces dernières régions, ils sont d'une grande utilité, parce qu'ils conservent au pied de la vigne une humidité favorable à sa végétation.

Les binages doivent surtout être prodigués dans les premières années de la plantation, parce qu'en maintenant la terre propre et ameublie, ils aident à sa saturation d'engrais météorologiques, et par suite, favorisent la vigueur des ceps.

On ne doit jamais donner un labour ou binage quand le raisin tourne. On ne peut alors entrer dans une vigne; il faut la livrer à elle-même; elle a besoin, pendant cette crise, de calme, de recueillement.

Pour tous les sarclages, le meilleur instrument est le racloir à main qui détruit toutes les herbes, et peut, aidé de son long manche, aller à travers les lignes. La force d'un enfant suffit pour le manier, et expédier ainsi beaucoup de travail.

Pour les binages, on emploie avec un plein succès la houe à cheval, qu'on attèle d'un seul cheval ou d'un mulet.

§ II.

SOUTÈNEMENTS ET PALISSAGES

Soutènement. — La vigne a des vrilles ou des atta-
ches, qui lui permettent de se soulever et de se soutenir au dessus de la terre, dont le contact serait mortel
pour ses fruits. Il est dans sa nature de ne pas ramper.
Aussi, doit-on venir en aide à sa tendance, par l'emploi
des échalas ou des fils de fer. — Ce qu'il faut donc,
c'est soutenir les vignes qui donnent de riches produits. Les soutiens favorisent l'action de l'air et du
soleil; facilitent les cultures et aident à la distribution
économique des engrais ; sans les soutiens de la vigne,
la terre où elle est plantée, couverte de pampres,
reçoit difficilement les cultures qui lui sont nécessaires;
Elle reste humide et froide, parce qu'elle n'est plus
aérée et réchauffée ; sans soutiens, l'oïdium qui attaque
les pampres ne peut être combattu, ou ne peut l'être
qu'avec des dépenses relativement considérables ; et les
ceps, sous cette influence nuisible, laissent facilement
couler leurs fleurs, ou donnent des fruits inférieurs en
qualité et en beauté, à ceux produits par les vignes
échalassées.

Nous ne parlerons pas des arbres donnés comme

supports à la vigne, et des inconvénients qu'ils emmènent avec eux ; ce sujet ayant été déjà traité au chapitre de la plantation. Nous ne parlerons pas non plus de la vigne à productions communes, qu'il sera toujours plus économique de diriger sans échalas, en fortifiant sa souche par la taille. Ce que nous allons dire s'applique exclusivement aux plants fins, les seuls capables de donner de bons vins.

Les petites vrilles dont la nature a pourvu la vigne, s'attachent de préférence aux végétaux vivants qui l'approchent ; mais on doit proscrire ce mode de soutènement, et lui substituer partout l'échalas, c'est-à-dire un bois mort, desséché, auquel il serait bon de laisser quelques courtes flèches latérales, afin que la vigne les atteignant, pût se rattacher à elles et s'y suspendre ; le prix des échalas s'accroissant chaque jour d'une façon qui préoccupe justement les vignerons, on devrait en réduire la consommation annuelle, en assurant à tous les bois employés une plus longue durée, et substituer, dans certains cas, l'emploi du fil de fer galvanisé à celui du bois. — Pour que les échalas n'aient pas besoin d'être promptement remplacés, il faut en carboniser au four ou au feu les extrémités qui doivent être enterrées ; ou bien, les baigner dans une dissolution de sulfate de cuivre ; 40 kilos de sulfate suffisent pour 1000 litres d'eau. Tous les bois qui doivent être mis en contact avec une humidité quelconque, durent trois fois plus, quand ils ont été immergés dans cette dissolution, ou dans un bain de coltar. — Mais la nécessité pour les campagnes de recourir à des industries qui n'exis-

tent que dans les villes, ou l'éloignement de ces dernières, ont empêché ces divers procédés de jouer le rôle
économique qui leur est réservé dans la préparation
des échalas. — La carbonisation des bois est le procédé
le plus simple, pour porter remède au mal que nous
signalons ; — soumis à la carbonisation dans la partie
destinée à être mise en terre, tous les bois blancs et
tendres peuvent atteindre la dureté des bois les plus
denses, et rivaliser avec eux sous le rapport de la
durée ; quant aux bois de châtaigner, d'acacia ou de
chêne, qui ont subi cette opération, ils peuvent accomplir, sans altérations, une période de temps presque
illimitée. — La carbonisation des échalas emmène aussi
avec elle une grande économie de main d'œuvre, puisqu'on ne doit plus renouveler aussi souvent les travaux toujours coûteux de l'arrachage, de l'épointage et
du repiquage des supports.

Les soutènements des bras ou branches-mères avec
des fils de fer, procurent une économie notable sur
les soutènements par l'emploi des échalas ; ils donnent
à la vigne plus d'air et de soleil ; et avec eux, la sur-
veillance est plus facile, les cultures moins coûteuses
et plus rapides, les vendanges plus économiquement
effectuées. — Les fils de fer n'ont aucun des inconvénients si nombreux des échalas ; ils ne servent pas de
retraite aux insectes, ennemis de la vigne ; ils ne nécessitent pas une main d'œuvre coûteuse, pour leur
enlèvement et leur repiquage ; ils ne peuvent en rien
altérer ni la souche ni les racines. Enfin, ils ne sont
pas un obstacle à la parfaite maturation du fruit. — La

pose du fil de fer est très-simple : de forts piquets de
1,50 de hauteur, carbonisés dans toute la partie qui
doit être enterrée, sont enfoncés fortement dans le
sol. On les place à environ trois mètres de distance
l'un de l'autre ; à 15 ou 20 centimètres de hauteur,
on attache une première rangée de fil de fer, qui est
surmontée par une autre ; et les deux reçoivent autant
les branches-mères que les bourgeons à fruit développés. — Qu'on songe que par la méthode ordinaire,
on emploie au moins 10,000 échalas ; que ces échalas
ne se conservent pas plus de 5 à 6 ans ; qu'ils nécessitent une main d'œuvre coûteuse pour leur plantation
et leur arrachage, main d'œuvre qui se renouvelle annuellement, tandis que les piquets réclamés par le fil
de fer n'exigent que les frais de remplacement ; et on
reconnaîtra, que par la substitution du fil de fer galvanisé aux supports en bois, on atteint un résultat économique, autant au point de vue de la main d'œuvre
qui est moins grande, que des frais premiers qui sont
plus faibles.

Palissage. — La taille a conservé les bourgeons, qui
doivent utiliser toute la sève au profit de la production;
c'est le palissage qui va diriger cette sève, de façon à
ce qu'elle soit bien distribuée, bien élaborée, et par
suite plus nutritive. — Si l'échalas a pour unique mission de soutenir la vigne, les sarments de cette dernière vont s'élever verticalement, et leurs extrémités
feuillées vont être trop alimentées par la sève, au grand
préjudice des grappes vers lesquelles elle ne pourra
refluer. — Traitée ainsi, la vigne forme à sa tête des

masses de verdure qui la couronnent; et qui, cachant ses produits à l'air et au soleil, conservent à ses pieds l'ombre et l'humidité. Mais, si la vigne est palissée, c'est-à-dire si ses tiges sont courbées et attachées sur un petit support voisin, sur du fil de fer, sur une sorte de bâtis composé de légers échalas horizontalement posés, et qui seront eux-mêmes coupés perpendiculairement par de petites baguettes, la sève, ralentie dans ses élans, sera mieux élaborée, se dispensera à la plante dans une plus juste proportion, et, sous l'action féconde de l'air et du soleil, les fruits seront plus nourris et plus mûrs.

Le palissage a donc pour but, tout en soutenant les sarments, les feuilles et les fruits, de donner aux bourgeons une direction telle, qu'elle influe d'une façon sensible sur la vitalité de l'arbrisseau, comme sur la qualité, la quantité et la durée de ses fruits ; car, il est certain aujourd'hui, qu'en courbant les sarments et les rattachant obliquement ou horizontalement, on arrête la sève dans son élan ; on aide puissamment à sa parfaite élaboration, et on la répand dans toutes les parties du végétal.—Malgré les avantages de cette pratique, il y a des vignerons qui l'attaquent et en nient les heureux résultats.—Outre les bienfaits déjà signalés qui lui sont dûs, les partisans du palissage disent encore que le vin est de qualité supérieure, quand la vigne est échalassée et retenue ; qu'elle résiste mieux aux coups de vent et aux orages ; qu'on peut la labourer en tout temps, la soufrer,... etc ; qu'elle n'est pas étouffée par les mauvaises herbes ; que son fruit mûrit mieux, et reçoit plus facilement les rayons du soleil.

Ceux qui attaquent ce mode de culture, rappellent sa cherté, et la main d'œuvre qu'il occasionne, ainsi que les blessures qu'il fait quelquefois aux ceps ; et ils énumèrent les conséquences fâcheuses qui peuvent en découler. — Quoiqu'il en soit, cette pratique nous paraît indispensable dans bien des cas ; car, nous savons qu'une sève très-active, qui ne sera pas contrariée, est plus favorable au développement du bois qu'au développement des feuilles ; et qu'une sève lente et paresseuse produit un effet opposé ; d'où il suit, que, si l'on fortifie les ramifications, en les abandonnant à leurs élans verticaux, on les rend fructifères et plus fécondes, en les écartant de la verticale. — Une vigne est-elle trop vigoureuse ? Qu'on incline fortement ses branches, qu'on les palisse très-bas et très-serré ; elle s'affaiblira, en produisant peu de bois et beaucoup de fruits. — Une vigne est-elle trop faible ? Qu'on ne donne que peu d'inclinaison à ses branches, qu'on les palisse faiblement, ou même qu'on la laisse en liberté ; elle donnera peu de fleurs, mais de beaux bourgeons, d'où naîtront de forts sarments.

Ce que l'on doit surtout éviter, c'est de planter les vignes de façon à ce que, lorsqu'elles sont palissées, elles se présentent en face du soleil levant. On comprend, en effet, que ces surfaces s'offrant aux premiers rayons, tous les bourgeons seraient rapidement détruits, s'ils avaient été touchés par la gelée. Mais la déclivité regarde-t-elle le plein midi, alors, on peut offrir au soleil les palissages de face, parce que a vigne, avant de recevoir ses rayons qui ont déjà chauffé

l'atmosphère, a été elle-même attiédie, et que toute
humidité en a disparu.

On appelle aussi palissage ou accolage, l'opération qui
consiste à attacher les bourgeons développés, soit sur
le fil de fer, soit sur les échalas, quand ils ont atteint
environ 0,50 de longueur. Cette pratique facilite les
cultures qu'on doit à la vigne, empêche la pourriture du
raisin et le brisement des bourgeons par les coups de
vent.

Ainsi, on doit pratiquer deux palissages ou accolages :
le premier, qui s'effectue après le premier labour,
autant que possible avant le fort mouvement de la
sève, consiste à assujettir le vieux bois et les sarments
conservés par la taille; le second, qui doit s'opérer après
l'épanouissement de la fleur, consiste à rattacher au fil
de fer ou aux échalas, les jeunes pampres sortis des
bourgeons.

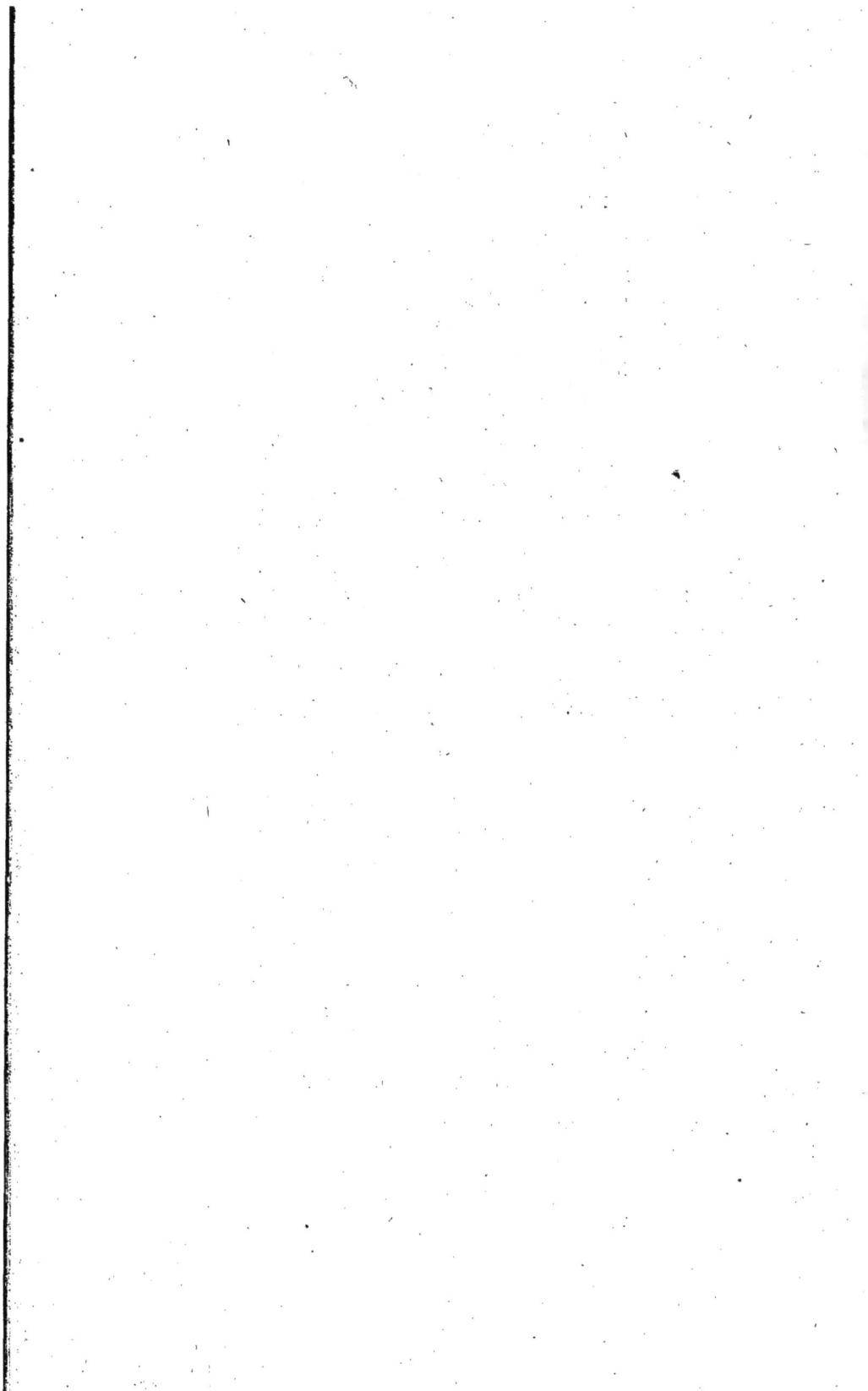

CHAPITRE HUITIÈME

———

AUTRES CULTURES DANS LE VIGNOBLE.

M. Leclerc-Touin, après avoir fait de nombreux essais comparatifs sur le pincement, l'ébourgeonnement, l'épamprement et le rognage de la vigne, présenta un Mémoire à l'Académie des Sciences, qui nomma une commission composée de MM. Boussingault, de Gasparin et Silvestre ; et dans le rapport de cette commission, on trouve le passage suivant : « La suppression partielle des feuilles au printemps, provoque le développement des boutons axillaires, qui remplacent les feuilles enlevées. A une époque plus avancée, quand les bourgeons ne peuvent plus se développer, cette suppression arrête le développement des grains, diminue la quantité du moût, retarde la maturité, et nuit à l'élaboration du principe sucré. »

De nombreux auteurs exaltent les avantages du pincement de l'extrémité supérieure du sarment, peu de temps après que le raisin est noué ; ils conseillent l'ébourgeonnage à peu près à la même époque ; l'épamprement et le rognage pendant l'été; et l'effeuillage quelques jours avant les vendanges. D'après eux, ces diverses pratiques auraient toujours pour résultat, de donner de la force au cep en rejettant la sève dans les parties inférieures de la plante, d'accroître ainsi son développement, d'augmenter le volume comme la quantité des fruits, enfin d'activer leur maturité. — Et d'abord, la théorie comme la pratique, apprennent que la taille d'un arbre, taille sèche ou taille verte, loin d'aider au développement normal du végétal, arrête ce développement; et qu'elle n'a d'autre effet que de plus également repartir, dans toutes ses parties, les éléments nourriciers qui doivent l'alimenter.

De plus, on sait que la vigne absorbe plus de sucs nutritifs par ses parties vertes que par ses racines, et et que cette absorption est d'autant plus forte, que les feuilles sont plus nombreuses, et leurs surfaces plus étendues. — Ces principes, appliqués dans toute leur rigueur, devraient faire rejeter le pincement, l'ébourgeonnage, l'épamprement et l'effeuillage, comme des pratiques dangereuses et nuisibles à la prospérité des vignes. Cependant, elles emmènent avec elles de très-bons résultats, quand elles s'effectuent à certains moments favorables, sous de certains climats, et sur des sujets jeunes et vigoureux. — Seulement, le but atteint n'est pas celui que l'on croit généralement atteindre. — On s'imagine, par ces diverses opérations, restituer aux raisins une sève indispensable à leur perfection ; et l'on ne fait, par elles, qu'arrêter une surabondance séveuse qui serait fournie par les parties vertes retranchées, et que la chaleur ne pourrait suffisamment élaborer.

Un mot encore, en réponse aux exemples de melons ou de tomates qui sont cités partout. — On oublie trop facilement que ces plantes sont annuelles ; qu'elles naissent, fleurissent, donnent leurs fruits et meurent dans une année ; et que la vigne, pendant cette même année, ne fait que préparer et élaborer les sucs qui vont former le bourgeon, et le constituer de façon à ce qu'il donne les raisins de l'année suivante ; et qu'enfin, il faut qu'elle trouve dans l'appareil foliacé, presque tous les éléments indispensables à cette formation.

Cela posé, nous allons successivement examiner chacune de ces cultures, et rechercher dans quelles conditions elles peuvent être utilement appliquées. — La viticulture ne fera de rapides progrès, que lorsque les vignerons se rendront compte des motifs, qui déterminent les diverses pratiques de leur art.

Pincement. — Comme nous venons de le dire, la vigne attire à elle beaucoup plus de nourriture par ses feuilles que par ses racines, et sa force d'attraction est proportionnelle au nombre de ses parties vertes et à l'étendue de leurs surfaces. — La nature a tout disposé,

29

de façon à ce que les bourgeons s'épanouissent et les feuilles se montrent, au premier souffle tiède du printemps. Depuis cet épanouissement, l'appareil foliacé étant chargé presque en entier de l'alimentation de l'arbrisseau, on devrait s'opposer à toute pratique, qui peut lui porter uue atteinte quelconque. — Mais, soit qu'un accident eût retranché la partie herbacée et extrême d'un sarment, soit que le praticien eût coupé la partie supérieure de ses pampres luxuriants, par la crainte de les voir enlever aux fruits des sucs nourriciers qui étaient nécessaires à ces derniers; il crut s'apercevoir, que ce retranchement avait conduit les fruits à plus de grosseur et à une maturité plus hâtée; de là, la pratique du pincement.

On appelle pincement, le fait de supprimer l'extrémité d'un bourgeon, pour en arrêter l'élongation. Le pincement, qui ne se pratique que sur des parties encore herbacées, a pour but avoué, de rejetter sur les fruits la sève que la partie enlevée aurait absorbée à son profit, afin qu'ils soient mieux nourris. Il sert aussi à fertiliser une vigne stérile.

Pincer est l'opération par laquelle, sans l'aide d'aucun instrument, avec les ongles du pouce et de l'indicateur, le vigneron tranche les parties herbacées des bourgeons épanouis, au-dessus de la seconde feuille qui naît sur la seconde grappe, et au dessus de la cinquième ou sixième feuille, s'il n'y a qu'une grappe sur le sarment.

Il ne faut exécuter le premier pincement ni trop tôt, ni trop tard; et saisir pour cette opération le moment, où les jets herbacés dans la partie extrême, commencent à devenir ligneux vers leur base. L'époque en est donc indiquée par la nature ; elle est plus ou moins rapprochée, selon le plus ou moins de hâtivité du printemps. On peut la fixer dans le sud-ouest du 15 avril au 1ᵉʳ mai.

Quant à tous les autres pincements, ils doivent se faire sur les petites pousses, que le premier pincement fait développer sur les contre-bourgeons. Ils seront plus ou moins répétés, selon la force végétative du cep ; de façon à ce que la sève ne se dépense pas inutilement, en alimentant des sarments qui devront être abattus à la taille sèche.

La théorie du pincement est exposée par le docteur Guyot, à peu près dans les termes suivants : —Lorsque la sève est trop abondante, la plante croît en tiges, en branches, en rameaux, mais donne peu de fruits. C'est la stérilité par exubérance de végétation, parce que le pédoncule du fruit ne peut en détourner une partie suffisante à son profit, à cause de la puissance d'élévation et d'absorption des feuilles. Deux moyens seuls restent : d'abord, la suppression d'une partie des racines, moyen, dont les inconvénients relevés et mis en saillie par la verve du docteur Guyot, sont tellement graves, qu'on doit nécesairement le rejeter ; le second procédé consisterait à agir sur les branches, les rameaux, les bourgeons et les feuilles, par voie de direction et de contrainte, et par voie de suppression. — Entre l'ébourgeonnement et l'effeuillement absolu, pratique qui emmènerait la mort du végétal, et l'absence complète d'ébourgeonnement et d'effeuillement, il y a des moyens termes, qui doivent être appliqués par le vigneron intelligent selon la saison, selon le climat, selon le terrain, selon la nature et la vigueur des cépages; de là, le pincement. — Après cette opération, vont naître de nouveaux bourgeons, qu'il faudra pincer à la seconde ou à la troisième feuille, de façon à modérer la sève et à l'empêcher de se transformer en bois. — Pour les bourgeons destinés à constituer l'arborescence ou le cep, ils ne doivent jamais être pincés; on les rognera, aussitôt qu'ils auront atteint la longueur indispensable à la taille future, soit 0,80, soit 1 mètre de longueur. Ce rognage a pour conséquence, une augmentation de force dans le sarment de l'avenir, qui devient ainsi plus sûrement sarment fructifère pour l'année suivante.

Le pincement est surtout appliqué aux arbres fruitiers. Sans rechercher si cette pratique est salutaire ou nuisible pour eux, nous pensons qu'elle ne peut être utile pour les vignes de nos contrées; qu'il vaut mieux, avec le soleil et les terrains du sud-ouest, laisser, sans les pincer, de longues branches à fruit, beaucoup de bourgeons, qui utiliseront une exubérance séveuse, et conduiront à une riche production, tout en économisant la main d'œuvre. — On a bien dit que les branches à fruit, qui se reproduiraient sur un même cep pendant plusieurs années consécutives, emmèneraient l'affaiblissement, et bientôt la mort de ce cep. Ce principe, vrai pour certaines contrées relativement froides, ne peut être applicable au sud-ouest. De temps immémorial, des vignes plus que centenaires sont taillées à longs bois sans jamais être pincées, et elles sont loin de montrer aucun signe de décrépitude. Il y a même des ceps, qui ont jusqu'à 6 et 8 branches à fruit, présentant chacune 18 à 20 yeux. — Ce fait de production, commun dans toute vigne bien traitée de nos contrées, vient confirmer ce que nous avons déjà avancé, c'est-à-dire, que du moment où l'on comprendra les ressources immenses que présentent notre climat et nos terrains, au point de vue de la quantité comme de l'excellence des vins, pas un pays ne pourra économiquement rivaliser avec nous.

Le pincement a été expérimenté pendant trois années consécutives sur les côteaux de Jurançon, aux diverses phases de la végétation de la vigne, et voici le résultat obtenu pendant ces trois années : — Le pincement, quand les raisins étaient peu avancés, n'a produit d'autre différence, que moins d'uniformité dans l'époque de leur maturité. Il s'est développé alors des sous-bourgeons, qui ont fleuri et acquis une demi maturité. (Le pincement de ces sous-bourgeons, conseillé par le docteur Guyot et M. Trouillet, n'a pas été fait). Le pincement ayant lieu plus tard, et à l'époque où l'ascension de la sève est moins active, les grappes, loin d'acquérir plus de volume, se sont arrêtées dans leur développement, et d'une façon d'autant plus marquée, que l'opération laissait subsister moins de nœuds. Enfin, cette pratique, appliquée quand la température commençait à s'abaisser, et qu'il semblait que tout l'avantage dût être aux grappes les plus directement exposées aux rayons solaires, eut pour effet de nuire au développement des raisins, de retarder leur maturité, et de diminuer sensiblement leur saveur sucrée.

L'expérience prouve, et les essais faits à Jurançon viennent confirmer cette règle, que si l'on pince pendant plusieurs années consécutives, on doit nécessairement arriver à la stérilité et bientôt à la mort du cep.

Voici ce que dit à cet égard le docteur Guyot : « Le pinçage qui, pratiqué partiellement et sur une ou deux branches du cep seulement, s'oppose à toute coulure, devient parfois une cause de coulure, s'il est appliqué au cep tout entier ; mais, dans tous les cas, le pinçage absolu et répété devient une cause de stérilisation et de dépérissement final. » Aussi, M. Guyot, en laissant les deux bourgeons de remplacement sur la branche à bois, fait-il la recommandation essentielle de ne pas les pincer, afin qu'ils puissent se développer en liberté, et attirer à eux la sève surabondante; et, par cette façon de procéder, il alimente et fortifie les branches à bois et à fruit, tout en ménageant la partie essentielle de l'arborescence.

Les jeunes vignes ou les vignes trop vieilles, les plants chétifs et appauvris ou les cépages faibles et délicats, ne pourront supporter pendant plusieurs années consécutives ce traitement, (nous le croyons ainsi), sans que leur vitalité ne se ressente de son pernicieux effet.

Le pincement peut être utilement appliqué dans le nord; dans toute culture industrielle de jardinage, telle que Montreuil, Fontainebleau ; aux abords des grandes

villes ou des villes de luxe, partout enfin où l'on peut
sacrifier la qualité à la beauté, et où la durée de l'arbrisseau n'arrive qu'en seconde ligne. Mais dans une
vigne normalement plantée, où l'on recherche l'économie des dépenses, alliée à la qualité et à l'abondance des produits, nous pensons que c'est là une
méthode, qui peut avoir pour conséquence une replantation nouvelle à une époque où, traitée autrement,
la vigne assurerait encore de longues années d'abondance. — Le pincement du sarment a plus d'inconvénients que d'avantages; il diminue la quantité des sucs
nourriciers que les plantes puisent dans l'atmosphère;
et l'on comprend aussi que, plus on multiplie les opérations de culture, plus le bénéfice que donne la vigne
est amoindri.

Ebourgeonnement. — L'ébourgeonnement est l'une
des opérations importantes de la culture de la vigne ;
il consiste à supprimer tous les bourgeons superflus,
qui absorberaient à leur profit une sève qui sera mieux
utilisée par les bourgeons conservés, qui doivent donner
les fruits et les branches de remplacement. — L'ébourgeonnement a donc pour but, de concentrer sur quelques bourgeons toute la puissance sèveuse. Par lui, on
a une récolte plus abondante et plus mûre, et des sarments plus vigoureux.

Quand on ébourgeonne, il ne faut pas se laisser
guider par l'exemple de quelques vignerons du sud-
ouest, qui, saisissant d'une seule main plusieurs bourgeons, les déchirent en les attirant à eux, et font ainsi
à la vigne des plaies qui sont difficiles à se cicatriser. Que

la section soit nette, et le mal causé par cette pratique, passera inaperçu. Souvent aussi, l'ébourgeonnement est abandonné à des personnes qui ne connaissent pas la culture de la vigne, à des femmes, à des enfants ; on parait oublier, en agissant ainsi, que cette pratique tient autant que toute autre culture, à une combinaison de principes physiologiques, qui devrait la faire exclusivement remettre aux mains des plus habiles vignerons.

L'ébourgeonnement ne doit être fait, que lorsque les grappes sont apparentes ; alors seulement, on ne s'expose pas, en le pratiquant, à jeter à terre les bourgeons fructifères, et à conserver au contraire les bourgeons stériles.

On devrait se livrer à cette opération vers la fin de mai ou le commencement de juin, selon les climats et les expositions. Si l'ébourgeonnement est fait de bonne heure, la plaie qui en résulte se cicatrise facilement ; et, en hâtant l'époque de cette pratique, on donne plus de nourriture aux sarments qu'on conserve. — A ce moment de la végétation, la sève peut, sans subir une trop forte secousse, et sans faire naître un danger, être détournée de sa direction, et être en entier concentrée sur les bourgeons conservés. Ceux-ci prennent alors dans l'économie de la plante, un développement proportionnel aux bourgeons qui ont été supprimés ; et cette concentration séveuse, accroît la maturité des fruits et la beauté des bois, sans porter une atteinte quelconque à la vitalité du cep. — Plus tard, cette opération pourrait nuire à la vigueur de la vigne ; parce que les bourgeons supprimés auraient, depuis le premier mouvement séveux de l'arbrisseau, absorbé à leur profit une quantité assez considérable de cette sève, qui n'aurait pu si hâtivement développer les organes essentiels à la vie de la plante, des racines et des ligneux; et aussi, parce que la sève, brusquement interrompue dans son élan naturel au moment de sa plus grande activité, et forcée de prendre une autre voie que celle qu'elle a suivie jusqu'alors, subit par cette opération un temps d'arrêt, qui peut avoir des conséquences graves pour la vigne. On doit donc ébourgeonner, lorsque apparaissent les fruits, mais avant qu'ils n'arrivent à floraison. En ébourgeonnant à cette dernière époque, on s'expose à la coulure.

Si les bourgeons sont déjà ligneux, si l'on est exposé à faire aux ceps des plaies dangereuses, il faut se servir d'une serpette qui, bien affilée, coupe nettement, et ne blesse pas l'arbrisseau. Enfin, il faut, autant que possible, que cette pratique s'exécute par un beau temps; il faut que le soleil ait ressuyé la terre, afin qu'elle ne soit pas tassée par les pieds qui la foulent.

L'ébourgeonnement est fait avec beaucoup de soin et de succès, dans quelques départements viticoles tels que la Marne, l'Yonne, la Moselle. Cette pratique est également observée dans la plupart de nos grands vignobles, quoiqu'on doive citer comme exceptions, la Côte-d'Or et le Médoc, où elle n'est pas en usage.

Ses avantages trop exaltés par les uns, sont niés par les autres. Quelques-uns même prétendent, qu'ils sont loin de compenser les pertes ou les dépenses qu'il occasionne.

L'ébourgeonnement comme l'épamprement que nous verrons bientôt, ne sont pas des pratiques qui doivent être appliquées indistinctement à tous les ceps, à toutes les parties d'un même vignoble, et à des époques fixes. Leur utilité dépend de la manière dont le temps s'est comporté, de la diversité des espèces dont quelques-unes les repoussent, de la vigueur des ceps, de la nature et des expositions des terrains dans lesquels ils croissent. Les plants délicats', les faibles cépages, les vieux ceps ne résisteraient pas longtemps à ce traitement trop souvent renouvelé; et l'ébourgeonnement et l'épamprement seraient pour eux une véritable mutilation, qui deviendrait l'avant-coureur de leur mort. Cet usage pourrait aussi être dangereux dans des terrains arides et secs, pauvres et graveleux, où la vigne trouve déjà si peu d'éléments nutritifs, et où l'on doit tendre à lui conserver toutes les bouches, qui aspirent les principes vitaux dans l'atmosphère.

L'ébourgeonnement est très-utile sur les jeunes pieds, quand on en forme la souche; parce que les parties gardées prennent un plus grand développement et plus de force, et qu'elles reçoivent ainsi plus directement l'action bienfaisante de l'insolation et de l'aération.

Enfin, l'ébourgeonnement est une très-bonne pratique, au point de vue de l'oïdium, la maladie ayant alors moins de prise sur le cep; bien exécuté, il pourrait avoir pour conséquence de la faire disparaître, ou en tout cas, d'en atténuer l'intensité.

Epamprement. — L'épamprement consiste dans la suppression de toutes les petites branches qui cachent les raisins, et les dérobent à l'action de l'air, des rosées et du soleil. L'épamprement n'est donc qu'un ébourgeonnement tardif, exécuté pendant l'été. Par lui, la sève se trouve concentrée sur les bourgeons de remplacement et sur les fruits, qui deviennent plus beaux et mûrissent plus hâtivement. Par lui, on affaiblit la surface de la vigne ; et par suite, on diminue la quantité d'humidité qu'elle aspire, tout en mettant ses fruits dans les conditions les plus favorables, pour recevoir les rayons solaires, ainsi que la chaleur réfléchie par le sol. De là, élaboration plus complète des principes sucrés, et plus de maturité ; de là, des vins spiritueux qui peuvent se conserver longtemps.

L'épamprement, pratiqué en temps convenable et avec intelligence, ne peut nuire ni au fruit ni au cep ; et ce mode de culture, devient indispensable dans les années pluvieuses.

Cette pratique doit être tardivement exécutée, parce que, si l'on les prive trop tôt des feuilles, leur écran naturel, les fruits ne se trouvant plus abrités des rayons encore brûlants du soleil, peuvent se dessécher ; et ne plus donner à la vendange, qu'un suc peu riche et faiblement élaboré.

L'épamprement doit venir en aide à l'action maturative des rosées, des chaleurs et de l'air ; qui, combinés, ont plus d'influence que la mise à découvert brusque et complète des raisins. Aussi, doit-on, selon la température et les habitudes de l'année, procéder à cette opération avec une grande prudence.

Voici comment s'exprime Cavoleau à cet égard :

« Cette opération de l'épamprement est pratiquée dans 34 départements, mais peu dans la plupart. Elle ne l'est généralement que dans la Gironde, les Basses-Pyrénées et le Haut-Rhin, dans l'Aube, à Bergerac. Elle l'est aussi sur les Côtes du Rhône et dans Maine-et-Loire. Partout on s'en trouve bien, même dans l'île de Corse, où la chaleur du climat semblerait la rendre dangereuse. Dans l'Allier, où l'épamprement était inconnu, un propriétaire des environs de Moulins l'a introduit avec le plus grand succès, et l'a toujours continué depuis. »

L'épamprement devrait être une culture habituelle du nord, et c'est le contraire qui a lieu. On épampre généralement dans le midi, et souvent, à suite de cette pratique mal exécutée, le fruit desséché par les rayons ardents d'un soleil embrasé, ne peut plus mûrir ; dans le nord, avec l'épamprement, le raisin recevrait plus directement le contact de la chaleur solaire ; et cette pratique, exposant moins les fruits à la pourriture, permettrait d'ajourner les vendanges, et d'obtenir par suite un degré plus élevé de maturité.

L'épamprement indispensable dans les terres humides et trop riches, doit être rare dans des terrains maigres et secs, situés à des expositions chaudes. Cette observation a été faite de tout temps, puisqu'on la trouve dans Théophraste ; et que cette pratique était réservée, d'après ses conseils, pour certaines vignes, pour certains climats, et certaines expositions.

Enfin, beaucoup d'auteurs avancent, que l'épamprement garantit les vignes de quelques dommages dûs aux orages ; qu'il empêche la coulure, qu'il prolonge la durée de la vigne, et accroît l'excellence de ses produits.

Rognage. — Toute vigne dont les branches s'emportent, qui donne peu de fruits et beaucoup de bois, celle qui a souffert de la gelée ou de tout autre intempérie climatérique, doit être rognée.

Le rognage a pour but et présente pour résultat, une grande économie de sève ; ce qui donne aux grappes déjà formées et aux bois conservés, plus d'activité et de vie ; bien exécuté, il facilite l'accès de la rosée qui attendrit le grain, et de l'air qui le mûrit ; il diminue la surface de la vigne ; et par suite, la soustrait en partie aux coups de vent de l'automne ; il facilite tous les travaux que nécessite la plante vinifère à cette époque, et aide puissamment à l'action maturative du soleil.

Le rognage est le fait de couper avec une serpette ou un sécateur, une partie des pampres de l'année, de façon toutefois à conserver au sarment rogné la longueur voulue pour la taille de l'hiver. Le pincement ne supprime que l'extrémité du bourgeon naissant, tandis que le rognage supprime le tiers, la moitié du sarment venu.

Le rognage peut être fait, soit pendant tout l'été, soit à la fin de l'été ; on rogne aussi, quand les raisins commencent à changer de couleur, qu'ils approchent de la maturité ; mais il est toujours imprudent de rogner les tiges de vignes, quand le temps est à la sécheresse, et que la terre est devenue aride sous l'action des rayons solaires.

Le rognage donne, à une époque où l'herbe est desséchée par le soleil, un supplément considérable de
nourriture très-saine, qui est mangée avec avidité par
tous les animaux; mais ce fourrage étant très-échauffant,
il vaut mieux le faire sécher, et le garder comme nourriture d'hiver. On obtient ainsi, sur un hectare de
10,000 pieds, jusqu'à 5,000 kilos de fourrage excellent,
soit qu'il soit consommé en vert, soit qu'il soit séché.

Le but qu'on poursuit par ce mode de culture, est
de hâter la maturité du raisin, et de parfaire le bois
sur lequel s'appuiera la taille de l'année suivante...
Cependant, des expériences comparatives ont été faites,
une année, sur les coteaux de Jurançon, et l'on a
obtenu un résultat opposé à celui que l'on poursui-
vait. Les pieds non rognés ont eu de plus beaux
bois et plus mûrs, de plus beaux fruits, que ceux
placés sur les pieds qui avaient subi cette opération. Il n'est pas nécessaire d'ajouter, que tous les ceps
avaient été choisis de même force, de même espèce,
qu'ils végétaient à la même exposition, sur le même
sol, et dans des conditions identiques de culture. Mais
nous devons dire que le rognage fut effectué fin juillet
et commencement d'août. Cet effet, constaté à Jurançon, ne pourrait-il pas avoir été produit par le temps d'arrêt, que cette pratique fait subir à la végétation de la
vigne, et aussi peut-être par la quantité de feuilles et
de parties vertes, qu'elle lui enlève et qui ne peut plus
la nourrir? Toutefois, et malgré ces essais comparatifs,
nous pensons que le rognage est une excellente pratique, qui a pour résultat presque certain les avantages
plus haut énoncés.

Effeuillage. — L'effeuillage consiste à enlever les feuilles qui peuvent voiler aux fruits l'air ou le soleil. — On effeuille, pour suspendre le cours de la sève, et ne pas jeter dans la vigne une surabondance inutile de principes nutritifs; pour mettre les raisins en contact direct avec les rayons solaires et avec l'air, et hâter ainsi leur maturité; enfin, pour leur donner cette belle teinte dorée qui nous séduit, indice de la qualité du fruit, et de sa saveur parfumée et sucrée. — On ne doit effeuiller, que lorsque le raisin a pris tout son développement et qu'il est presque mûr; avant ce moment, et si l'effeuillage était trop largement exécuté ou fait à contre-temps, le raisin, loin de mûrir, pourrait se dessécher, se rider ou se pourrir, selon que la saison serait chaude ou pluvieuse; enfin, des bois peu aoutés, des bourgeons peu formés s'offriraient au viticulteur pour l'année suivante dans les conditions les plus mauvaises; car ils se trouveraient exposés à avorter, ou à ne donner que des fruits mal nourris.

Il est assez difficile de poser des règles en matière d'effeuillage; car tout dépend de la chaleur du climat, de la nature du plant, des conditions, en un mot, dans lesquelles le vigneron se trouve placé. Quelques principes pourront toutefois lui venir en aide, dans l'application de cette pratique.

Il doit savoir que l'œil naît toujours à la base d'une feuille, qui a pour mission de le protéger; que c'est elle qui, en excitant la végétation et en élaborant les sucs séveux, l'alimente de tous les éléments qui lui sont nécessaires, qui le font vivre et prospérer; qu'il doit donc, dans tous les cas, ménager les feuilles lorsqu'elles surmontent un œil qui peut devenir, soit une branche à fruit, soit une branche de remplacement ou d'attente; il doit savoir que les vignes qui ont des feuilles rares et clairsemées, ne peuvent pas être effeuillées ; et qu'il en est autrement de celles, qui sont fournies de feuilles nombreuses et bien nourries ; et que, selon que l'année aura été sèche ou humide, chaude ou froide, la même espèce devra ou ne devra pas subir cette opération.

Dans beaucoup de localités, l'effeuillage n'est pratiqué que pour le raisin de table ; il a pour but, moins la maturité que le coloris. — Il y a quelque difficulté à saisir l'instant favorable à cette culture. C'est ordinairement quinze jours avant la maturité complète que l'on effeuille, et que l'on expose le fruit de la vigne à l'action directe du soleil. — Dans d'autres localités, cette pratique est répétée deux fois : la première doit s'opérer, quand le raisin a acquis son plein développement, et qu'il entre dans sa période de maturité ; on enlève les feuilles intérieures, celles qui l'entourent en lui voilant le soleil et l'air ; quelque temps après, on procède à un second effeuillage, qui met la grappe à découvert, de façon à ce qu'elle soit en contact direct avec l'air et le soleil. Cet effeuillage doit être du tiers ou du quart des feuilles, selon que la chaleur a été plus ou moins forte, l'humidité plus ou moins grande, dans l'année qui vient de s'écouler. — L'effeuillage a aussi pour résultat la maturation du bois ; ce qui a une grande influence sur les récoltes de l'année suivante.

L'effeuillage, suspendant la végétation de la vigne par l'enlèvement des feuilles, et par suite hâtant la maturité, cette opération est très utile et même indispensable dans l'est, le nord et le centre de la France ; tandis que dans le midi et le sud-ouest, elle peut être nuisible dans certaines conditions données.

Pour toutes les opérations que nous venons d'énumérer dans ce chapitre, il faut choisir, pour les exécuter, un temps couvert, un peu humide, afin que le soleil ne puisse exercer une influence contraire sur les bourgeons incisés, sur les raisins découverts, ou sur les plaies faites à la vigne.

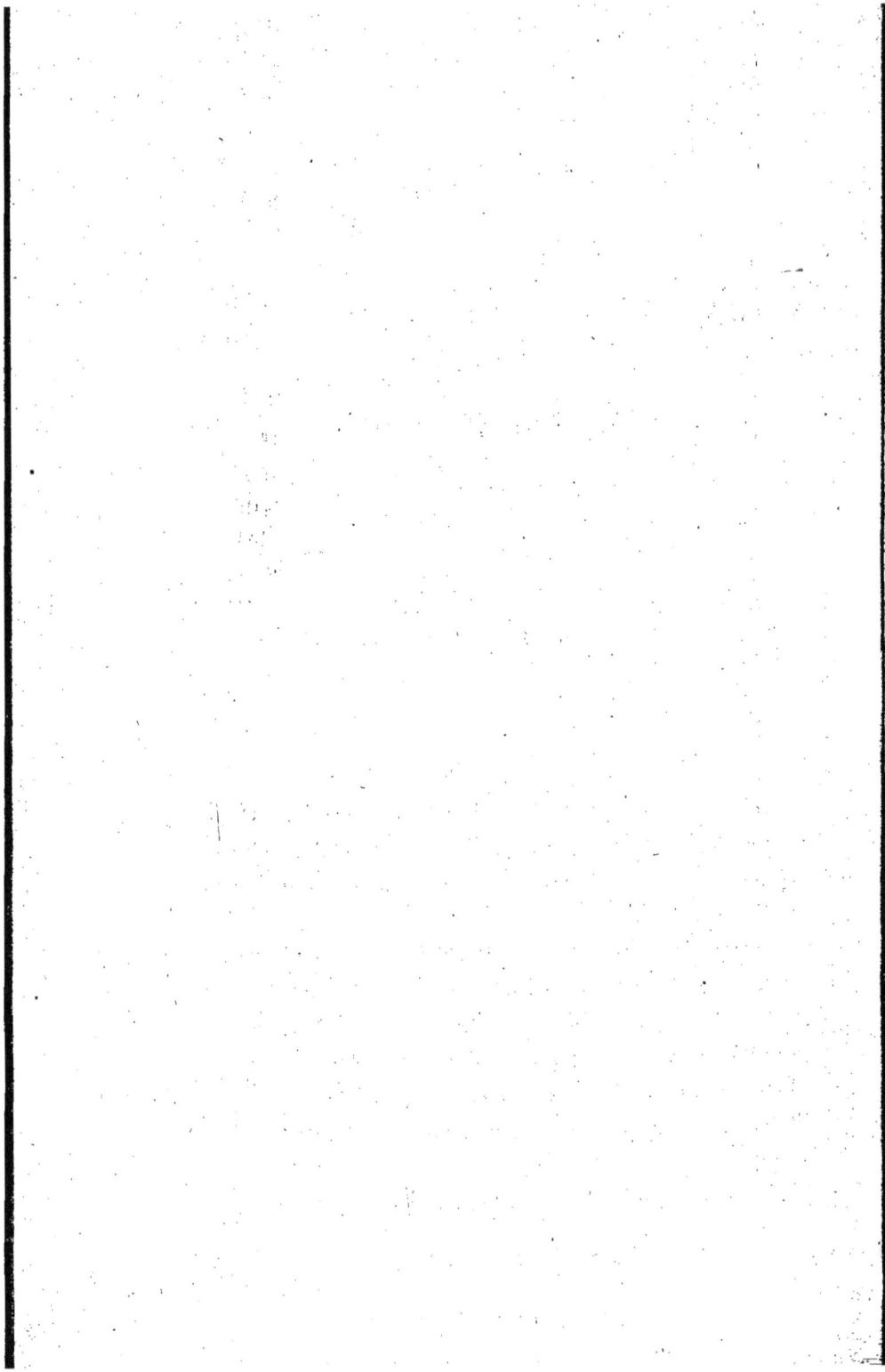

CHAPITRE NEUVIÈME

LA GELÉE ET SES EFFETS.

Gelée. — Les gelées ont une action différente sur la vigne et ses produits, selon qu'elles sont plus ou moins intenses, comme aussi, selon le moment où elles se font sentir.

Gelées d'automne. — Si une forte gelée d'automne vient frapper les raisins mûrs, loin de leur nuire, son action serait bienfaisante, puisque la qualité du vin produite par ces raisins en est accrue. Mais si la maturité du raisin n'est pas complète, il se dessèche, ne mûrit plus, et marche rapidement vers la décomposition.

Gelées d'hiver. — Les grands froids de l'hiver n'exercent leur pernicieuse influence sur les plants de vigne, dont la sève est alors dans un repos complet, que lorsque la terre est humide, et qu'ils pénètrent jusque dans leurs racines les plus profondes. Dans toute autre circonstance, les plants les supportent sans altérations, parce que le bourgeon se trouve emmailloté dans une espèce de membrane cotonneuse, qui le réchauffe et le garantit.

Il est rare que dans la France, et surtout dans le midi et le sud-ouest, l'abaissement de température soit assez fort pendant l'hiver, pour porter une atteinte sérieuse aux sarments et aux souches, ou geler les racines. Ces accidents, qui se font plus particulièrement éprouver en Russie et dans l'extrême nord, ne peuvent être conjurés que par une pratique généralisée dans ces contrées, et qui consiste à enterrer la souche à une certaine profondeur. On comprend les frais considérables que doit entraîner une telle culture.

Toutefois, si la gelée a été assez forte pour détruire en partie les sarments de l'année, seul accident qu'on puisse exceptionnellement craindre dans notre région, le seul remède à opposer à ce mal, consiste à tailler ces sarments, ou à les recéper au-dessous du point où l'altération s'est produite, c'est-à-dire sur la partie qui n'a pas été gelée. Si la charpente a été attaquée, elle sera formée de nouveau, avec les bourgeons qui se feront jour sur le vieux bois, ou avec les bourgeons conservés.

Gelée de printemps. — On sait que les gelées comme les rosées, sont produites par l'effet du rayonnement nocturne. La terre, et tous les corps qui couvrent sa surface, se refroidissent pendant la nuit, et dégagent le calorique dont les rayons solaires du jour les avaient pénétrés. — Weels, le célèbre physicien anglais, a découvert la loi que les corps, et par conséquent, les bourgeons, les fleurs, par un temps serein, en l'absence du soleil, sont plus froids que l'air qui les baigne. C'est sur ce principe qu'il a établi sa théorie de la formation de la rosée.

Ainsi, pendant les nuits claires d'avril et du commencement de mai, les corps abandonnent une partie de leur chaleur qu'ils lancent dans l'espace, sous forme de rayons caloriques. Ce phénomène, qu'on nomme rayonnement, augmentant, ces corps se refroidissent; et l'humidité atmosphérique qui les entoure, se condense à leur surface, et produit la rosée; si le refroidissement grandit, la rosée se congèle et produit la gelée.

Mais, pour que ces phénomènes s'accomplissent, il faut que le temps soit calme; parce que ce n'est qu'alors que la différence de température des plantes et de l'air, est assez grande pour produire un rayonnement suffisant; et aussi, parce que l'air agité enlève par l'évaporation à la surface des corps, l'humidité qui y est condensée par le refroidissement. — Si la nuit n'est pas bien claire, si des nuages se trouvent placés entre le ciel et la terre, le rayonnement ne peut avoir lieu, parce que les rayons caloriques qui s'échappent des corps, sont rejetés vers ceux-ci par les nuages ou les obstacles qu'ils rencontrent; alors, il ne peut y avoir refroidissement, puisqu'il y a échange continu des rayons caloriques, entre les nuages et les corps placés à la surface de la terre. — On peut donc se mettre à l'abri de toute gelée, en interposant un corps quelconque entre les plantes et le ciel.

Plus le dégel est prompt, plus est nuisible l'action de la gelée. — C'est ce qui explique comment les vignobles placés à l'est, sont toujours plus frappés que ceux qui ont l'exposition de l'ouest; de même, quand la vigne est au midi, elle paraît devoir être plus préservée qu'à toute autre exposition; le soleil, en effet, pendant les premières heures du jour, ne porte qu'obliquement ses rayons sur elle; leur chaleur douce plutôt que brûlante, après avoir attiédi l'atmosphère, sèche la plante, en faisant évaporer la rosée, et ne la réchauffe que peu à peu; et quand elle devient plus intense, quand ses rayons pénétrants peuvent être les messagers de la gelée et de ses désastres, tout danger a disparu, avec l'humidité qui s'est évaporée insensiblement.

Il nous paraît inutile d'insister ici sur la façon dont la gelée exerce ses ravages. Tout le monde sait, en effet, que l'eau condensée par la gelée dans la plante, augmente de volume, et brise ou déchire les téguments qui la renferment; et qu'alors le soleil, dardant ses rayons sur ces blessures qui n'ont pu être cicatrisées, les brûle, et anéantit les bourgeons.

Plus le milieu dans lequel vit la vigne est chargé d'humidité, plus les gelées sont à craindre; la vigne gèlera plus facilement en plaine que sur les coteaux;

sur un sol fraichement labouré que sur celui qui n'a pas encore reçu cette façon ; enfin, la vigne basse gèlera plus facilement que le hautin.

La gelée se produit plus difficilement sur les corps soumis à un mouvement quelconque, que sur ceux qui sont plongés dans une entière immobilité. Cette observation a fait naître en Auvergne l'usage de laisser de longs sarments, qui sont mis en mouvement par la moindre agitation de l'air, et qu'on n'attache que lorsque l'époque où les gelées sont à craindre, a disparu.

Enfin, il ne faut pas oublier que, si la rosée n'est pas sensible vers le milieu de la nuit, c'est un pronostic à peu près certain de la gelée au matin.

Fumée. — Quand on connait les causes qui déterminent la gelée par radiation nocturne, on trouve un préservatif contre son action destructive, dans tout moyen qui troublera la transparence de l'atmosphère. — Les Indiens du Pérou, quand les étoiles brillaient d'un vif éclat et que le temps était calme, allumaient le feu à des monceaux de paille humide, d'herbes parasites, de branches vertes ou à des tas de fumier, afin de produire de la fumée et troubler ainsi la transparence de l'air. — C'était là pour eux une pratique religieuse, qui avait l'importance d'une mesure de salut public. Elle fut fidèlement observée tant que dura l'empire des Fils du Soleil. Mais la conquête ayant renversé le culte des Incas, il ne fut plus permis aux Indiens de conjurer les effets pernicieux du froid nocturne, en offrant des sacrifiees à leurs divi-

nités. Les feux dans les champs disparurent, parce que
les conquérants qui imposèrent une nouvelle religion,
taxèrent cette coutume d'idolàtrie, et la défendirent
sous les peines les plus sévères. Alors, on récita des
prières, pour détourner une calamité sans cesse menaçante; mais les prières sans la fumée ne furent pas
efficaces.

Pline nous dit : « Quand vous avez des craintes de
gelées, brûlez dans les vignes et dans les champs des
sarments ou des tas de paille, ou des herbes, ou des
broussailles arrachées : la fumée sera un préservatif. »

« Les gelées sont aucunement destournées de la
vigne, dit Olivier de Serres, si en les prévenant, on fait,
en plusieurs lieux d'icelle, des grosses et espesses
fumées avec des pailles humides et des fumiers demi-
pourris, lesquels, rompant l'air, dissolvent ses nui-
sances. »

Il résulte de ce qui précède, que ce moyen de soustraire les cultures aux effets désastreux d'un abaissement trop rapide de la température, en troublant la
diaphanéité de l'air par la fumée, a été pratiqué dans
l'ancien comme dans le nouveau monde.

Dans un article remarquable, comme tout ce qui sort
de sa plume, M. Boussingault s'exprime ainsi : « Par
un emploi judicieux de combustibles ayant peu de valeur, on trouvera probablement que la fumée est l'écran
le plus économique qu'on puisse se procurer, pour
abriter, lorsque l'abri est nécessaire, soit les fleurs
d'un jardin, soit les arbres d'un verger; écran qu'on
n'aura pas à transporter, à déplacer, et infiniment

moins embarrassant à conserver que les paillassons, que l'on ne sait où mettre une fois que l'on n'en a plus besoin. »

L'emploi des fumées est d'un effet certain, et il n'est pas très coûteux, malgré la main-d'œuvre qu'il nécessite, soit pour l'arrachage, le transport des plantes ou des matières à brûler, soit pour l'édification des petits tas où le feu doit être mis; mais il suppose beaucoup de vigilance, de la sagacité et un véritable zèle.

Il faut, à cet effet, arracher dans les vignes, dans les jardins, dans les basses-cours, dans les champs, le long des haies, toutes les mauvaises herbes, toutes les plantes parasites ou nuisibles, qui n'attendent que le printemps, pour jeter et semer partout leurs mauvaises graines. Il faut les réunir et en former des tas élevés sur quelques branches séchées, et y mettre le feu. On place les petits tas à environ 20 mètres de distance les uns des autres, et on les allume une heure avant le lever du soleil, si la gelée est à craindre. On peut aussi les disposer aux quatre coins du vignoble, et en dresser quelques-uns dans des allées intérieures, lorsque le vignoble est très étendu. Outre l'effet préservateur des gelées, la destruction des herbes parasites et la production des cendres sont d'une grande utilité, et récompensent des peines que l'on a prises. Pour l'enfumage des vignes, on peut user avantageusement de la naphtaline, qui est à vil prix, et qui, employée à une très faible quantité, couvre cependant de fumée d'immenses espaces.

Ce moyen de conjurer les gelées par les fumées, est

employé sur les bords du Rhin, où il produit d'excellents résultats.

Autres procédés. — Un moyen très-économique consiste à faire avec les sarments produits par la taille de petits fagots, auxquels on donne une longueur de 40 à 50 centimètres sur un diamètre de 20 centimètres. On les fixe à l'échalas qui les traverse, et on les tient dans une position horizontale au-dessus de chaque cep. La Bourgogne et la Touraine se louent de ce procédé, qui s'oppose aux effets nuisibles du rayonnement. — On peut avantageusement remplacer les fagots de sarments, par de petits tas noués de broussailles, de fougères, de thuies, qu'on préparerait pendant les longs soirs d'hiver, et qu'on utiliserait pour les litières, quand le moment du danger serait passé.

Dans certaines parties de la Champagne, on emploie des tiges de genêt à balais, qu'on attache à un petit piquet qui est fiché en terre, de façon à empêcher les rayons du soleil levant d'aller frapper le cep. Ces petites tiges réunies en forme d'éventail, forment un écran qui garantit parfaitement des effets de la gelée. Ils sont peu coûteux, faciles à disposer, et peuvent durer longtemps.

Enfin, un dernier procédé est enseigné par M. de Gasparin. Il recommande d'enduire les ceps d'un lait de chaux. — Tout le monde sait que les surfaces blanches réfléchissent le calorique, au lieu de l'absorber comme les surfaces noires. La couleur blanche aurait pour effet, de conserver le cep dans une température à peu près égale, et de le mettre à couvert de ces changements brusques, qui sont les causes déterminantes du mal à combattre.

Paillassons. — *Toiles-abris.* — Les divers abris dont nous venons de nous occuper peuvent conjurer les effets de gelées blanches. Mais ils ne sont pas assez puissants pour garantir les vignes, de ceux produits par de plus fortes gelées, qui dépassent deux degrés au-dessous de zéro. On doit alors recourir aux moyens proposés par le docteur Guyot et par M. Dubreuil. — Nous n'indiquerons que sommairement ces procédés qui, essentiels dans le nord et le centre de la France, seraient de peu d'utilité sous notre climat, où les fortes gelées ne se produisent que rarement; la cherté de fabrication et de main d'œuvre qu'ils nécessitent, serait une dépense en pure perte, qui viendrait grever la culture de la vigne, d'une façon à enlever au vigneron une trop large part de son bénéfice.

Le docteur Guyot est le premier qui ait songé à un moyen préservatif, qui pût mettre à l'abri du danger, que les fortes gelées font courir à quelques régions des vignes. Voici comment il s'exprime : « S'il est vrai que rien n'est plus ruineux que l'agriculture économique, il est encore beaucoup plus vrai que la viticulture économique est la ruine du propriétaire ; le paillassonnage a donc pour objet de perfectionner la viticulture dans toutes ses phases ; de préserver la vigne de la gelée, de la coulure, de la grêle, et de la transformer ainsi en riche culture industrielle, à produits certains et calculables. Ce n'est là ni une hypothèse, ni un espoir. L'expérience a déjà parlé bien haut; j'espère que, malgré les obstacles, ses fruits ne seront pas perdus. »

De petits paillassons de 40 centimètres de hauteur,

développés dans toute la longueur des lignes, préser-
veraient, d'après le docteur Guyot, des gelées printanières, s'ils sont placés horizontalement; de la coulure,
si leur position est oblique ; et ils ajouteraient encore à
la vigueur de la végétation et au développement des
grappes, ainsi qu'à la précocité de leur maturation, si,
à la fin de juin, ils étaient fixés verticalement au nord
et à l'ouest des ceps, jusqu'à la vendange. — Ils auraient pour résultat de doubler la récolte ordinaire, tout
en l'assurant chaque année. — Les manœuvres des
paillassons sont rapides et peu coûteuses; leur pose au
printemps, leur dépose à l'automne et deux manœuvres
intermédiaires, ne coûteraient pas plus de 80 fr. par
hectare ; les paillassons durent 4 ans; et 25,000 mètres
se remisent dans 25 mètres carrés, soit en grange,
soit en meule. Le paillassonnage devient donc une
culture normale, dès que le prix moyen de l'hectolitre
dépasse 30 fr. Tel est, à peu près dans les termes
mêmes qu'il emploie, le système de paillassonnage du
docteur Guyot.

Le système des toiles-abris de M. Dubreuil est basé
sur le même principe, et présenterait en partie les
mêmes avantages. Ces deux systèmes, bons pour des
treilles appliquées contre des murs, ou pour des cultures restreintes, dont les produits se vendent un haut
prix, nous paraissent peu praticables dans une vigne
assez étendue. Nous ne relèverons pas toutes les difficultés qu'ils présentent. Une seule cependant : qu'on
juge de l'effet produit par un coup de vent, renversant
et roulant ces toiles ou ces paillassons, peu solidement

attachés par un ouvrier négligent, sur les pousses jeunes et tendres de la vigne. Les échalas arrachés ou brisés, les toiles déchirées et les paillassons défaits, entraîneraient, avant que tout fût réparé, une main d'œuvre coûteuse; et trop souvent la récolte serait gravement compromise.

Les paillassons du docteur Guyot nécessitent une première dépense relativement considérable, et qui doit se renouveler tous les quatre ans; et d'après ce que dit M. Dubreuil lui-même, il faudrait une première mise de fonds par hectare de 2,500 fr. pour l'acquisition des toiles; en joignant ces capitaux, à celui que va nécessiter l'acquisition des soutiens de ces toiles ou paillassons, les crochets qui les relieront à ces soutiens, la main d'œuvre de tension et de rentrée de ces toiles ou de ces paillassons, le prix de construction des hangards nécessaires pour les abriter, on verra que, si l'on est à peu près certain d'arriver à un bon résultat en employant ces procédés, il n'en est pas moins avéré qu'ils sont très coûteux, puisque tous les frais que nous venons d'énumérer seraient indispensables pour un seul hectare.

Dans la culture industrielle de la vigne, quand le prix de l'hectolitre dépasse le chiffre de 50 fr., et qu'on ne se trouve pas sous un climat favorable comme celui de la zône pyrénéenne, on peut avantageusement employer les paillassons ou les toiles, et se mettre avec leur aide à l'abri des gelées, de la coulure et des grêles.

Mais par le prix de fabrication des paillassons ou

des toiles, par la main d'œuvre que nécessitent leur pose
et leur dépose, par les hangards qu'il faut construire
pour les abriter pendant l'hiver, on voit que ce système ne peut être employé d'une façon rémunératrice,
que sur les vignobles dont les produits ont une grande
valeur. Mais là, ils deviennent indispensables, si l'on
est certain de se mettre à l'abri de tous les effets nuisibles des éléments contraires ; et dans ces conditions-
là même, nous pensons encore qu'on doit faire de nombreux essais, avant de trop se lancer dans cette voie.

Pour tous renseignements et détails sur le paillassonnage du docteur Guyot, ou les toiles-abris de
M. Dubreuil, nous ne pouvons mieux faire que de
renvoyer aux livres écrits par ces deux auteurs sur la
vigne ; leur système y est longuement et clairement
expliqué, et on y trouvera en outre des renseignements précieux, sur toutes les parties de la viticulture
dans tous pays.

Coulure. — Un abaissement de température, quand il
se produit pendant la floraison, peut emmener l'avorte-
ment des grappes. On comprend, en effet, que la végétation étant arrêtée par le froid, au moment où toute l'activité de la plante devrait être en mouvement pour favoriser la fécondation, les organes, chargés de cette mission,
ne reçoivent plus les principes vitaux qui leur sont si
nécessaires, et que par suite, les grains de raisin avortent;
de là, la coulure. — La coulure peut aussi avoir lieu,
quand les grains sont formés et noués ; ils se déta-
chent alors du petit pédoncule qui les unit à la rafle,
et tombent. La coulure n'est donc pas une maladie,

mais bien un accident ; il est attribué aux irrégularités de la température à l'époque critique de la floraison, et à l'influence qu'exerce un temps froid sur les jeunes pousses ; les pluies, les rosées, les brouillards sont ordinairement les agents destructeurs de nos récoltes viticoles. Toutefois, il a été remarqué que leur influence contraire est nulle ou presque nulle, lorsque la température se maintient à plus de 10 degrés, avec le ciel couvert.

Un moyen indiqué comme efficace pour se mettre à l'abri de la coulure des jeunes grappes, est d'enlever avant floraison tous les pampres qui ne montrent pas de fruit ; on comprend, en effet, que la coulure des raisins ayant lieu faute de sève, on leur en restitue une assez notable quantité, par la suppression de ces pousses qui l'auraient absorbée à leur profit ; l'ébourgeonnage est donc un moyen facile de prévenir la coulure ; il est rationnel, et se trouve d'accord avec toutes les prescriptions d'une pratique intelligente. Le vigneron n'a qu'à se placer entre deux rangées de vignes, et à toucher les bourgeons naissants qui ne portent pas de fruits, pour les faire tomber. Cette pratique économise la main d'œuvre, et emmène un surcroît de récolte. Car, d'un côté, la taille de l'hiver sera beaucoup plus rapidement effectuée ; et d'un autre, on assure une existence large, facile et fructueuse aux bourgeons, porteurs des grappes qui ont été conservées.

On a conseillé aussi le pincement des jeunes tiges au dessus des grappes, comme un moyen d'éviter la coulure, « parce que, dit-on, cette pratique donne huit jours d'avance aux grappes, et les fait fleurir, et défleurir plus rapidement, à cause de l'arrêt momentané de la sève. »

Un des meilleurs procédés à appliquer pour empêcher avec assez de certitude la coulure, se trouve dans un soufrage donné au moment de la formation des grappes, à l'époque de l'épanouissement de la fleur. On a observé, en effet, que le soufre stimule puissamment la végétation, et que des cépages qui laissaient facilement couler leurs fruits avant l'oïdium, ont été garantis par des soufrages appliqués à propos.

Enfin, on arrête aussi la coulure par l'incision annulaire.

Incision annulaire. — Dès la plus haute antiquité l'incision annulaire était pratiquée, et de tout temps l'on en a reconnu les avantages. Depuis Théophraste et Pline l'ancien, qui la décrivent et en exaltent les bienfaits, jusqu'à Olivier deSerres qui a fait revivre en France cette excellente méthode, elle a dû nécessairement s'affaiblir ou se perdre dans la nuit du moyen-âge, ou se localiser dans quelques lieux ignorés. Depuis Olivier de Serres, vantée par Duhamel, Rosier, André Thouin, elle est devenue aujourd'hui familière à beaucoup de vignerons, et est pratiquée en grand dans quelques vignobles.

L'action de l'incision annulaire sur la végétation de la vigne, consiste à refouler la sève descendante sur elle-même, à la contraindre à fructifier la partie supérieure du sarment, et à rendre ainsi à l'appareil de la fructification toute son élasticité et toute sa force.

On reconnait assez généralement que l'incision annulaire a pour conséquence, quand elle est pratiquée pendant la floraison, d'empêcher la coulure, de donner de la beauté aux grappes, de procurer une maturité plus complète, et plus hâtive d'au moins 15 jours.

L'incision annulaire se fait dans les moments qui précèdent la floraison. On peut aussi la pratiquer pendant tout le temps de la floraison, comme depuis que la sève commence à monter; à ces époques, son influence est certaine sur la coulure. Faite plus tard, elle n'a d'action que sur la grosseur des fruits et des tiges.

L'incision annulaire peut être exécutée sur le vieux comme sur le jeune bois, sur les bras de la vigne comme sur le cep même. Mais on l'applique généralement sur le bois de l'année précédente, celui-là même qui porte les bourgeons qui doivent donner les fruits et les branches de remplacement.

L'incision annulaire doit être pratiquée à l'origine de la branche à fruit, avant tous ses bourgeons, ou bien, entre le 2ᵉ et le 3ᵉ œil. Les yeux qui précèderont l'incision, donneront de beaux bois pour la taille suivante, et les yeux qui la suivront, de magnifiques fruits. Ainsi, la taille de l'année suivante doit-elle être assise sur la branche à fruit même? S'il n'y a pas de branche à bois ou de branche de remplacement, l'incision doit avoir lieu après le premier ou le second œil. Si la vigne présente au contraire des branches de remplacement, on pourra faire l'incision, à l'origine de la branche à fruit, avant tout bourgeon.

L'incision faite sur la tige à fruit a pour résultat,

out en augmentant la grosseur des fruits, de produire au-dessus d'elle de beaux sarments, qu'on peut utiliser pour la pépinière ou les plantations en place de l'année suivante. Ces sarments font naître toujours un magnifique chevelu, à cause de l'accumulation de la sève au point de leur insertion sur la tige ; mais la vigne-mère peut souffrir de cette opération.

Dans les vignes tenues en hautins, l'incision se fait à la naissance de la tire ou branche à fruit. Mais comme elle doit être enlevée par la taille sèche, le plus grand développement des fruits ne compense pas toujours le mal que cette pratique peut faire au pied.

Ce procédé, usité pendant longtemps à Beaune, a dû être abandonné; et on croit même se rappeler dans le pays, qu'il avait pour résultat le dépérissement des ceps, et un affaiblissement des vins qui étaient difficilement de garde; l'avantage obtenu partout était une maturité plus hâtive, moins de raisins coulés, et de plus belles grappes.

L'incision annulaire consiste à enlever un anneau d'écorce ou d'épiderme jusqu'au bois, sans le blesser ; elle ne doit comprendre que l'épaisseur de l'écorce, et n'avoir pas plus de 5 millimètres de longueur.

Les meilleurs instruments à employer, sont la pince incisive de Bettinger et le bagueur de Durand; elle est aussi facilement pratiquée à l'aide du coupe-sève.

L'incision ne peut être économiquement appliquée à de grandes surfaces ; et elle ne doit être pratiquée sur la vigne que dans les années pluvieuses. Dans les autres années, elle serait plus dangereuse qu'utile. Il ne faut pas non plus la répéter souvent sur les pieds à souche; elle pourrait devenir mortelle pour eux. Mais elle est très-utile, sur les pieds qui se mettent difficilement à fruit, et sur les cépages qui laissent couler leur fleur au printemps.

Enfin, quand une plante est languissante, on peut encore lui donner de la vitalité en perforant le cep, en tordant l'extrémité de ses rameaux, en arrosant ses racines de matières animales mélangées à de l'eau, et de dissolutions de sulfate de fer, enfin en les couvrant de cendres végétales.

FIN.

ERRATA.

A la page 66, au lieu de *Grégoire de Tours*, lisez : *Dunod*.

TABLE

Pages.

Au public v

PREMIÈRE PARTIE.

APERÇUS ÉCONOMIQUES ET HISTORIQUES

CHAPITRE PREMIER.

I. Considérations générales, but à atteindre. 5
II. La France, le Sud-Ouest, le Béarn, au point de vue viticole . 8
III. Ce que peut rapporter un hectare du Sud-Ouest complanté
en vignes 15
IV. Rapprochement entre la vigne et les autres cultures, spécia-
lement le froment. 29

CHAPITRE SECOND.

I. La vigne et le vigneron. 39
II. La vigne dans le passé et à l'étranger. 43
III. La vigne en France 55

CHAPITRE TROISIÈME.

I. Le vin. 74
II. Le vin dans le passé et à l'étranger 76
III. Les vins de France 84

CHAPITRE QUATRIÈME.

Causes de la non-extension de la vigne en France dans le
passé 95
I. Absence de débouchés et de moyens de transport. 97
II. Défaut d'intelligence et de capitaux. 99
III. L'impôt. 103
IV. L'octroi 108
V. La falsification 111

CHAPITRE CINQUIÈME.

Pages.

La vigne peut doubler sa production actuelle............ 115
I. Consommation intérieure................... 116
II. Exportation et libre-échange.............. 119
III. Le morcellement................... 127
IV. L'association................... 137

DEUXIÈME PARTIE.

CULTURE DE LA VIGNE DANS LE SUD-OUEST.

CHAPITRE PREMIER.

CONSIDÉRATIONS GÉNÉRALES.

I. La vigne et sa physiologie.......................... 147
II. Climat... 158
III. Terrains... 165
IV. Situation.. 183
V. Exposition....................................... 188

CHAPITRE DEUXIÈME.

MOYENS DE REPRODUCTION DE LA VIGNE.

I. Semis.. 193
II. Système Hudelot 202
III. Hybridation.. 207
IV. Provignage...................................... 211
V. Greffe... 222
VI. Boutures, Crossettes............................. 233
VII. Chevelées, Pépinières, Boutures et plants enracinés...... 244
VIII. Recouchage, Recépage........................... 251

CHAPITRE TROISIÈME.

Cépages.. 255

CHAPITRE QUATRIÈME.

LES ENGRAIS.

I. Les engrais de la vigne............................ 275
II. Engrais minéraux................................. 286

III. Engrais végétaux...................................... Pages. 296
IV. Engrais animaux.. 305

CHAPITRE CINQUIÈME.

LA PLANTATION.

I. Travaux préparatoires.................................. 343
II. Elévation et forme des ceps dans la plantation.......... 338
III. Disposition des ceps dans la plantation................ 351
IV. Plantation proprement dite, et modes de plantation...... 360

CHAPITRE SIXIÈME.

De la taille.. 377

CHAPITRE SEPTIÈME.

FAÇONS ET SOUTIENS DE LA VIGNE.

I. Labours et Binages.................................... 421
II. Soutènements et palissages........................... 433

CHAPITRE HUITIÈME.

Autres cultures dans la vigne........................ 441

CHAPITRE NEUVIÈME.

La gelée et ses effets............................... 464

www.ingramcontent.com/pod-product-compliance
Lightning Source LLC
Chambersburg PA
CBHW031610210326
41599CB00021B/3128